液晶表示からSDメモリーカード制御まで…
できることがパッと広がる

トライアルシリーズ

すぐに動き出す！
FPGAスタータ・キット
DE0 HDL応用回路集

芹井 滋喜 著

CQ出版社

まえがき

　2011年8月に，「超入門！FPGAスタータ・キットDE0で始めるVerilog HDL」（以下，前著）という書籍を出版しました．前著は「とにかくやってみよう」というスタイルで，実際にプログラムを動かしながらVelilog HDLを学習していくように構成されています．前著を実際にプログラムを動かしながら読み進めていただければ，一通りのVelilog HDLの使い方，あるいはNios IIを使ったプログラミングのテクニックは学習できるようになっています．

　本書は前著の応用編となっています．前著では説明しきれなかった，Cyclone III独特の内蔵モジュールの使用方法やSDRAMの制御方法，外部周辺デバイスの接続方法などを説明しているので，前著のサンプルでは物足りなかった方や，Nios IIを使って本格的なプログラムを作成したい方，DE0の付属の周辺デバイスでは満足できなかった方には本書をご一読いただければと思います．

　昨今では，FPGAデバイスとHDLの普及により，さまざまな論理回路を容易に組み込むことができるようになっています．DE0のようなFPGA開発用の基板を用意すれば，PC上でプログラムを作成してボードにダウンロードするだけで，はんだごてを握らなくてもすぐにハードウェアの学習ができます．DE0のような低価格の開発学習ボードでも，FPGAの容量は非常に大きいので，一昔前では初心者向けには到底考えられないような複雑な回路も，簡単に学習できるというのは非常に大きなメリットです．

　一昔前のハードウェアの学習では，回路図に従って部品を一つ一つはんだ付けをして配線をしていきましたので，当然，製作できる回路の規模には限界があります．また，手配線で作成する基板はノイズに弱いので，回路規模が大きくなると配線は正しいのに正しく動作しないというトラブルも多々ありました．FPGAを使った学習では，このような（論理回路としては）本質的でない部分で悩まされず，純粋に論理回路の設計に専念できるので特に初心者の学習には最適なのかもしれません．

　しかしながら，FPGAを使った開発学習では，PC上でソース・コードを書いてそれをコンパイルして基板にダウンロードするだけなので，一昔前の自分で部品を一つ一つ並べ，自分で配線をして，試行錯誤しながら（たまには，回路をショートさせて部品を焼いてしまったりしながら），回路を動作させるという，いわゆる「作る楽しみ」というものが失われてしまうという懸念もあります．

　苦労して作った回路が動作したときの喜びというものは，やはり格別のものがあり，こういった経験が重要なのではないかと思うこともしばしばです．

　そこで本書では，DE0に搭載されている周辺デバイスだけではなく，DE0の拡張用の端子を利用してさまざまな周辺デバイスを接続するサンプルをいくつか用意しています．この部分は，ブレッドボードなどを利用して自分で配線する必要があるので，わずかながらでも作る楽しみというものを味わっていただけるのではないかと思います．本書で紹介したサンプル以外にも，同じようなテクニッ

まえがき

クを使っていろいろな周辺デバイスを接続することができるので，これらのサンプルを参考にして独自の回路の作成に挑戦していただければと思います．

周辺回路に使用した部品や部品には，どれも比較的よく利用されているものなので，部品店で容易に手に入ると思います．また，通信販売でも入手可能ですが，㈱ソリトンウェーブでも，DE0拡張キットとして販売しているので，部品の入手が難しい場合はご利用いただければ幸いです．

なお，本書だけを購入された方のために，DE0の解説と付録のDE0の各種インターフェースのピン配置の説明部分などが，前著と重複した内容になっています．また，開発環境の説明なども重複した内容となりますが，この本から読み始めた方への配慮としてご理解いただければと思います．

最後になりましたが，本書を執筆するにあたり，本書の執筆のきっかけを与えて下さいましたCQ出版社の方々に深く感謝いたします．

2013年1月　芹井 滋喜

目次

まえがき 2

第1章　FPGA 開発学習ボード DE0 の特徴 15

DE0 各部の名称と内部ブロック 15
 FPGA Cyclone III EP3C16F484 16
 USB ブラスタ回路 16
 ボードに搭載されているデバイス 16

Cyclone III ファミリの特徴 17

DE0 の拡張コネクタ 18
 拡張コネクタのピン・アサイン 19
 DE0 の拡張コネクタと 5V 回路のインターフェース 19
 +5V 電源ピンの電圧に要注意 20

二つのプログラム・モード 21
 RUN モード 21
 PROG モード 21

DE0 テスト・プログラムで動作確認 21

周辺デバイス・テスト・アプリケーション「コントロールパネル」 22

第2章　FPGA の開発方法とツールのインストール 26

一般的な FPGA の開発方法 26
 ハードウェア記述言語「HDL」 26
 FPGA の開発の流れ 26
 統合開発環境「Quartus II」 27

マイコンとFPGAの比較 27
　マイコンの得意分野 27
　FPGAの得意分野 27
FPGAに組み込むマイコン「エンベデッド・プロセッサ」 27
　エンベデッド・プロセッサ「Nios II」 28
　Nios IIの開発方法 28
　Nios II構成ツール「Qsys」と「SOPC Builder」 29
Cyclone IIIに内蔵されているFPGAの補助機能 29
　M9Kブロック 29
　PLL 30
　乗算器 30
　メガファンクション構成ツール「MegaWizard Plug-In Manager」 30
開発ツールQuartus II, Nios II EDSの入手とインストール 30
USBブラスタのドライバのインストール 33

第3章　Quartus II 開発手順ガイド 35

開発の流れ 35
　新規プロジェクトの作成 35
　FPGAデバイスの選択 35
　使用する言語（HDL）の選択 36
　ソース・コードの記述 36
　ピン・アサインの設定 36
　プロジェクトのコンパイル 36
　プログラムのダウンロード 36
　実行と動作確認 36
新規プロジェクトの作成 36
Verilog HDLソースの作成と追加 41
ピンのアサイン 42

コンパイル 44
　　プログラムのダウンロード 45
　　動作の確認 46

第4章　Qsys/Nios II 開発手順ガイド 47

　　新規プロジェクトの作成 47
　　コンポーネントの登録 48
　　コンポーネントの接続 50
　　モジュールの生成 51
　　プロジェクトへのモジュールの追加 54
　　テスト・プログラムの作成と実行 55

第5章　実験の準備 57

　　使用する部品 57
　　ブレッドボードの使い方 58
　　16文字×2行 LCDモジュールをDE0に接続 59
　　共通ピン・アサインのプロジェクト PinAssign 60

第6章　PWMを使ったLEDイルミネーション 61

　　きれいに見えるフルカラーLEDの制御方法 61
　　回路図とブロック図 63
　　プログラムの詳細 64
　　　　PreScale モジュール 64
　　　　トップ・モジュール RGB_LED 65
　　動作確認 65

第7章　ROMテーブルを使った88音 電子ピアノ 67

　　方形波でスピーカを駆動 68
　　電子ピアノの仕様 68

音階と周波数の関係 69

　音階テーブルの作成 70

　方形波の生成 71

　回路図とブロック図 72

　プログラムの詳細 72

　　ユニバーサル・カウンタのクロックをクロック専用信号に変更 72

　　ピン・アサイン 73

　動作確認 73

第8章　正弦波 ROM テーブルを使った電子音叉 76

　PWM 制御信号を正弦波に変換 76

　　PCM 音源のしくみ 76

　　PWM 制御で PCM データを再生 77

　PCM データの作成 78

　電子音叉の仕様 78

　　出力周波数の誤差 78

　回路図とブロック図 79

　プログラムの詳細 80

　　トップ・モジュール DigitalTuner と PWMCounter, ROMCounter モジュール 80

　　正弦波の波形データ ROM 80

　波形の観測 80

第9章　ロータリ・エンコーダを読む/基礎編 84

　ロータリ・エンコーダの動作 84

　回路図とブロック図 86

　プログラムの詳細 87

　動作確認 87

第10章　ロータリ・エンコーダを読む/高分解能編 89

回路図とブロック図 90
プログラムの詳細 91
ノンブロッキング代入文 91
動作確認 92

第11章　SPI接続A-Dコンバータで電圧入力 94

10bit A-DコンバータMCP3002 95
回路図とブロック図 96
SPIインターフェースの作り方 97
プログラムの詳細 98
TimingGegeratorモジュール 98
SpiIfモジュール 99
PLatchモジュール 99
トップ・モジュールADConvertor 99
動作確認 99

第12章　SPI接続D-Aコンバータで波形生成 103

12bit D-AコンバータMCP4922 103
回路図とブロック図 104
プログラムの詳細 106
波形の観測 106

第13章　PS/2マウス・インターフェースの実装 109

PS/2インターフェースとは 109
DE0のPS/2インターフェース 110
PS/2インターフェースの詳細 111
ホスト→デバイスの通信 111

デバイス→ホストの通信 112
実装するPS/2マウス・インターフェースのコマンド 112
　リセット・コマンド 113
　データ読み出しコマンド 113
プログラムの仕様 113
プログラムの詳細 114
　m_counterモジュール 115
　host_ctrlモジュール 115
　ps2decモジュール 115
　連続読み出しの実現 115
動作確認 116

第14章　SDメモリーカード・インターフェースの実装 121

DE0のSDメモリーカード・インターフェース 121
SPIインターフェースについて 122
SDメモリーカードのSPIモード 123
　SPIモードの主なコマンド 123
プログラムの作成 124
　SPIインターフェース・モジュール 124
　SDメモリーカード・テスト用モジュールの作成 125
動作確認 127
　SDメモリーカードの初期化 127
　CIDデータの読み出し 127
ロジックとマイコンの使い分け 129

第15章　NiosⅡ/内蔵メモリでLCDモジュール制御 132

DE0のLCDモジュール・インターフェース 132
LCDモジュールの制御方法 132

ハードウェアの構成と準備 133

ハードウェアの構成 133
ハードウェアの準備 138
ピン・アサインの読み込み 138

Nios II プログラムの作成 139

テンプレート Count Binary の LCD 関数の問題 139
プロジェクトの作成 140
テンプレート Count Binary ソースの修正 141

動作確認 142

補足：Nios II プロジェクトをインポートする方法 149

第 16 章　SD メモリーカード・データ・ロガーの製作 151

SD メモリーカード・データ・ロガーの仕様 151

使用する SD メモリーカード 152
SOPC Builder を使用 152

ハードウェアの構成 152

コンポーネントの設定と周辺デバイスのビット・アサイン 152
PS/2 マウス・インターフェースの組み込み 156
SD メモリーカード・インターフェースの組み込み 156
SD メモリーカード・データ・ロガーのトップ・モジュール 156

Nios II プログラムの作成 157

FAT ファイル・システムの概要 157

動作確認 159

第 17 章　Cyclone III 内蔵 PLL の使い方 174

内蔵 PLL のテスト回路 174

プログラムの作成手順 175

トップ・モジュールの作成 175

MegaWizard Plug-in Manager で内蔵 PLL を構成 175

　　　内蔵 PLL テスト回路のプログラム 178

　動作確認 178

第 18 章　外付け SDRAM の使い方 180

　トップ・モジュールの作成 180

　コア・モジュールの作成 181

　位相の合ったクロックを供給するために内蔵 PLL を使用 183

　クロックの設定 185

　クロック・ソースの変更 185

　コア・モジュールの呼び出し 185

　ピン・アサインとコンパイル 187

　動作確認 187

第 19 章　独自デバイスを Nios II に追加する方法 188

　Qsys で独自デバイスを追加する方法 191

　独自デバイス・テスト・プログラムの作成 197

第 20 章　内蔵メモリと SDRAM で VGA グラフィック表示 198

　グラフィック・ディスプレイのブロック図とタイム・チャート 199

　トップ・モジュールの作成 200

　内蔵メモリで VRAM（デュアル・ポート RAM）の構成 200

　VRAM モジュールの作成 201

　コア・モジュールの作成 201

　Nios II のソース・プログラムと動作確認 203

第 21 章　IC 温度センサを使った温度計の製作 208

　温度センサ MCP9701 の特徴 208

　温度計の仕様 210

DE0の外部インターフェースとリファレンス電圧の問題 210
　　　温度変換ROMを使用 210
　　　温度の表示 211
　ディジタル温度計のブロック図 211
　温度変換ROMの作成方法 211
　VBScriptを使ったMIFファイルの作成 214
　温度変換ROMモジュールの作成 214
　プログラムの作成 216
　動作確認 216

第22章　Verilog HDL簡易リファレンス 220

　コメント 220
　定数 220
　テキスト・マクロ 221
　モジュール 222
　ワイヤとレジスタ 222
　assign文 223
　always文 223
　if文 225
　case文 225
　function文 226
　モジュールのインスタンス化 227
　モジュール・パラメータ 228
　RAMの作成 229
　ノンブロッキング代入文 229

付録　本書で使用したDE0各部のピン配置 230

参考・引用文献 233
索引/Index 234
初出一覧 237
プログラムの入手方法 238
FPGA ボード DE0 の入手 238
著者略歴 239

第1章　FPGA 開発学習ボード DE0 の特徴

本書で使用している DE0（Terasic Technologies 社）は，アルテラの FPGA Cyclone III EP3C16F484 を搭載する FPGA 開発学習ボードです．

本書のサンプル・コードは，ほとんどの FPGA に組み込むことができるので，DE0 でなくても使用することができます．しかし，異なるボードの場合，周辺デバイスのピン・アサインが異なっていたり同じ周辺デバイスが搭載されていないなど，そのままでは動かすことができません．混乱を避ける意味でも同じボードの使用を推奨します．

DE0 各部の名称と内部ブロック

DE0 の外観と各部の名称を**写真 1-1** に示します．また，**図 1-1** に DE0 のブロック図を示します．

16 文字×2 行の LCD モジュールはオプションです．RS-232-C インターフェースは，ドライバ/レシーバ IC ADM3202 を搭載しているので，コネクタを接続するだけで RS-232-C が利用できます．

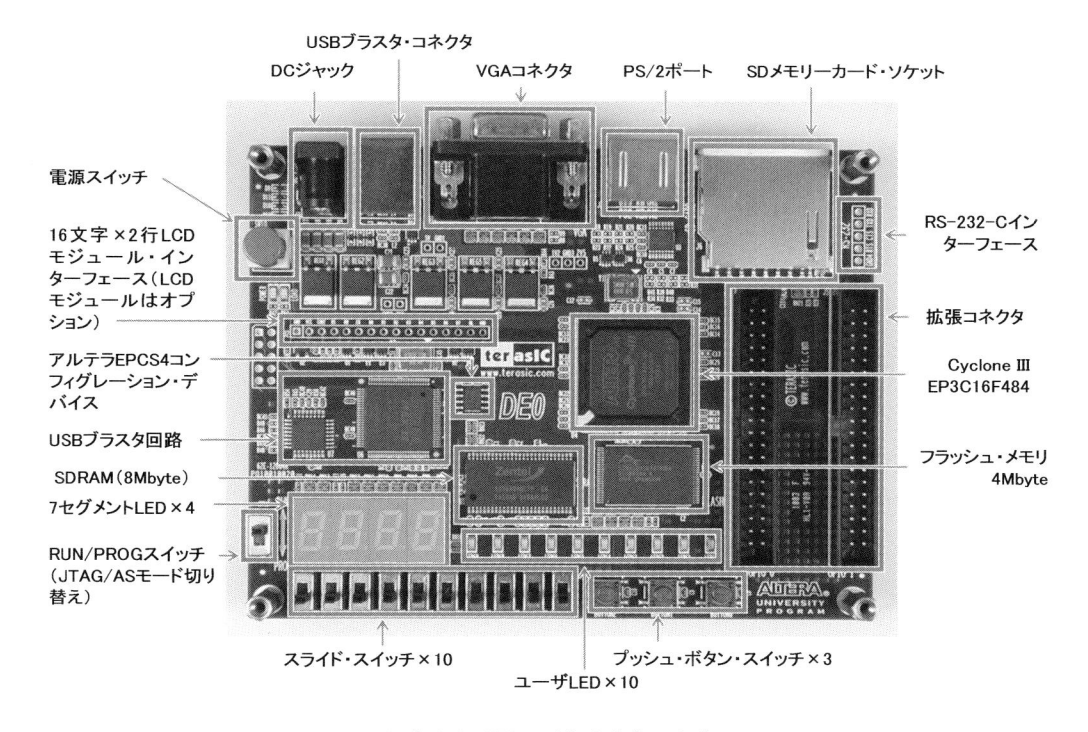

写真 1-1　DE0 の外観と各部の名称

第1章　FPGA開発学習ボードDE0の特徴

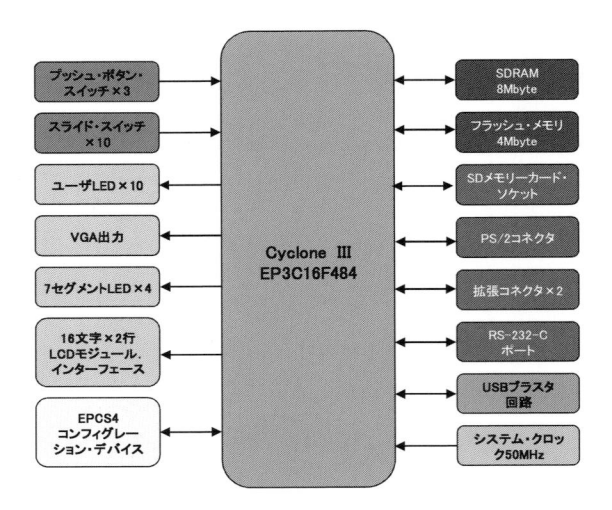

図1-1　DE0のブロック図

FPGA Cyclone III EP3C16F484

EP3C16F484はアルテラのFPGA Cyclone IIIファミリのデバイスです．主な特徴は次の通りです．

- 15408 LE（Logic Element．ロジック・エレメント）
- 56個のM9Kエンベデッド・メモリ・ブロックを内蔵
- 504K（516096）bitのRAMを内蔵
- 56個のエンベデッド乗算器を内蔵
- 4個のPLL（Phase Locked Loop）を内蔵
- 346個のユーザI/Oピン
- FineLine BGA 484ピン・パッケージ

USBブラスタ回路

ビルトインUSBブラスタ回路は，作成したプログラムをFPGAに書き込むためのインターフェース回路です．ユーザAPIの制御にも使用します．アルテラのCPLD EPM240を使用しています．

ボードに搭載されているデバイス

- SDRAM
  8MbyteのSDRAMです．16bitデータ・バスをサポートしています．
- フラッシュROM
  4MbyteのNOR型フラッシュ・メモリです．バイト（8bit）とワード（16bit）のモードをサポートしています．
- SDメモリーカード・ソケット
  SPIモードとSD 1bitモードでSDメモリーカードにアクセスできます．
- プッシュ・ボタン・スイッチ

プッシュ・ボタン・スイッチが3個搭載されています．通常は High レベル（1）で，ボタンが押されると，Low レベル（0）となります．
- スライド・スイッチ

    スライド・スイッチが10個搭載されています．下側にすると Low レベル，上側にすると High レベルとなります．
- ユーザ LED

    緑色 LED が10個搭載されています．High レベルにすると点灯します．
- 7 セグメント LED

    7 セグメント LED が4けた分搭載されています．Low レベルにすると点灯します．
- 16 文字×2 行 LCD モジュール・インターフェース

    オプションの LCD モジュール・インターフェースです．オプションの LCD モジュール・ボードを取り付けます．
- システム・クロック

    50MHz の発振器が搭載されています．
- VGA 出力

    4bit の抵抗ネットワーク型 D-A コンバータを使用し，16 ピン高密度 D サブ（D-sub）コネクタに出力されています．リフレッシュ・レートは 60Hz で最大 1280×1024 の解像度をサポートしています．
- RS-232-C ポート

    ドライバ回路内蔵の RS-232-C ポートです．D サブ9ピンのコネクタを配線すれば，RS-232-C ポートとして使用できます．
- 40 ピン拡張コネクタ

    40 ピン拡張コネクタが2個搭載されています．72本の Cyclone III I/O ピンと，8本の電源/グラウンド・ピンが二つのコネクタに接続されています．40 ピン拡張コネクタは，標準の IDE（Integrated Drive Electronics）ハードディスク用のリボン・ケーブルが使用できます．
- EPCS4 コンフィグレーション・デバイス

    FPGA のコンフィグレーション情報を記憶するシリアル ROM です．

Cyclone III ファミリの特徴

　Cyclone III ファミリは，アルテラの FPGA ファミリの一つです．低消費電力で PLL や M9K メモリ，乗算器といった周辺モジュールが内蔵されています．表 1-1 は，Cyclone III デバイス・ファミリの一覧です．

　DE0 に搭載されているデバイスは EP3C16 デバイスなので，15408 個のロジック・エレメントが内蔵されています．この容量は，一昔前の CPU なら軽く入ってしまう容量なので，FPGA の入門だけではなく，研究用や製品の開発用にも十分対応できます．

表1-1 Cyclone III ファミリの一覧

デバイス	ロジック・エレメント	M9Kブロック数	合計RAMメモリbit数	18×18乗算器の数	PLLの数	グローバル・クロック・ネットワーク	最大ユーザI/O数
EP3C5	5136	46	423936	23	2	10	182
EP3C10	10320	46	423936	23	2	10	182
EP3C16	15408	56	516096	56	4	20	346
EP3C25	24624	66	608256	66	4	20	215
EP3C40	39600	126	1161216	126	4	20	535
EP3C55	55856	260	2396160	156	4	20	377
EP3C80	81264	305	2810880	244	4	20	429
EP3C120	119088	432	3981312	288	4	20	531

　FPGAはロジック回路を自由に設計できるので，周辺モジュールを内蔵する必要はないと思いがちですが，Cyclone IIIにはあると便利な周辺モジュール（PLL，M9K RAM，乗算器）が内蔵されています．これらの周辺モジュールは，アルテラの開発環境 Quartus II を使って簡単に構成でき，Verilog HDL のソースからも簡単に利用することができます．

DE0 の拡張コネクタ

　DE0には，スイッチやLED，PS/2ポート，7セグメントLEDなどの周辺デバイスが付属していますが，さらに40ピンの拡張コネクタが2個あります（**写真1-2**）．これを使えば，さまざまな周辺モジュールを接続することができます．

　このコネクタは，さまざまなオプション・ボードが接続できるように設計されており，メーカから

写真1-2　DE0 の拡張コネクタ

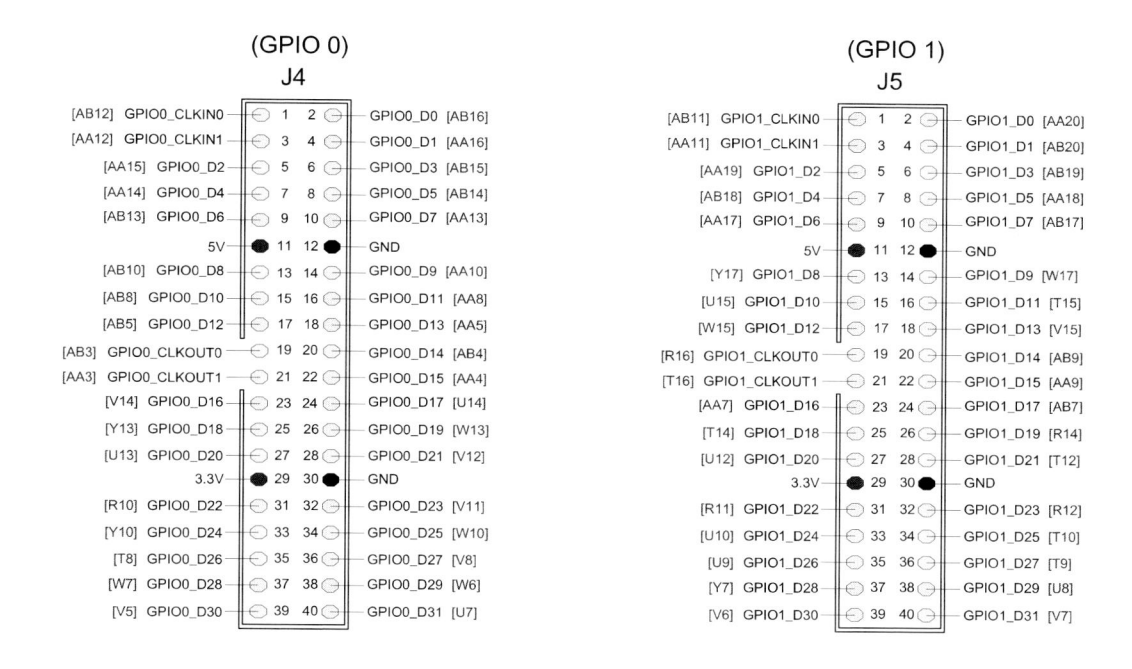

```
                    (GPIO 0)                                              (GPIO 1)
                      J4                                                    J5
[AB12] GPIO0_CLKIN0  ─ 1   2 ─ GPIO0_D0  [AB16]      [AB11] GPIO1_CLKIN0  ─ 1   2 ─ GPIO1_D0  [AA20]
[AA12] GPIO0_CLKIN1  ─ 3   4 ─ GPIO0_D1  [AA16]      [AA11] GPIO1_CLKIN1  ─ 3   4 ─ GPIO1_D1  [AB20]
[AA15] GPIO0_D2      ─ 5   6 ─ GPIO0_D3  [AB15]      [AA19] GPIO1_D2      ─ 5   6 ─ GPIO1_D3  [AB19]
[AA14] GPIO0_D4      ─ 7   8 ─ GPIO0_D5  [AB14]      [AB18] GPIO1_D4      ─ 7   8 ─ GPIO1_D5  [AA18]
[AB13] GPIO0_D6      ─ 9  10 ─ GPIO0_D7  [AA13]      [AA17] GPIO1_D6      ─ 9  10 ─ GPIO1_D7  [AB17]
         5V          ● 11  12 ● GND                           5V           ● 11  12 ● GND
[AB10] GPIO0_D8      ─ 13 14 ─ GPIO0_D9  [AA10]      [Y17]  GPIO1_D8      ─ 13 14 ─ GPIO1_D9  [W17]
[AB8]  GPIO0_D10     ─ 15 16 ─ GPIO0_D11 [AA8]       [U15]  GPIO1_D10     ─ 15 16 ─ GPIO1_D11 [T15]
[AB5]  GPIO0_D12     ─ 17 18 ─ GPIO0_D13 [AA5]       [W15]  GPIO1_D12     ─ 17 18 ─ GPIO1_D13 [V15]
[AB3]  GPIO0_CLKOUT0 ─ 19 20 ─ GPIO0_D14 [AB4]       [R16]  GPIO1_CLKOUT0 ─ 19 20 ─ GPIO1_D14 [AB9]
[AA3]  GPIO0_CLKOUT1 ─ 21 22 ─ GPIO0_D15 [AA4]       [T16]  GPIO1_CLKOUT1 ─ 21 22 ─ GPIO1_D15 [AA9]
[V14]  GPIO0_D16     ─ 23 24 ─ GPIO0_D17 [U14]       [AA7]  GPIO1_D16     ─ 23 24 ─ GPIO1_D17 [AB7]
[Y13]  GPIO0_D18     ─ 25 26 ─ GPIO0_D19 [W13]       [T14]  GPIO1_D18     ─ 25 26 ─ GPIO1_D19 [R14]
[U13]  GPIO0_D20     ─ 27 28 ─ GPIO0_D21 [V12]       [U12]  GPIO1_D20     ─ 27 28 ─ GPIO1_D21 [T12]
         3.3V        ● 29 30 ● GND                           3.3V          ● 29 30 ● GND
[R10]  GPIO0_D22     ─ 31 32 ─ GPIO0_D23 [V11]       [R11]  GPIO1_D22     ─ 31 32 ─ GPIO1_D23 [R12]
[Y10]  GPIO0_D24     ─ 33 34 ─ GPIO0_D25 [W10]       [U10]  GPIO1_D24     ─ 33 34 ─ GPIO1_D25 [T10]
[T8]   GPIO0_D26     ─ 35 36 ─ GPIO0_D27 [V8]        [U9]   GPIO1_D26     ─ 35 36 ─ GPIO1_D27 [T9]
[W7]   GPIO0_D28     ─ 37 38 ─ GPIO0_D29 [W6]        [Y7]   GPIO1_D28     ─ 37 38 ─ GPIO1_D29 [U8]
[V5]   GPIO0_D30     ─ 39 40 ─ GPIO0_D31 [U7]        [V6]   GPIO1_D30     ─ 39 40 ─ GPIO1_D31 [V7]
```

図 1-2 DE0 の拡張コネクタのピン・アサイン

は，ディジタル・カメラ・ボードが発売されています（2013 年 1 月時点）．以前は，TFT の LCD パネルも発売されていましたが，残念ながら，この製品は販売終了となってしまいました．

拡張コネクタのピン・アサイン

図 1-2 に，DE0 の拡張コネクタのピン・アサインを示します．図のように，この拡張コネクタには，次のような信号線があります．

- 32 本×2（GPIO0 と GPIO1）＝64 本の GPIO
- 4 本のクロック入力ピン
- 4 本のクロック出力ピン
- 2 本の 3.3V 出力
- 2 本の 5V 出力

GPIO ピンは，FPGA の I/O ピンがそのまま出ているので，これらのピンは自由に機能が選択可能です．Cyclone III の I/O は，V_{CCIO} ピンによって GPIO で使用できる電源電圧を選択可能ですが，DE0 では，V_{CCIO} はすべて 3.3V なので 3.3V の回路が接続可能です．

DE0 の拡張コネクタと 5V 回路のインターフェース

Cyclone III は，残念ながら 5V トレラントではないので，5V の回路と接続する場合は注意が必要です．図 1-3 は，DE0 の拡張コネクタと 5V 回路のインターフェース例です．この図のように，DE0 の拡張コネクタのピンを出力にして，5V 回路に入力する場合はそのまま接続できます．

(a) +5V回路に出力する場合

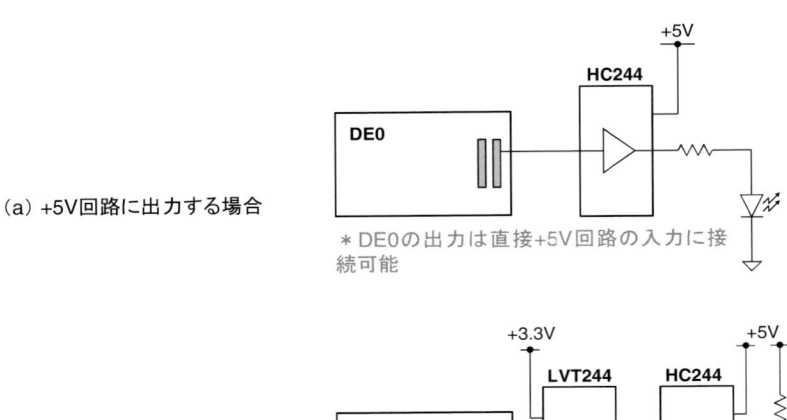

＊DE0の出力は直接+5V回路の入力に接続可能

(b-1) +5V回路から入力する場合（インターフェースICを使う）

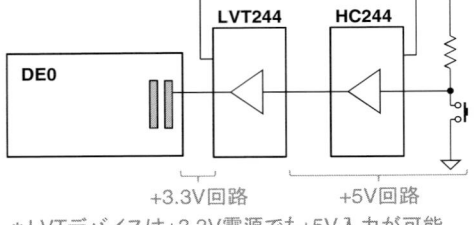

＊LVTデバイスは+3.3V電源でも+5V入力が可能

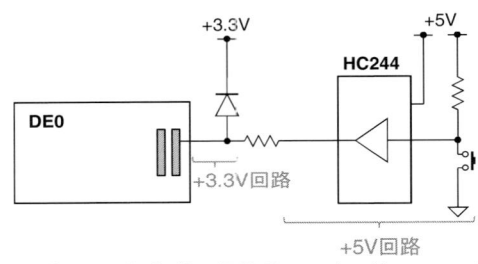

(b-2) +5V回路から入力する場合（ダイオードと抵抗を使う）

＊ダイオードと抵抗で信号線のレベルが，+3.3V以上にならないようにする．

図1-3　DE0の拡張コネクタと5V回路のインターフェース例

　周辺回路からDE0に入力する場合は少々注意が必要です．DE0の入力は5Vをサポートしていないため，図1-3のようにLVTデバイスを経由するか，保護ダイオードを使って過電圧が入力されないようにするなどの対策が必要です．

　現在では，多くの周辺デバイスが3.3Vに対応しているので，周辺デバイスを検討する段階で3.3V対応のデバイスを選択すれば，特にトラブルになるようなことはないでしょう．

　また，クロック専用のピンが用意されているので，クロックを利用する場合はGPIOを使用せず，クロック専用のピンを使用するようにしてください．

+5V電源ピンの電圧に要注意

　拡張コネクタの5V出力は，USBコネクタと外部電源からの5Vラインを，ダイオードでORを取ったものが出力されています．このため，この端子の電圧はダイオードのV_Fの分だけ下がっているの

で，実際には 4.3V 程度と考えておいた方がよいでしょう．電源を電圧のリファレンスにする場合は，この点に注意が必要です．

二つのプログラム・モード

DE0 には，二つのプログラム・モードがあり，7 セグメント LED の左にある RUN/PROG スイッチでモードが切り替えられるようになっています．

プログラムの実行はすべて RUN モードで行います．しかし，プログラムの書き込みは，RUN モードと PROG モードでは書き込み対象が異なります．

本書では，すべて RUN モードで使用するので，この切り替えスイッチは RUN モードにしたまま操作する必要はありません．

RUN モード

プログラムの実行と JTAG モードでの書き込みを行います．JTAG モードでは，プログラムは直接 Cyclone III に書き込まれます．

Cyclone III は，内部の RAM にプログラムを格納するため，電源を切ってしまうとプログラムは消えてしまいますが，高速に書き込めるためデバッグや学習には最適なモードです．

PROG モード

PROG モードは，AS（Active Serial）モードでの書き込みを行う際に使用します．

AS モードでは，プログラムは，DE0 の EPCS4 コンフィグレーション・デバイスに書き込まれます．Cyclone III は，電源投入時に EPCS4 からプログラムをロードするので，このモードで書き込まれたプログラムは電源を切っても消えません．

PROG モードへの切り替えは電源を切った状態で行ってください．

DE0 テスト・プログラムで動作確認

DE0 は，あらかじめテスト・プログラムが書き込まれているので，電源を入れるだけで DE0 の動作確認を行うことができます．

動作確認は，次の手順で行ってください．

1. 電源アダプタを DC ジャックに接続する
2. PC 用のモニタがあれば，モニタを VGA コネクタに接続する
3. RUN/PROG スイッチを RUN 側にする

第 1 章　FPGA 開発学習ボード DE0 の特徴

写真 1-3　DE0 のデモ画面

　この状態で電源スイッチの赤いボタンを押すと，**写真 1-3** のように，モニタにブルーのデモ画面が表示され，7 セグメント LED には，0000，1111，2222，…といった数字が表示されます．

　また，10 個の LED も光が左右に流れるように点灯します．オプションの 16 文字×2 行 LCD モジュールを接続している場合は，LCD モジュールに"Welcome to the Altera DE0 Board"という文字列が表示されます．

周辺デバイス・テスト・アプリケーション「コントロールパネル」

　DE0 に同梱されている DVD には，「コントロールパネル」というアプリケーションが含まれています．コントロールパネルを使うと，DE0 の周辺デバイスのテストを行うことができます．コントロールパネルは，DVD の DE0 フォルダの control_panel フォルダにあり，DVD から直接実行することができます．

　DE0 を RUN モードにし，USB ケーブルで PC と接続して，上記フォルダの DE0_ControlPanel.exe を実行します．コントロールパネルが起動すると，最初に DE0 にコントロールパネルのプログラムをダウンロードします．ゲージが 100%になってエラーがなければダウンロードは成功です．エラーになった場合は，USB の接続やドライバのインストールを確認して再度実行してください．

　コントロールパネルには，LED，7-SEG，Button，…といったタブが並んでおり，それぞれのタブには次のように DE0 のさまざまな機能の確認ができます（**図 1-4~図 1-10**）．

- 「LED」タブ
  LED のテストを行います．チェック・ボックスにチェックを入れると，対応する LED が点灯します．［Light All］ボタンで全 LED を点灯，［Unlight All］ボタンで消灯できます．
- 「7-SEG」タブ
  7 セグメント LED のテストを行います．数字の下の左右のボタンを押すと数字が変更され，変更された数値が DE0 に表示されます．また，dot のチェック・ボックスにチェックを入れると，対応する 7 セグメント LED にドットが表示されます．

周辺デバイス・テスト・アプリケーション「コントロールパネル」

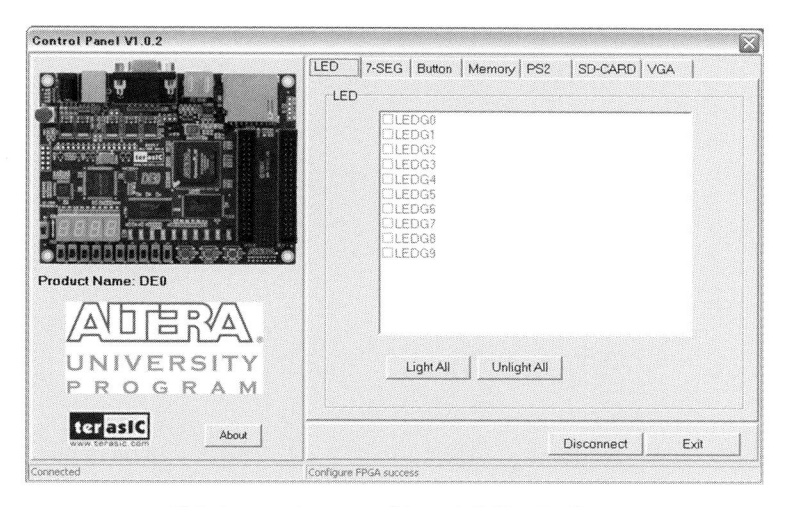

図 1-4　コントロールパネル（「LED」タブ）

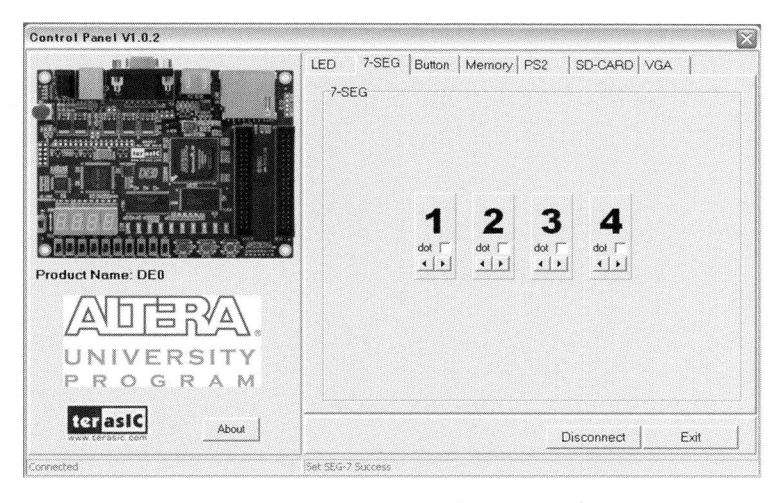

図 1-5　コントロールパネル（「7-SEG」タブ）

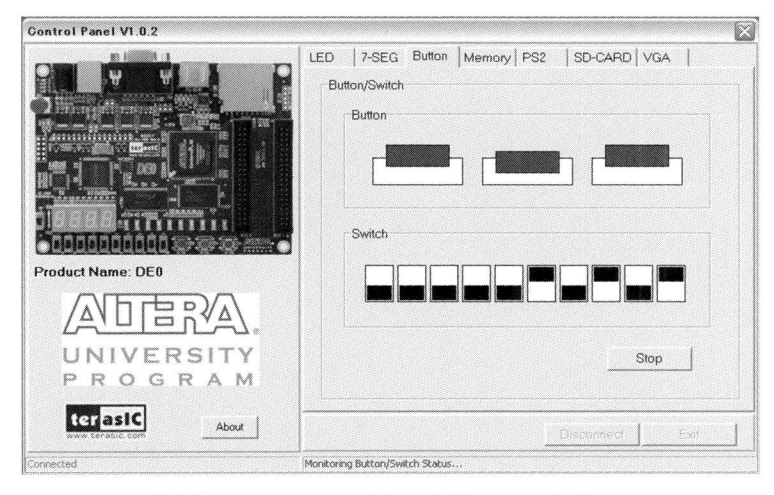

図 1-6　コントロールパネル（「Button」タブ）

- 「Button」タブ

    スイッチとボタンのテストを行います．画面右下の［Start］ボタンを押すとプログラムが開始されて，DE0のスイッチとボタンの状態がコントロールパネルに表示されます．［Stop］ボタンを押すと終了します．

- 「Memory」タブ

    SDRAMとフラッシュ・メモリのテストを行います．任意のアドレスの読み出しと書き込みを行うことができます．フラッシュ・メモリに書いたデータは電源を切っても消えないので，初期化データをセットしたり，エンベデッド・プロセッサのプログラムを書き込むのに便利です．メモリのアクセスは，HEXファイルでの読み書きが可能です．

- 「PS/2」タブ

    PS/2キーボードのテストを行います．PS/2キーボードを接続して［Start］ボタンを押すと，PS/2キーボードで押されたキーが表示されます．［Stop］ボタンを押すと終了します．

- 「SD-CARD」タブ

    SDメモリーカードのテストを行います．SDメモリーカードを挿入して，［Read］ボタンを押すと，挿入したSDメモリーカードの情報が表示されます．

- 「VGA」タブ

    VGAのテストを行います．VGAにコントロールパネルの画面と同じパターンが表示されます．

そのほか，Cyclone IIIには，I/Oの終端キャリブレーション機能やDDRやSDRMなどの高速外部メモリ・インターフェース，LVTTLやLVDS，PCIなどの各種I/O規格のサポートなど，数多くの特徴があります．

本書では，PLLやM9Kメモリ・ブロックを使ったサンプルも収録したので，ぜひ参考にしてみてください．

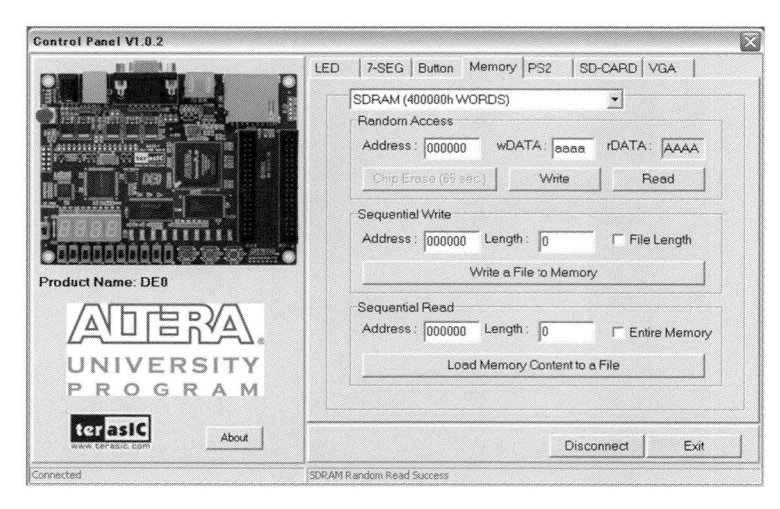

図1-7 コントロールパネル（「Memory」タブ）

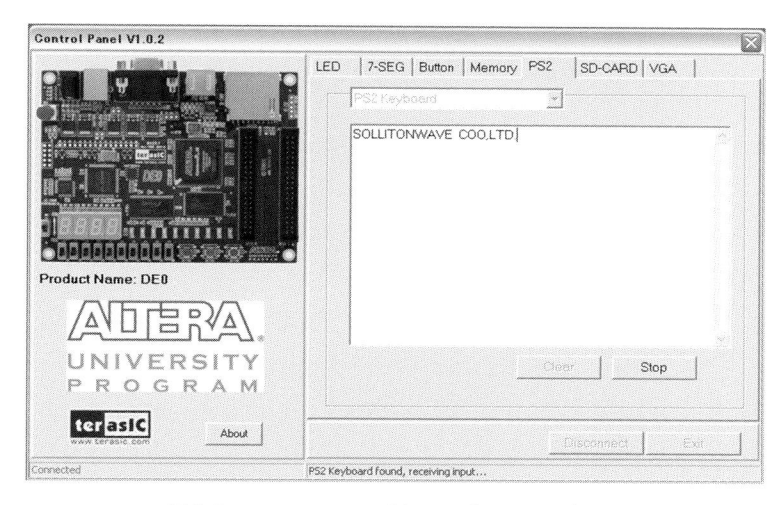

図 1-8　コントロールパネル（「PS2」タブ）

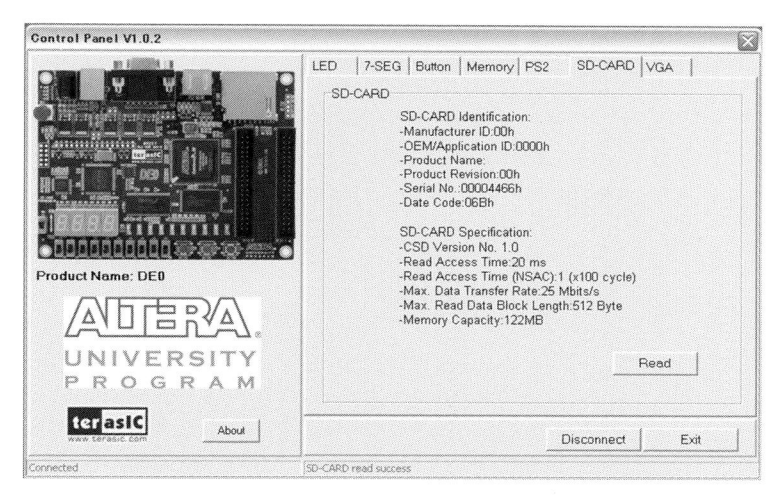

図 1-9　コントロールパネル（「SD-CARD」タブ）

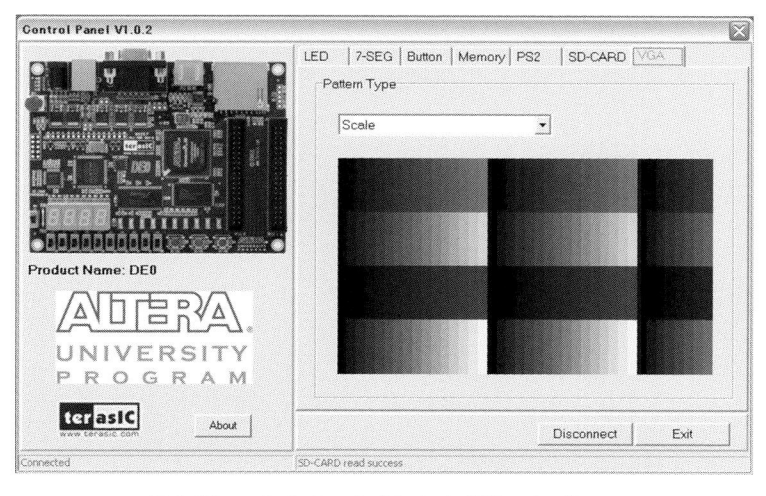

図 1-10　コントロールパネル（「VGA」タブ）

第2章　FPGAの開発方法とツールのインストール

一般的なFPGAの開発方法

ハードウェア記述言語「HDL」

　FPGAを使ったシステム開発では，HDL（Hardware Description Language：ハードウェア記述言語）を使ってFPGAに実装するハードウェアを記述します．本書では，HDLとしてVerilog HDLを使用しています．

　HDLにはさまざまなものがありますが，よく利用されるものにはVerilog HDLのほか，VHDLがあります．どちらが優れているということはないので，どちらか一方を学習すればほとんどの場合はそれで事足ります．ただし，同じハードウェアを記述するのに，Verilog HDLの方がVHDLで記述するよりソース・コードのサイズが小さくなるので，その意味ではVerilog HDLの方が初心者向けかもしれません．

FPGAの開発の流れ

　一般的なFPGAの開発では，図2-1のように，HDLで記述したハードウェア情報に実際に使用するデバイスの情報，ピン・アサインなどの情報を加えて専用の開発ツールでコンパイルします．

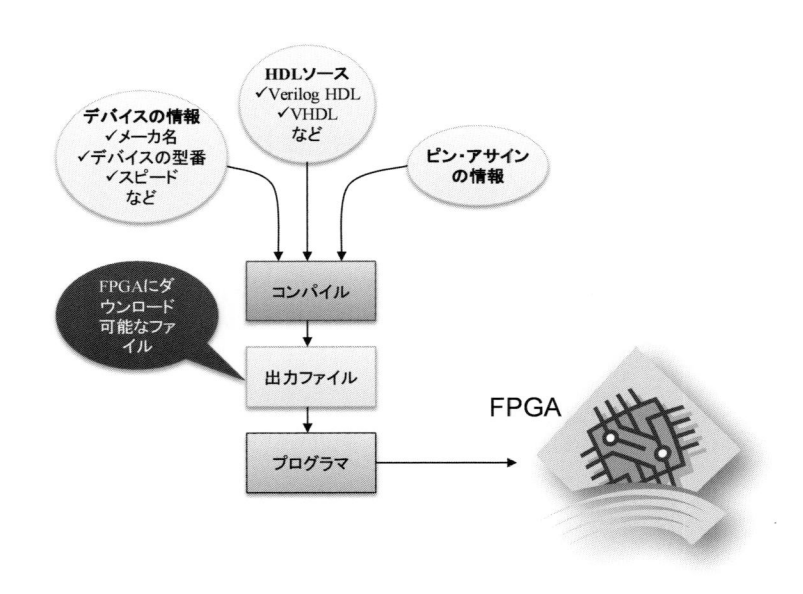

図2-1　一般的なFPGAの開発方法

コンパイルを行うと，FPGAにダウンロードできる形式のプログラム・ファイルが出来上がるので，これを専用の書き込みプログラムを使ってFPGAに書き込みます．この流れは，マイコンのプログラム開発と全く同じで，ソース・コードを記述してコンパイルしたものをデバイスに書き込んで実行させるという手順となります．

統合開発環境「Quartus II」

Cyclone IIIの製造元アルテラでは，アルテラのFPGAデバイスの開発ツールとしてQuartus IIという統合開発環境を提供しています．Quartus IIは，HDLのコンパイルやプログラムのダウンロード機能のほか，デバイスの選択やピン・アサインの設定など，さまざまな機能を統合したソフトウェアなので，FPGAの開発のほとんどをこのソフトウェア上で行うことができます．

マイコンとFPGAの比較

FPGAとよく比較されるデバイスにマイコンがあります．マイコンとFPGAは一長一短で，どちらが良いというわけではなく，用途に応じて使い分ける必要があります．

マイコンの得意分野

FPGAの大容量化に伴い，FPGAだけでかなりのことができるようになりましたが，それでもマイコンの方が得意な分野もあります．

例えば，関数電卓の製作を考えてみましょう．三角関数や対数関数，指数関数の処理や平方根の計算など，関数電卓の持っている機能をすべてHDLで記述しようと思うと，途方もないことになりそうです．一方，最近のマイコン開発ではC言語が広く使われていますが，C言語でこれらの処理を行うことは，浮動小数点ライブラリを使えば非常に簡単に記述できます．

FPGAの得意分野

シリアル通信などの高速な動作が必要な場合，マイコンの場合は専用のハードウェアに頼らざるを得ません．このような場合は，FPGAの方が断然有利です．

また，FPGAとマイコンの大きな違いの一つに，I/Oピンの数があります．マイコンのGPIOは，多いものでもせいぜい数十本程度ですが，FPGAでは数百本のGPIOが使用できます．

これらのI/Oピンは，ほとんどの場合，プログラムで任意に機能を設定できるので，I/Oを多く必要とする回路でもFPGAが有利ということになります．

FPGAに組み込むマイコン「エンベデッド・プロセッサ」

このように，FPGAとマイコンは一長一短ですが，これらの欠点を補完しあうために，エンベデッド・プロセッサというものがあります．これは，FPGAの中に組み込むマイコンです．

エンベデッド・プロセッサ「Nios II」

アルテラは，Nios II というエンベデッド・プロセッサを提供しており，最も基本的な Nios II/e は無償で利用することができます．

エンベデッド・プロセッサは，図 2-2 のように FPGA の中に組み込まれるため，任意の周辺デバイスを組み込むことができます．

既成のマイコンにはないような独自の周辺デバイスも，マイコン内蔵の周辺デバイスとして取り込むことができます．また，GPIO の数にも制限はないので，使用する FPGA の GPIO ピンをすべて有効に使用することができます．

DE0 には，フラッシュ・メモリや SDRAM などの周辺デバイスが搭載されていますが，これらのデバイスは，エンベデッド・プロセッサを使うことで有効に利用することができます．

Nios II の開発方法

Nios II のハードウェア開発は，Quartus II の Qsys，または SOPC Builder というツールで開発します．

Qsys/SOPC Builder では，Nios II のコアに，RAM やタイマ，GPIO など，マイコンに必要な周辺デバイスを組み込んで，一つの独自のマイコンとして FPGA に組み込むことができます．いったん，エンベデッド・プロセッサを構築してしまうと，構築したマイニンの開発を行うことになります．

アルテラの開発ツールでは，この部分は Nios II EDS というツールで行います．エンベデッド・プロセッサ・コアも Nios II ですが，こちらは Qsys/SOPC Builder で開発します．コアの名前とツールの名前が同じなので少々紛らわしいですが，混同しないように気を付けてください．

Nios II EDS は，Eclipse ベースの統合開発環境で，Qsys/SOPC Builder で作成した Nios II のプログラムを C 言語や C++ 言語で開発するためのソフトウェアです．Qsys/SOPC Builder で作成した

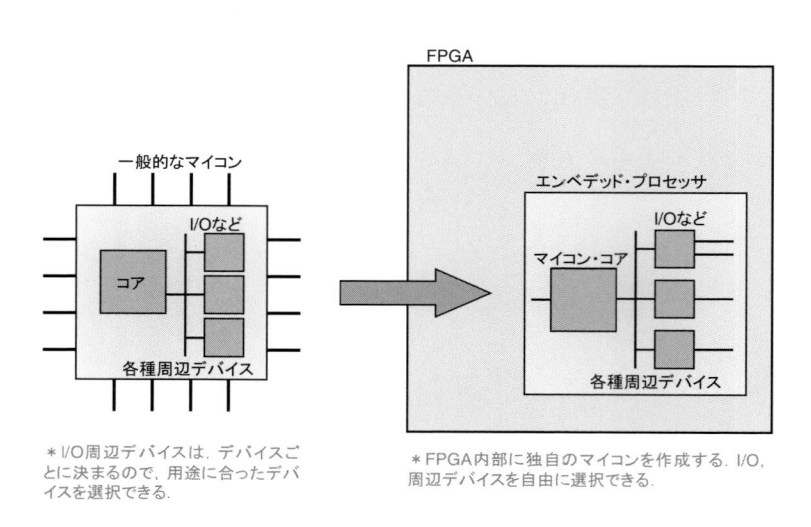

図 2-2 エンベデッド・プロセッサの概念図

＊ I/O 周辺デバイスは，デバイスごとに決まるので，用途に合ったデバイスを選択できる．

＊ FPGA 内部に独自のマイコンを作成する．I/O，周辺デバイスを自由に選択できる．

プロセッサは，さまざまな周辺デバイスを組み込んだ独自のマイコンということになるので，C言語でプログラムを開発する際は，どのような周辺デバイスがどのように配置されているかという情報を知っておく必要があります．

これを一つ一つユーザが指定するのは大変ですが，Nios II EDS では，Qsys/SOPC Builder が作成した情報ファイルを読み込んで，そのプロセッサ専用のヘッダ・ファイルを作成してくれます．従って，ユーザは，インクルード・ファイルに記述されるデバイスの定義ファイルの名称を使って，周辺デバイスに簡単にアクセスすることができます．

Nios II 構成ツール「Qsys」と「SOPC Builder」

これまで，Nios II の構成ツールとしては，SOPC Builder が利用されていました．最近の Quartus II では，さらに高機能な Qsys が搭載され推奨されています．

Qsys は，SOPC Builder の上位版と考えられ，画面構成や使い勝手もほとんど同じです．本書では，ほとんど Qsys を使って説明しますが，SOPC Builder を使用する場合も本書を参照すれば容易に構成することができると思います．

Cyclone III に内蔵されている FPGA の補助機能

DE0 に搭載されている Cyclone III には，FPGA の補助機能として，RAM（M9K メモリ・ブロック）や PLL，乗算器などが内蔵されています．

FPGA は，ロジック・エレメントが RAM で構成されているため，ロジック・エレメントを使って RAM を構成することも可能です．しかし，Nios II のようなエンベデッド・プロセッサを動作させるには大容量の RAM が必要になり，ロジック・エレメントを RAM に割り当てるとデバイスのリソースのほとんどを RAM で使用してしまうということにもなりかねません．

そこで，Cyclone III は，RAM や PLL，乗算器など，よく利用される機能を搭載し，これを使うことでロジック・エレメントの無駄な消費を防ぐことができるようになっています．

M9K ブロック

M9K ブロックは，9Kbit のオンチップ・メモリ・ブロックです．M9K ブロックは，RAM や FIFO バッファ，ROM としてコンフィグレーション可能です．

これらの論理回路は，もちろん HDL で構成可能ですが，RAM をプログラム・メモリとして使用する場合は，数 Kbyte 以上の容量が必要になります．RAM は，ロジック・エレメントの消費量が多いため，この容量の RAM をロジック・エレメントを使って構成してしまうと，いくら Cyclone III が大容量といってもすぐにロジック・エレメントが不足してしまいます．M9K ブロックを利用することで，余計なロジック・エレメントの消費を抑えることができます．

また，M9K メモリ・ブロックは，最大 315MHz で動作するというのも大きな特徴となっています．

PLL

　PLL は Phase Locked Loop の略で，日本語では位相同期回路です．通常，制御システムにはさまざまなクロックが利用されます．元の周波数と異なる周波数のクロックは，分周回路を使って生成することができますが，生成されるクロックは元のクロックよりも低いクロックでなければなりません．

　分周回路もロジック・エレメントの消費が多い回路の一つですが，PLL を利用すれば，元の周波数よりも高い周波数のクロックを得ることもできますし，ロジック・エレメントの消費も抑えることができます．

　また，回路によっては，クロックの位相が重要になる場合もありますが，このような場合も PLL が非常に役立ちます．

乗算器

　乗算器も，ロジック・エレメントの消費が多い回路です．何よりも速度が要求される用途では，内蔵モジュールが利用できるのは非常にありがたいです．

メガファンクション構成ツール「MegaWizard Plug-In Manager」

　内蔵モジュールは，「メガファンクション」という特定機能を持つロジックを構成するためのツール MegaWizard Plug-In Manager を使って簡単に構成することができます．

　MegaWizard Plug-In Manager は，構成したモジュールの Verilog HDL インターフェースのソースを自動生成するので，Verilog HDL のモジュールとして簡単に利用することができます．

　Nios II を使用する場合は，On-Chip RAM のように，Qsys や SOPC Builder でこれらの機能を利用するモジュールを組み込むと，MegaWizard Plug-In Manager を使用しなくても内蔵モジュールとして利用することができます．

開発ツール Quartus II, Nios II EDS の入手とインストール

　開発ツール類は，アルテラのウェブ・ページからダウンロードすることができます．本書の執筆時点では，Quartus II のバージョンは，12.1 になっています．過去のバージョンでは，HDL 開発用の Quartus II と Nios II のプログラム開発用の Nios II EDS は，それぞれ別のインストーラを使ってインストールしていましたが，現在のバージョンでは，Quartus II のインストーラに，Nios II EDS のプログラムも含まれるようになっています．

　二つの開発ツールは，同じバージョンを使用しなければならないため，このように一つのインストーラにまとまっているとインストールの手間が省け，バージョン違いのトラブルも防げるため非常に便利です．

　Quartus II には，無償版のウェブ・エディションと，有償版のサブスクリプション・エディションがあります．ウェブ・エディションではサポート・デバイスや機能がある程度限られていますが，

開発ツール Quartus II, Nios II EDS の入手とインストール

Cyclone III の開発には十分使用できるので，まずはウェブ・エディションを使用して，必要になったときにサブスクリプション・エディションを購入すればよいでしょう．

図 2-3～図 2-7 に，Quartus II の主なインストール画面を示します．インストールの画面は，Windows 7 の 64bit 版でインストールしたものなので他の OS や 32bit 版では多少異なるかもしれませんが，画面の指示に従ってインストールを行えば，特に難しいことはありません．

Quartus II のインストーラは圧縮されているため，いったん，テンポラリ・フォルダに展開してからインストールが開始されます（図 2-3，図 2-4）インストールの終了時に，テンポラリ・ファイルを消すかどうかをたずねられるので，必要なければ［Yes］を押して，テンポラリ・ファイルを消してください（図 2-7）．

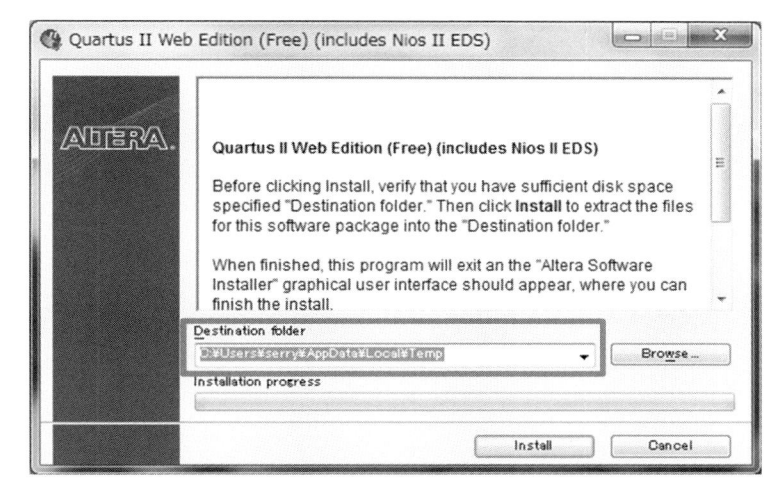

図 2-3 インストーラ起動時の画面．テンポラリ・フォルダを指定する

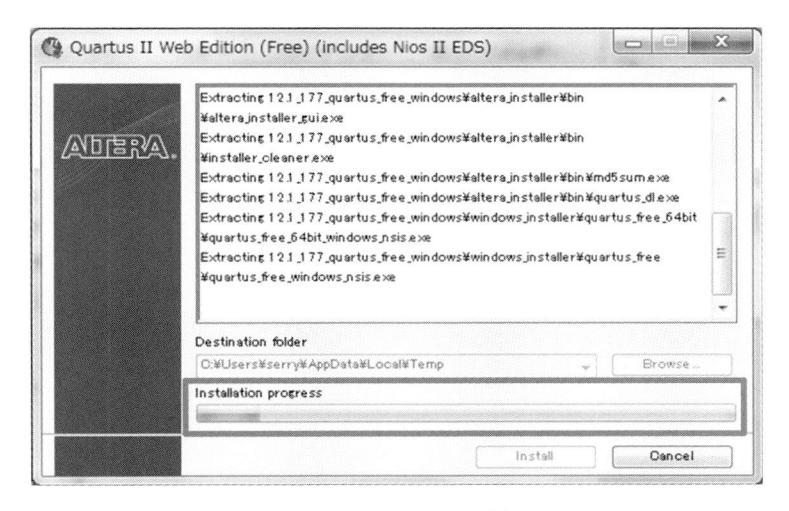

図 2-4 ファイルの展開

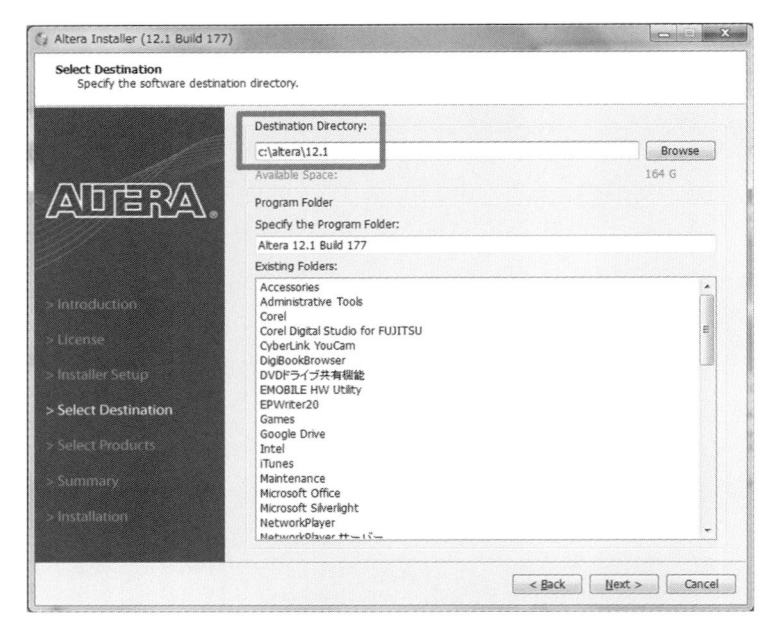

第 2 章　FPGA の開発方法とツールのインストール

図 2-5　インストール・ディレクトリの指定．変更する必要がなければ［Next］ボタンを押す

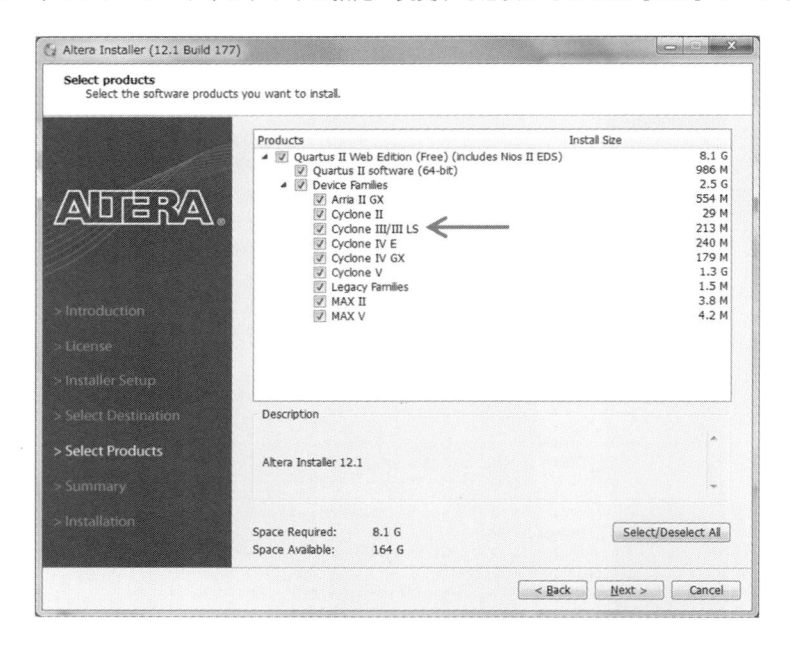

図 2-6　対象製品の指定．Cyclone III は必ずチェックし［Next］ボタンを押す

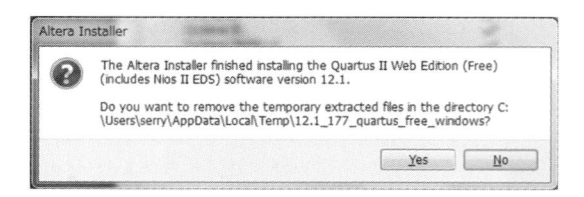

図 2-7　テンポラリ・ファイルを消すかどうかをたずねるダイアログ

USB ブラスタのドライバのインストール

Quartus II のインストールが終わったら，USB ブラスタのドライバをインストールします．

DE0 を USB ケーブルで PC と接続すると，ドライバのセットアップ・ウィザードが起動するので，ウィザードに従ってドライバをインストールします．ただし，最近の Windows ではセットアップ・ウィザードが起動せず，「ほかのデバイス」などとして登録されてしまうので，デバイス マネージャーを開いて，ドライバのインストールを行う必要があります．

以下の手順は，Windows 7 の場合です．他の OS の場合は，下記の手順を参考にドライバのセットアップ・ウィザードの画面の指示に従ってインストールを行ってください．

1. デバイス マネージャーを開き，「ほかのデバイス」の「USB-Blaster」を選択する（図 2-8）
2. マウスの右クリックのメニューで，「ドライバー ソフトウェアの更新」を選択する（図 2-9）
3. 「ドライバー ソフトウェアの更新」画面で，「コンピューターを参照してドライバー ソフトウェアを検索します」を選択する（図 2-10）

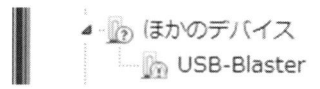

図 2-8 デバイス マネージャーを開き，「ほかのデバイス」の「USB-Blaster」を選択

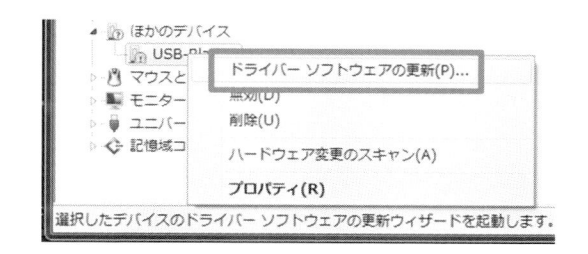

図 2-9 「ドライバー ソフトウェアの更新」を選択

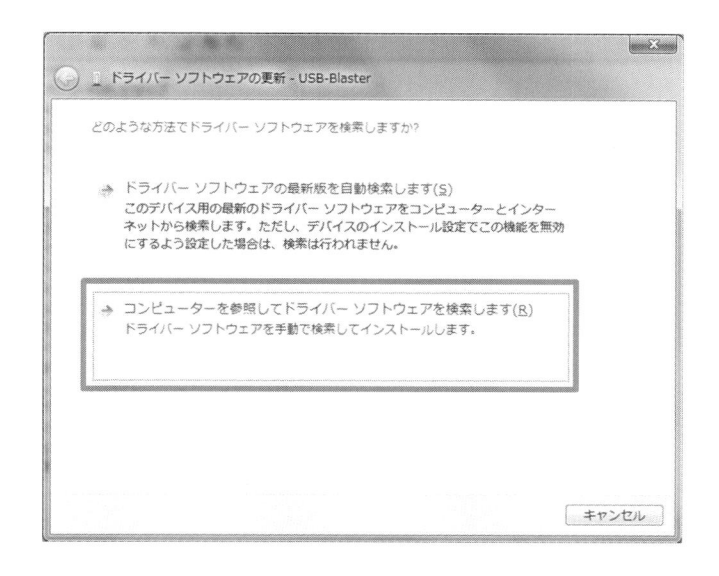

図 2-10 「コンピューターを参照してドライバー ソフトウェアを検索します」を選択

4. フォルダの参照で "c:¥altera¥12.1¥quartus¥drivers¥usb-blaster" を選択する（図 2-11）
5. 「サブフォルダーも検索する」にチェックを入れ，［次へ］を押す（図 2-12）
6. 図 2-13 のような確認画面が出たら，［インストール］ボタンを押してドライバのインストールを進める
7. ドライバのインストールが実行される
8. 最後に図 2-14 のような画面が出て，ドライバのインストールが完了

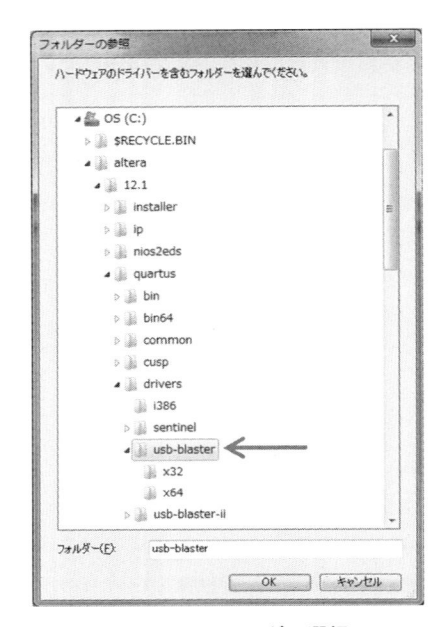

図 2-11　フォルダの選択

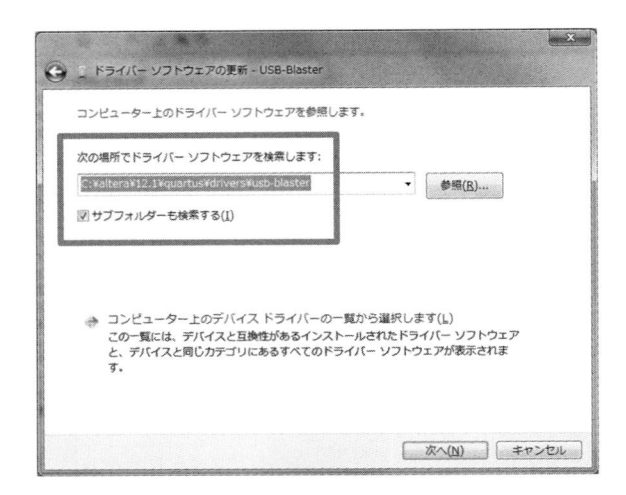

図 2-12　「サブフォルダーも検索する」にチェック

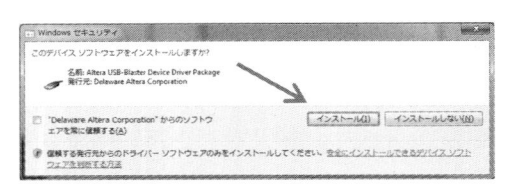

図 2-13　確認画面

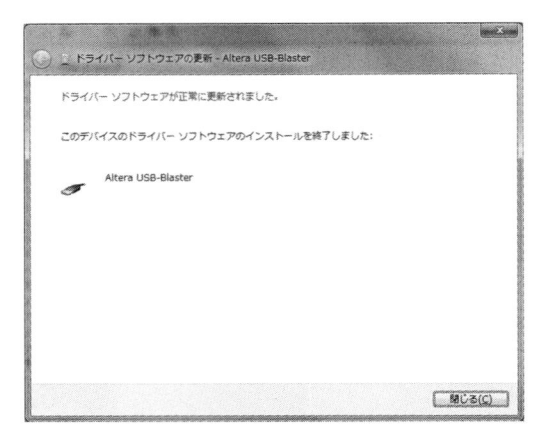

図 2-14　インストール完了画面

第3章　Quartus II 開発手順ガイド

本章では，簡単な例題を使って Quartus II の基本的な使い方を説明します．

DE0 には，10 個のスライド・スイッチと 10 個の LED が搭載されているので，例題として，10 個のスイッチでそれぞれに対応する LED を ON/OFF する回路を製作してみることにします．

開発の流れ

Quartus II を使った FPGA の開発手順は，通常次のような流れとなります．

1. 新規プロジェクトの作成
2. ターゲットとなる FPGA デバイスの選択
3. 使用する言語（HDL）の選択
4. ソース・コードの記述
5. ピン・アサインの設定
6. プロジェクトのコンパイル
7. プログラムのダウンロード
8. 実行と動作確認

それぞれの内容は，次のようになります．

新規プロジェクトの作成

Quartus II では，一つのプログラムのまとまりをプロジェクト・ファイルとして管理しています．プロジェクト・ファイルには，ソース・コードのほか，デバイスの情報，ピン・アサインの情報，コンパイル結果の情報などが管理されています．

プロジェクト・ファイルは，Quartus II の新規プロジェクトの作成の機能で作成できます．また，Quartus II でプロジェクト・ファイルを開いている状態では，ファイルの追加や削除を Quartus II 上で行うことができます．

FPGA デバイスの選択

ターゲットとなる FPGA デバイスを選択します．

FPGA には数多くの種類がありますが，本書では，DE0 に搭載されている EP3C16F484 を選択します．

使用する言語（HDL）の選択

使用するHDLを選択します．Quartus IIでは，Verilog HDLのほかVHDLも選択できますが，本書ではVerilog HDLを選択します．

ソース・コードの記述

ソース・コードを記述し，ファイルを作成してプロジェクトに追加します．Verilog HDLのソース・コードは，拡張子が.vのファイルです．

ソース・コードは，作成した後，プロジェクトに追加しておく必要があります．

ピン・アサインの設定

HDLでは，ハードウェアの論理的な記述を行うことができますが，このソース・コードにはどの信号が実際のFPGAのどのピンに接続されるといった物理的な情報は含まれません．これらの情報は，専用の設定ファイルを作成して，コンパイラにこの情報を知らせる必要があります．

Quartus IIでは，Pin Plannerというツールを使って，このピン・アサインの設定を行います．

プロジェクトのコンパイル

ソース・コードとピン・アサインの設定が終わったら，コンパイルを行い，FPGAにダウンロード可能なモジュール・ファイルを作成します．

プログラムのダウンロード

コンパイルが正常に終了したら，書き込みツールProgrammerを使って，作成したモジュール・ファイルをFPGAに書き込みます．

実行と動作確認

FPGAの書き込みが正常に終了すると，ハードウェアは完成です．実際にDE0で実行し動作確認をします．

では，実際にテスト・プログラムを作成して，上記の手順で開発を行ってみましょう．

新規プロジェクトの作成

まず，Quartus IIを起動して，次の手順で新規プロジェクトを作成します．

最初にQuartus IIを起動したときには，図3-1のような画面が表示されます．そのまま閉じてしまってもよいのですが，次回からこのウィンドウを表示させたくない場合は，左下の「Don't show this screen again」をチェックします．

このウィンドウを閉じると，図3-2のような，Quartus IIの画面が表示されます．

新規プロジェクトの作成

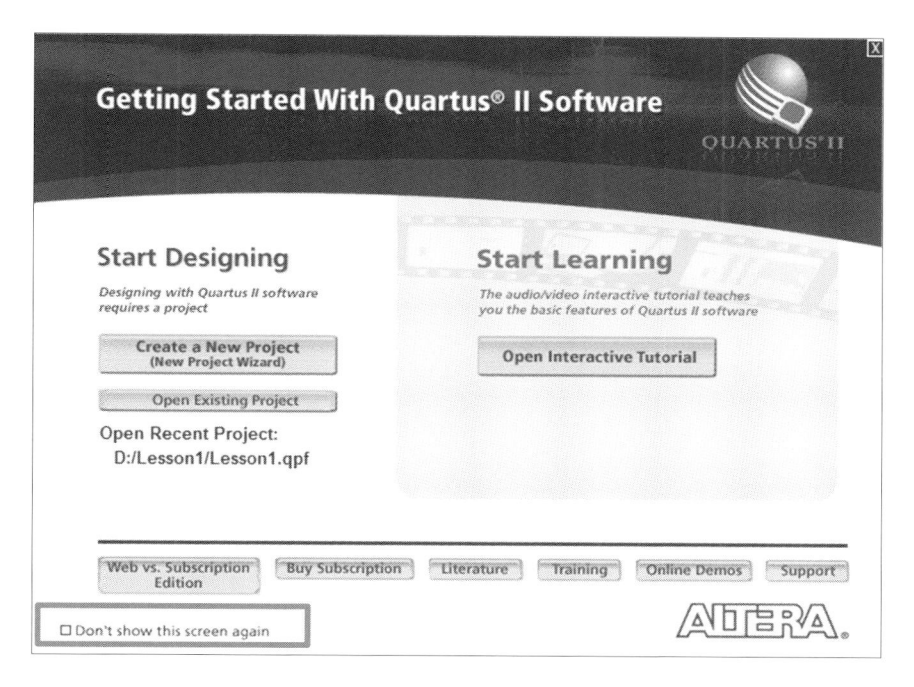

図 3-1　Quartus II の初期起動画面

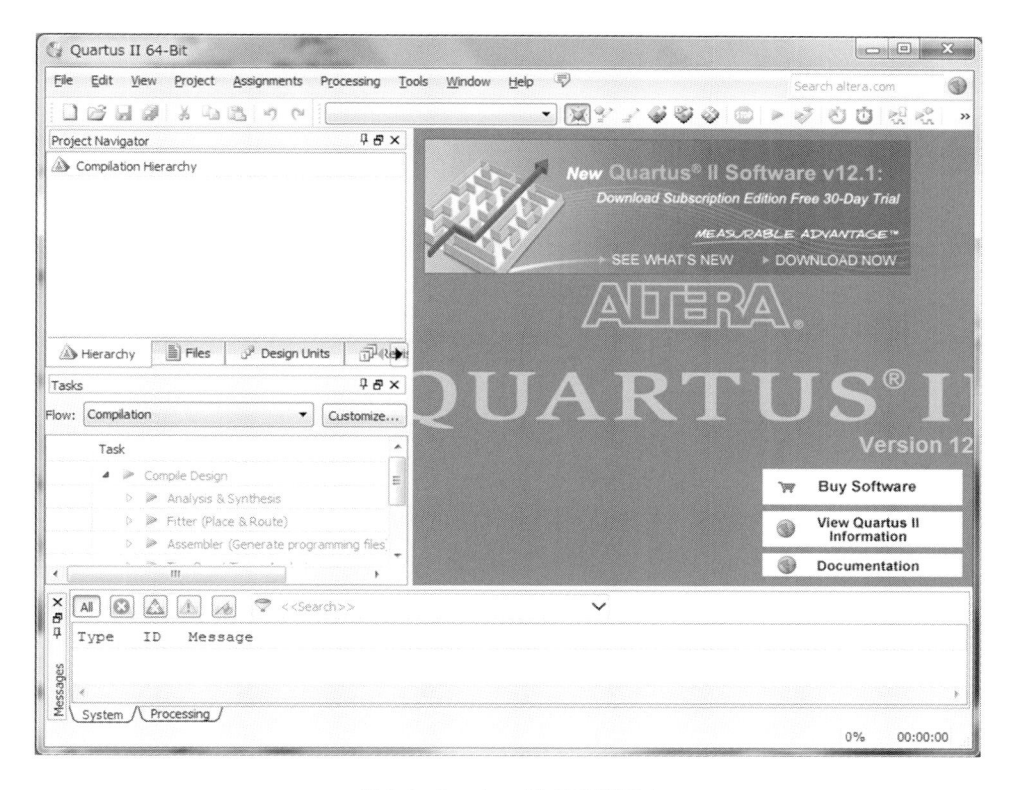

図 3-2　Quartus II の起動画面

第 3 章　Quartus II 開発手順ガイド

　Quartus II が起動できたら，「File」メニューの「New Project Wizard…」を起動して，新規プロジェクトを作成します．

　作成手順は，次のようになります（**図 3-3〜図 3-8**）．

- 「File」メニューの「New Project Wizard…」を起動します．**図 3-3** のような画面が出たら，［Next］ボタンを押します．
- プロジェクトを作成するフォルダとプロジェクト名，およびトップ・レベルのモジュール名を入力し，［Next］ボタンを押します（**図 3-4**）．ここでは，フォルダを C:¥DE0Sample¥SwitchTest とし，プロジェクト名とトップ・レベルのモジュール名を

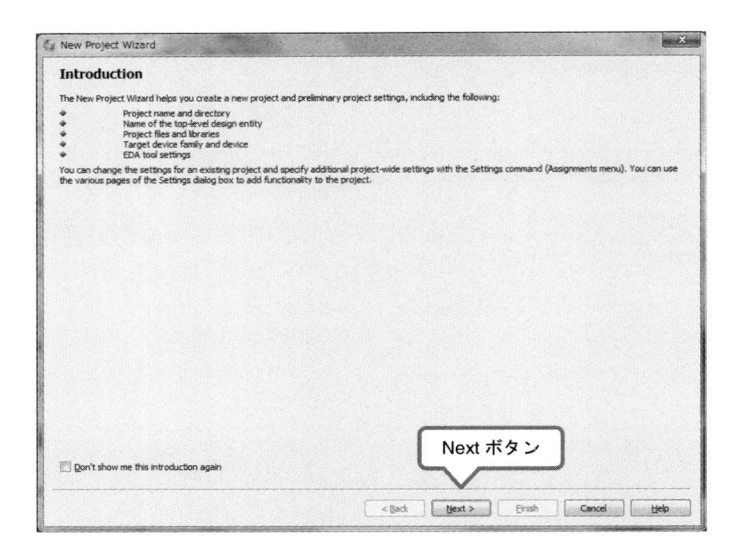

図 3-3　Introduction 画面

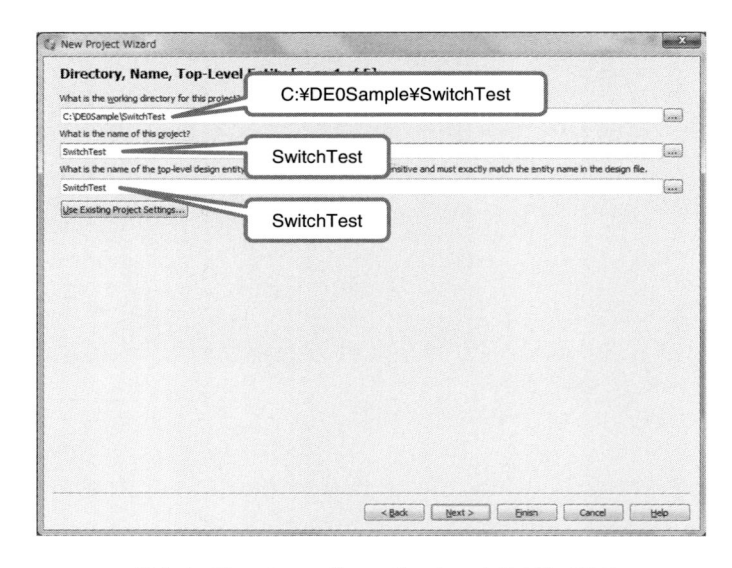

図 3-4　Directory, Name, Top-Level Entity 画面

新規プロジェクトの作成

SwitchTest としています．
- すでに作成されているモジュールを追加する場合はここで追加作業を行いますが，新規に作成する場合はそのまま［Next］ボタンを押します（図 3-5）．
- 次に，使用する FPGA デバイスを選択します（図 3-6）．DE0 では，Cyclone III EP3C16F484C6 なので，「Device Family」で「Cyclone III」を選択して，「EP3C16F484C6」を選択します．「Package」や「Pin count」，「Speed grade」を設定すると，デバイスが絞り込まれてデバイスを見つけやすくなります．ここでは「EP3C16F484C6」を選択して，［Next］ボタンを押します．

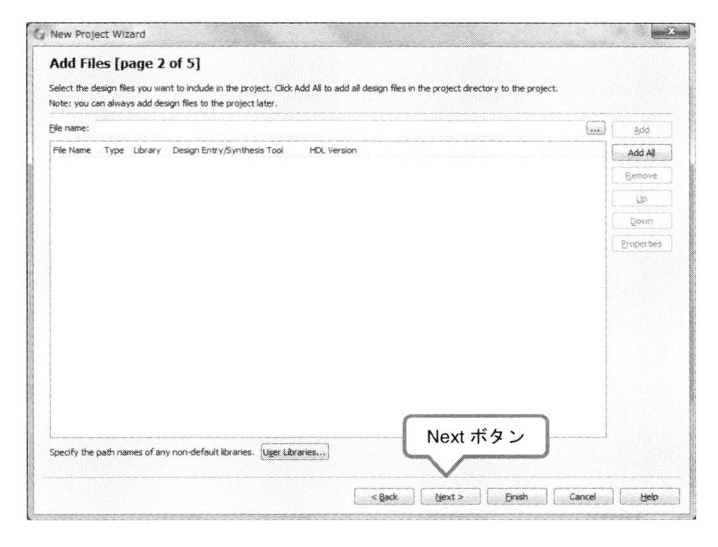

図 3-5 Add Files 画面

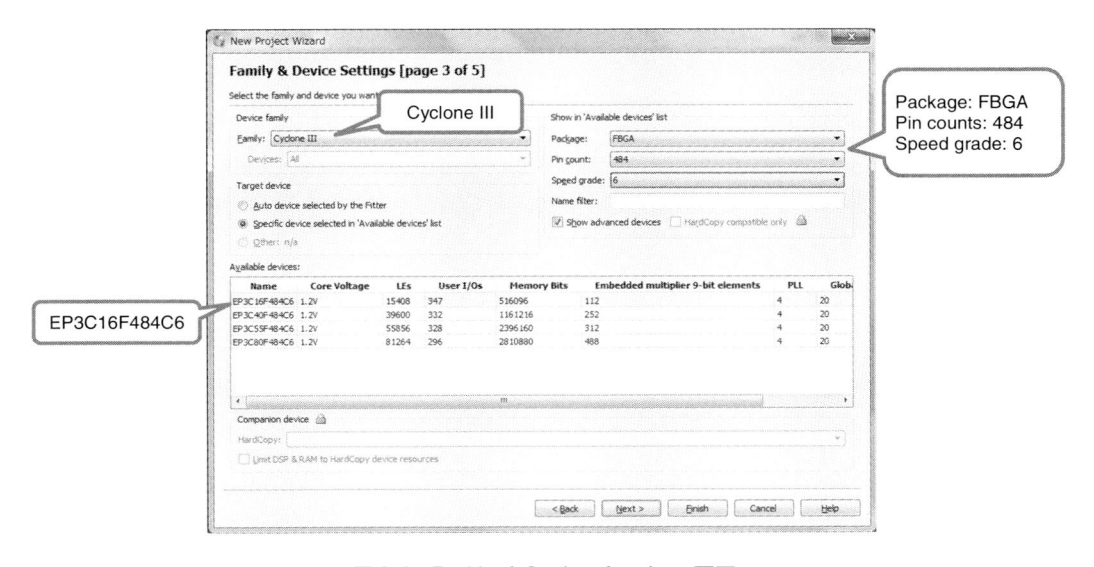

図 3-6 Family & Device Settings 画面

39

- 次に，EDAツールの設定画面が表示されますが（図3-7），そのまますべて「None」を選択して，［Next］ボタンを押します．
- 最後にサマリが表示されます(図3-8)．設定内容に誤りがないかを確認し，誤りがあれば［Back］ボタンで戻って修正を行います．内容に間違いがなければ，［Finish］ボタンを押してプロジェクトの作成を完了させます．

ここまでの操作で，DE0用の空のプロジェクトが作成されましたが，作成されたものはプロジェクト・ファイルだけで，まだHDLのソース・コードは作成されていません．

そこで次に，Verilog HDLのソース・ファイルを作成してプロジェクトに追加します．Verilog HDL

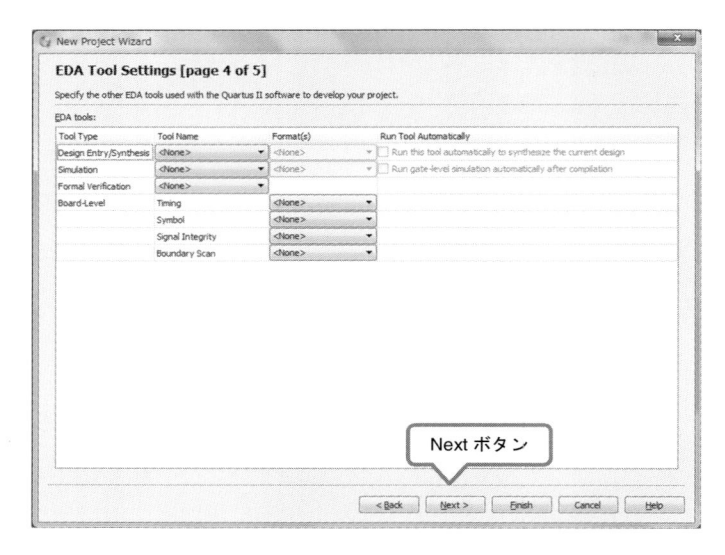

図3-7　EDA Tool Settings画面

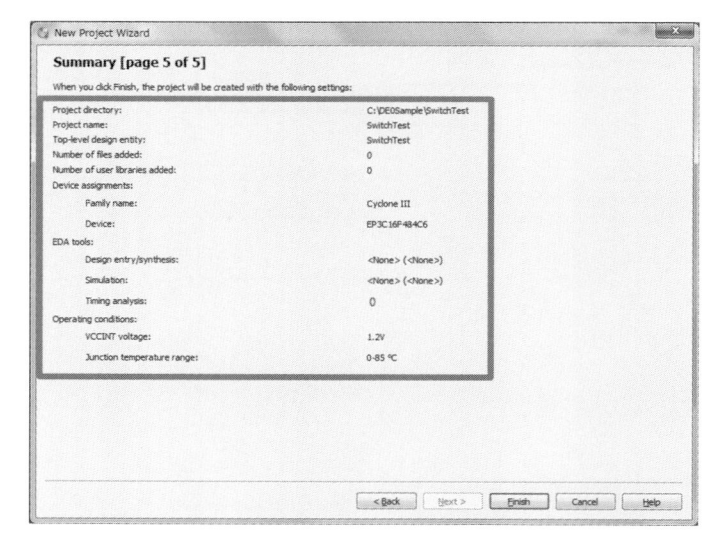

図3-8　Summary画面

Verilog HDL ソースの作成と追加

では，複数のモジュールを使った複雑な回路を作成することができますが，FPGA のピンと直接接続できるのは，トップ・モジュールに指定したモジュールだけです．今回のように，モジュールが一つだけの場合は，それがトップ・モジュールとなります．

Verilog HDL ソースの作成と追加

Verilog HDL のソースの作成と追加は，次の手順で行います．

「File」メニューから「New」を選択して，図 3-9 のようなダイアログが表示されたら，「Verilog HDL File」を選択して［OK］ボタンを押します．

すると，図 3-10 のように，Verilog1.v というファイルの編集ウィンドウが表示されます．

Verilog1.v というファイルは Quartus II が便宜上作成した名前なので，分かりやすい名前に変更して保存しておく必要があります．このままソース・コードを記述してもよいのですが，「File」メニューの「Save As」を選択して，忘れないうちにファイル名を変更しておきます．

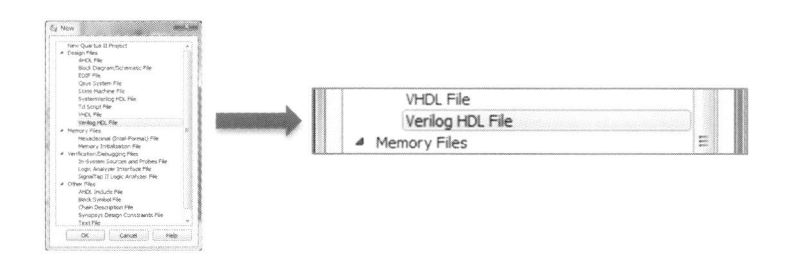

図 3-9　New のダイアログ

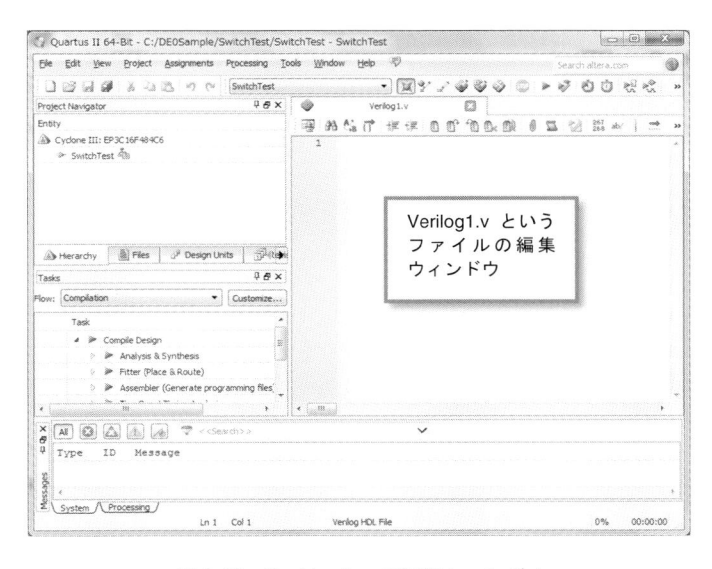

図 3-10　Verilog1.v の編集ウィンドウ

第 3 章　Quartus II 開発手順ガイド

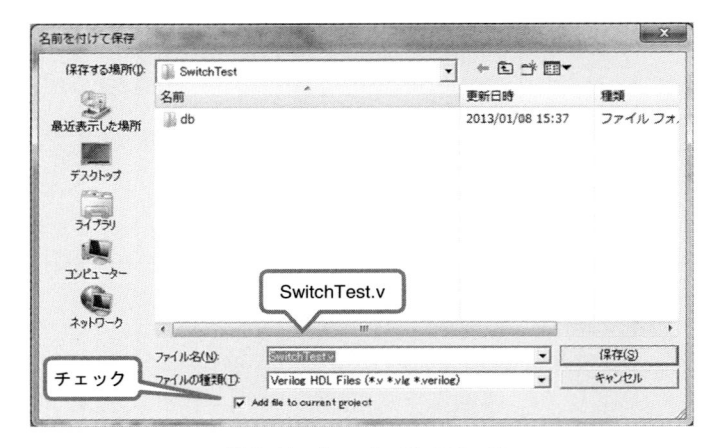

図 3-11　Save As ダイアログ

「Save As」を選択すると，図 3-11 のような画面が表示されるので，プロジェクトを作成するフォルダに，SwitchTest.v というファイル名でファイルを保存します．

このとき，ダイアログの下側の「Add file to current project」にチェックが入っていることを確認してください．ここにチェックがないとファイルがプロジェクトに追加されません．

ファイルを保存すると，Quartus II のエディタの編集ウィンドウのタイトルが「SwitchTest.v」という名前に変わります．そこで，SwitchTest.v に次のソース・コードを記述します．

```verilog
module SwitchTest(sw,led);
    input [9:0] sw;
    output [9:0] led;

    assign led=sw;
endmodule
```

ソース・コードの記述が終わったら，記述を確認してファイルを保存します．ファイルの保存は，「File」メニューで「Save」を選択します．

ピンのアサイン

ここまでの操作で Verilog HDL のモジュールの作成は終了ですが，このままでは単に論理的なモジュールが作成されただけです．

このモジュールを正しく動作させるためには，実際のスイッチと LED のピン番号をこのモジュールに関連付けする必要があります．

ピン番号は，巻末の付録を参照してください．巻末付録のスライド・スイッチの項を見ると，SW0 が J6，SW1 が H5 のように，アルファベットと数字で表されたピン番号が分かるようになっています．同様に，LED0 は J1，LED1 は J2 のようになります．

スイッチと LED の関連付けは，Pin Planner というツールで行います．Verilog HDL はハードウェア記述言語の一つですが，Verilog HDL は，あくまでハードウェアのモジュールの論理的な記述を行うためのもので，実際のデバイスのピン・アサインのような機能は Verilog HDL の機能には含まれていません．

ピン番号は，FPGA のメーカや使用するデバイス，あるいは実際のハードウェアによって異なるので，別のツールで設定するようになっています．

Pin Planner を使用する前に，Quartus II に作成したモジュールを認識させる必要があります．モジュールを認識させるには，「Processing」メニューから「Start」→「Start Analysis & Elaboration」を選択します（図 3-12）．

分析が成功すると，"Analysis & Elaboration was successful" というメッセージが表示されます（図 3-13）．ここでエラーが表示された場合は，ソース・コードのどこかに間違いがあるので，もう一度ソース・コードを見直してエラーを修正してください．

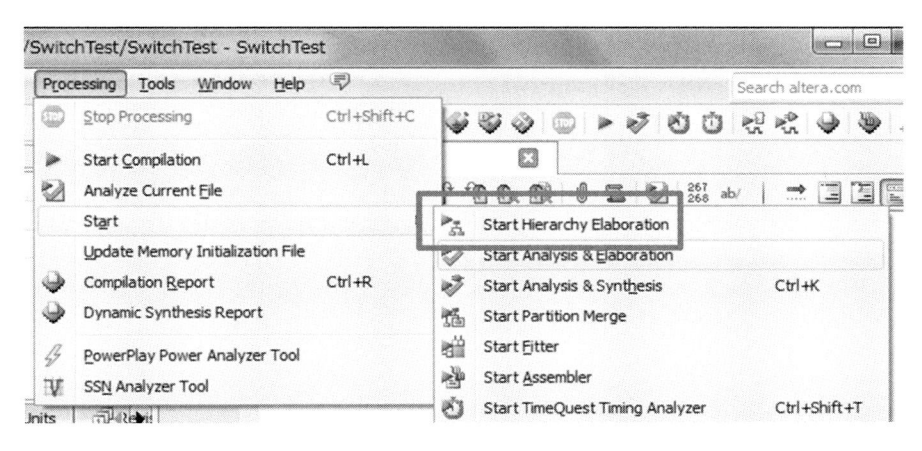

図 3-12　Start Analysis & Elaboration

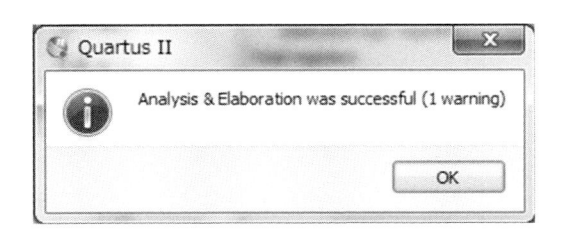

図 3-13　Analysis & Elaboration was successful

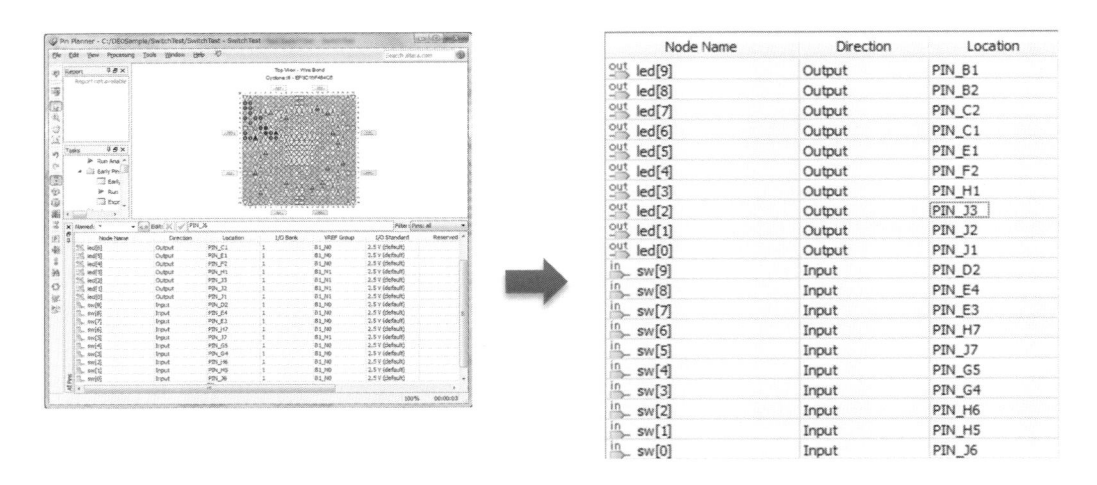

図 3-14　ピン・アサインを設定するツール Pin Planner

次に，「Processing」メニューから，「Pin」を選択して，Pin Planner を起動します（図 3-14）．Pin Planner が起動すると，画面下側の Node Name の欄に，led[0]~led[9] と sw[0]~sw[9] という項目が表示されます．これは，先の分析の操作で，トップ・モジュールに，これらの入出力ピンが見つかったことを示しています．

そこで，led と sw の Location 項目を，付録のピン・アサインに従って入力します．図 3-14 は，ピン・アサインの入力が終わった状態です．

Location の入力が終わったら，Pin Planner の「File」メニューから「Close」を選択して，Pin Planner を終了します．

コンパイル

ピンの設定が終わったらいよいよ最終段階です．「Processing」メニューから「Start Compilation」を選択してコンパイルを行います．

コンパイルが完了すると図 3-15 のようなメッセージが表示されます．

［OK］ボタンを押して，コンパイルを終了させます．

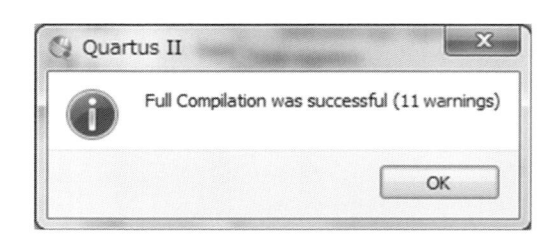

図 3-15　Full Compilation was successful のメッセージ・ダイアログ

プログラムのダウンロード

最後に作成したプログラムを DE0 にダウンロードして，LED の ON/OFF を行ってみましょう．

まず，DE0 の RUN/PROG スイッチを「RUN」側にして，DE0 を USB ケーブルで PC と接続します．次に，赤い電源ボタンを押して，DE0 に電源を入れます．DE0 には，まだプログラムを書き込んでいないため，ここではデフォルトのプログラム（通常は，出荷時のデモ・プログラム）が動作します．

次に，「Tools」メニューから，「Programmer」を選択して，書き込みプログラム Programmer を起動します（図 3-16）．

画面左上の［Hardware Setup］ボタンの右側が「USB-Blaster [USB-0]」になっていない場合は，JTAG ハードウェアとして USB ブラスタを設定する必要があります．まず，画面左上の［Hardware Setup...］ボタンを押し，「Hardware Setup」ダイアログが表示されたら，「Currently selected hardware」の右のドロップダウン・リストで「USB-Blaster(USB-0)」を選択して，［Close］ボタンを押してください．

画面右上の「Mode」設定を JTAG にします．「File」の欄に「SwitchTest.sof」が表示されて，「Program/Configure」にチェックが入っていることを確認します．ここで［Start］ボタンを押すと書き込みが開始され，作成したプログラムが FPGA に書き込まれます．書き込みに失敗した場合は，USB の接続を確認して再度書き込んでください．

これでプログラムのダウンロードは終了なので，Programmer を終了します．

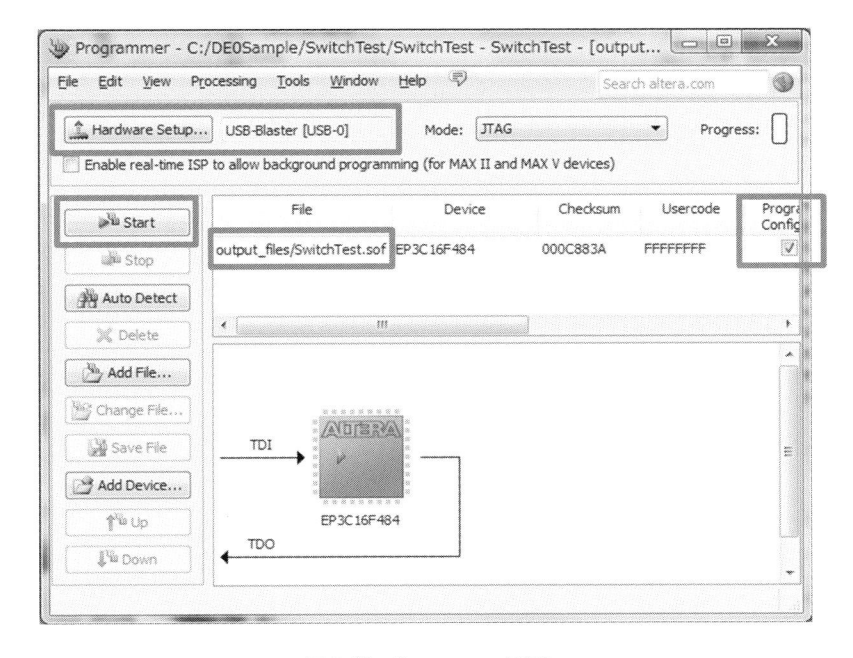

図 3-16　Programmer 画面

第3章 Quartus II 開発手順ガイド

写真 3-1 動作確認．スライド・スイッチを ON/OFF するとそれに合わせて LED が ON/OFF

動作の確認

プログラムの書き込みは終了したので，最後に動作確認を行います．

DE0 のスライド・スイッチを ON/OFF すると，それに合わせて LED0~LED9 が ON/OFF することが確認できると思います（**写真 3-1**）．

第4章　Qsys/Nios II 開発手順ガイド

Quartus II には，従来，エンベデッド・プロセッサの構築ツールとして，SOPC Builder が付属していました．最新の Quartus II では，新しいツールとして Qsys というツールが付属しており，今後はこちらのツールを使うことが推奨されています．現在の Quartus II（Version 12.1）では，Qsys と SOPC Builder の両方が付属しており，どちらのツールも使用することができますが，今後のこと考えると Qsys を使用した方がよいでしょう．

Qsys は，SOPC Builder と非常によく似たツールなので，SOPC Builder を使ったことがある方であれば，若干の違いに注意すれば，ほぼ同じ感覚で使用することができます．また，SOPC Builder で作成したモジュールは，Qsys で読み込んで Qsys のプロジェクトとすることも可能です．多くの場合，プロジェクトはそのまま使用することができますが，SOPC Builder との機能の違いで若干の修正が必要になる場合があります．

ここでは，簡単な Qsys のプロジェクトを使って，Qsys の使い方を説明します[1]．

新規プロジェクトの作成

Quartus II を起動し，プロジェクト・ウィザードを使って新規プロジェクトを作成します（前章参照）．プロジェクトのフォルダは "c:¥qstest" とし，プロジェクト名とトップ・モジュールも "qstest" とします．qstest.v は以下のように記述します．clk ピンのアサインは，Pin Planner で PIN_G21 に設定します．

```
module qstest(clk);
    input clk;

endmodule
```

エンベデッド・プロセッサのインスタンスの記述は，Qsys でエンベデッド・プロセッサを生成してから追加します（後述）．

---

[1] 本稿執筆時のバージョンでは，若干不安定な感がある．著者の環境では，ファイル名やフォルダ名をすべて小文字にしないと正しく動作しなかった．著者の環境によるものか，あるいはツールによって大文字小文字を区別したりしなかったりして，整合が取れなくなっている可能性がある．このため，ここでの説明では，ファイル名やフォルダ名など，すべて小文字にしている．

第4章 Qsys/Nios II 開発手順ガイド

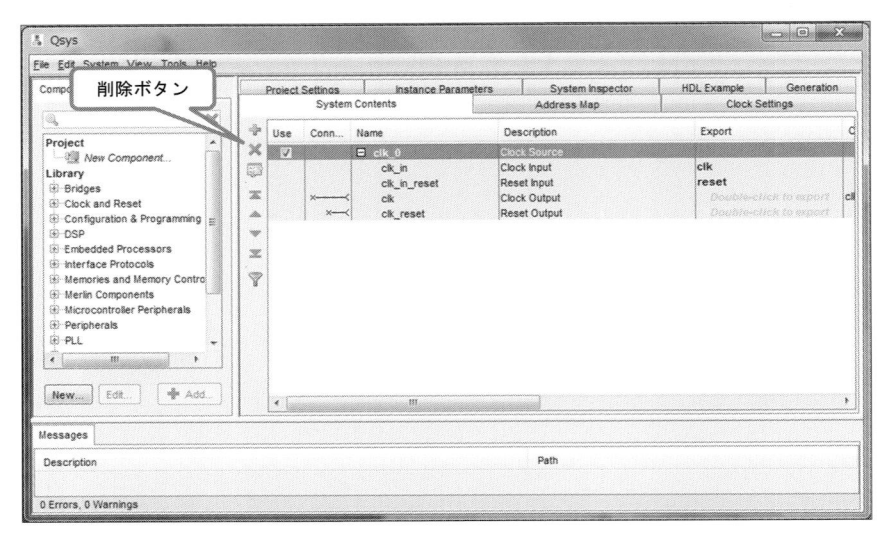

図4-1 Qsys の起動画面

　Qsys の実行は，Quartus II の「Tools」メニューから「Qsys」を選択します．図4-1 は，Qsys の起動画面です．SOPC Builder では，最初にモジュール名を聞いてきますが，Qsys では，保存する際にモジュール名を決定します．デフォルトでは，図のようにクロック・コンポーネントが登録されていますが，説明の都合上，最初にこのコンポーネントを削除して，登録コンポーネントを空にしておきます．コンポーネントの削除は，コンポーネント Name の clk_0 をクリックして選択し，左側の赤色の×をクリックします．

コンポーネントの登録

コンポーネント・ライブラリから，次のコンポーネントを順に追加します．

- Nios II Processor
- Clock Source
- On-Chip Memory
- JTAG UART

　最初に，Nios II Processor を追加します．Nios II Processor は，「Component Library」の「Embedded Processor」の中にあります．

　Nios II Processor を追加すると，図4-2 のような画面が表示されるので，Core として「Nios II/e」を選択します．

　また，「Advanced Features」タブを開いて，「Assign cpuid control register value manually」のチェックを外して［Finish］ボタンを押します（図4-3）．

　まだ，メモリやクロックが接続されていないため，いくつかエラーが表示されますが，このエラーはほかのデバイスの登録が終わるとなくなるので気にする必要はありません．

48

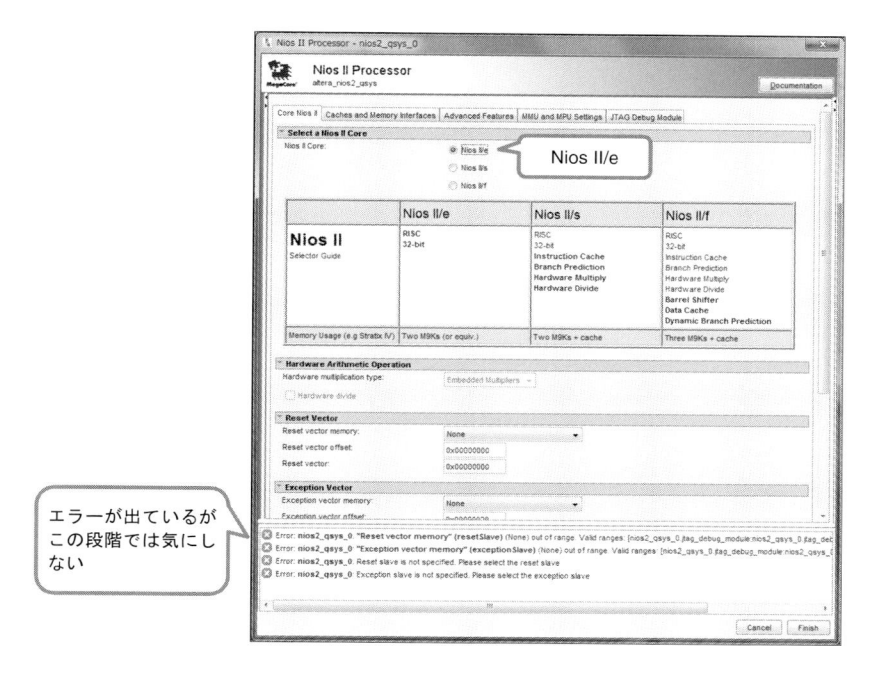

図4-2　Nios II Processor の追加

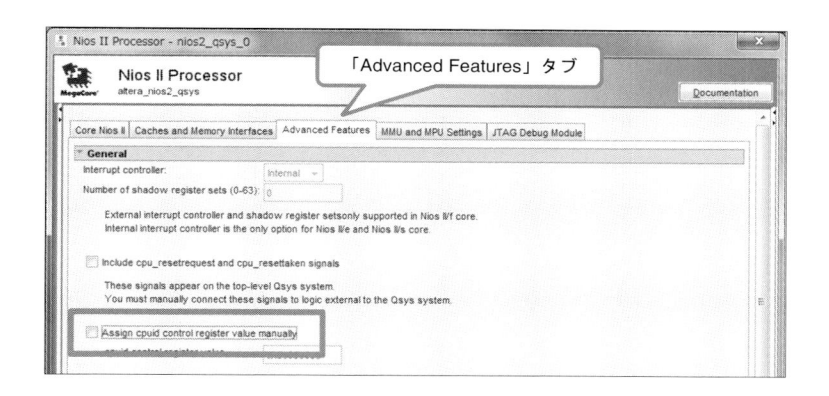

図4-3　「Advanced Features」タブ

次に，「Clock and Reset」から「Clock Source」を追加します（図4-4）．このコンポーネントは，デフォルトのまま追加するので，そのまま［Finish］ボタンを押します．

次に，オンチップ・メモリの登録です．オンチップ・メモリは，「Memories and Memory Controllers」の「On-Chip」の中の「On-Chip Memory (RAM or ROM)」を追加します（図4-5）．

ここで，メモリ・サイズを，図のように16384byte（16Kbyte）に設定して，［Finish］ボタンを押します．

最後に，JTAG UART を登録します．「JTAG UART」は，「Interface Protocols」の「Serial」の中にあります（図4-6）．デフォルトのまま追加するので，そのまま［Finish］ボタンを押します．

第4章 Qsys/Nios II 開発手順ガイド

図 4-4 Clock Source の追加

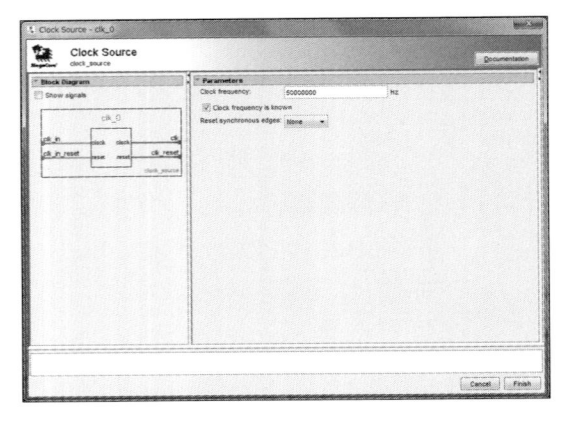

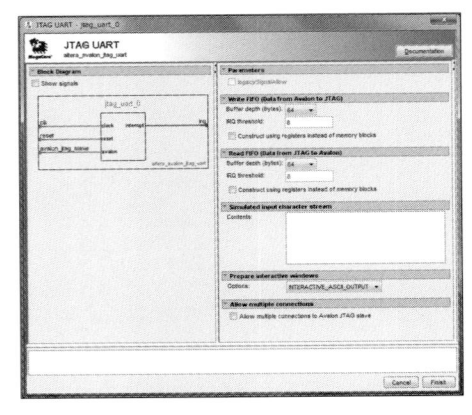

図 4-6 JTAG UART の追加

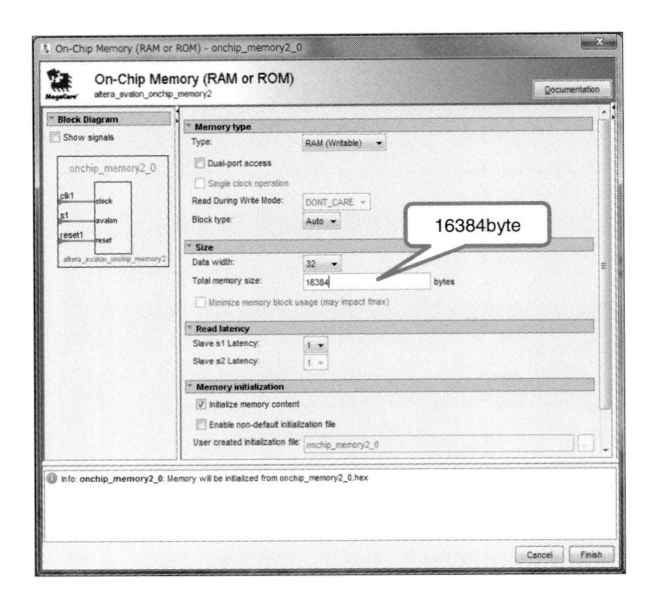

図 4-5 On-Chip Memory の追加

コンポーネントの接続

SOPC Builder では，コンポーネントを追加すると自動でコンポーネント間の接続を行ってくれましたが，Qsys では手動で接続を行う必要があるようです．

図 4-7 は，コンポーネントの接続と割り込みの接続を行ったところです．コンポーネント間の接続は，Connections 列に接続可能な信号線がグレーの線で表示され，接続ポイントが同じくグレーの丸印で示されています．接続したい信号線の接続ポイントをマウスでクリックするとグレー表示が黒い実線と丸印に変わるので，図 4-7 を参考に接続をしてください．また，IRQ の設定も同様に行います．

コンポーネントの接続が完了したら，「System」メニューから「Assign Base Address」を実行して，ベース・アドレスの割り当てます．図 4-7 はベース・アドレス割り当て後の画面となっています．

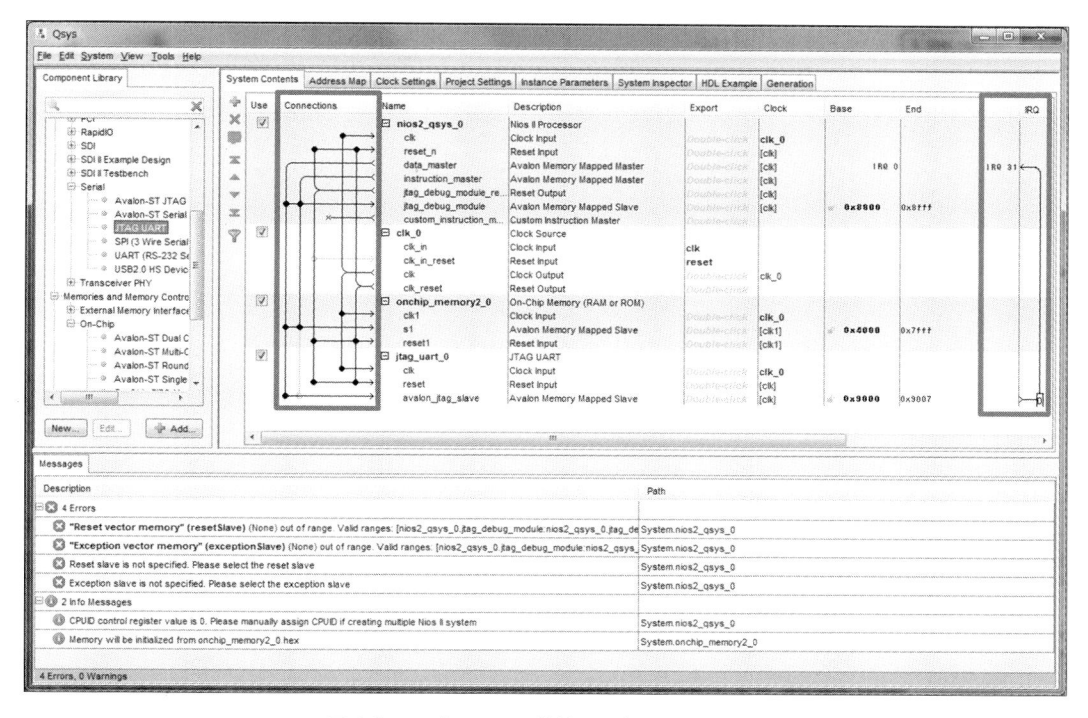

図 4-7 モジュールの接続と，割り込みの接続

ベース・アドレスの割り当てを行ったら，Nios II プロセッサのコンポーネントをダブルクリックして設定画面を開きます（図 4-8）．

ここでは，「Reset Vector」と「Exception Vector」のメモリを，「onchip_memory2_0.s1」に変更します．これで，メモリまわりのエラー表示がなくなります．

モジュールの生成

以上の設定で，コンポーネントの構成が終わったのでモジュールの生成を行います．

モジュールの生成は，「Generation」タブで行います（図 4-9）．左下の，［Generate］ボタンを

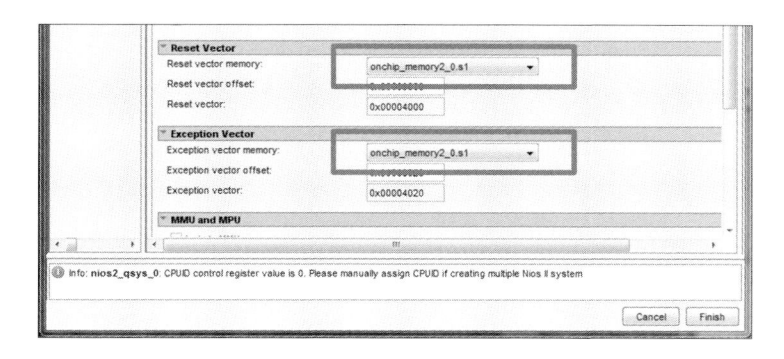

図 4-8 Nios II プロセッサのメモリの設定

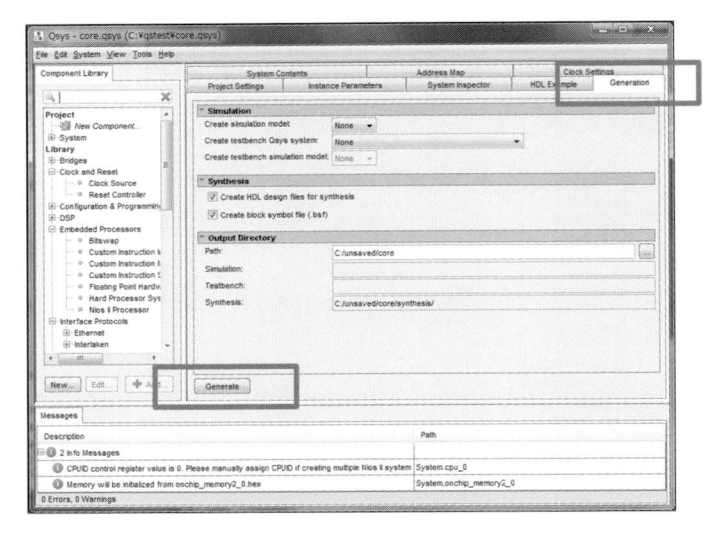

第4章 Qsys/Nios II 開発手順ガイド

図4-9 Generation タブ

図4-10 保存先を求めるダイアログ

ファイル名は core

Generate Completed メッセージ

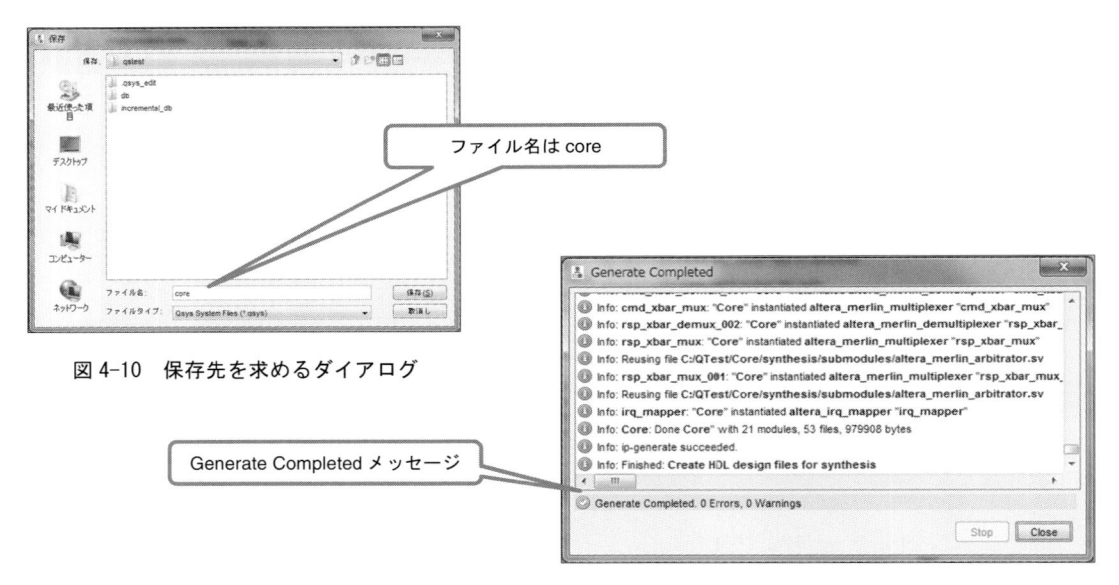

図4-11 モジュール生成の完了画面

押すと，最初に保存先のダイアログが表示されます（**図4-10**）．

保存先を，プロジェクト・フォルダにして，ファイル名を"core"とします．ここで指定したファイル名が，作成するモジュール名となります．

ファイルを保存するとモジュールの生成が始まり，最後に**図4-11**のように，"Generate Completed"というメッセージが表示されたら終了です．

続いて，「HDL Example」のタブを開くと，生成されるモジュールの使用例を見ることができます（**図4-12**）．

モジュールの生成

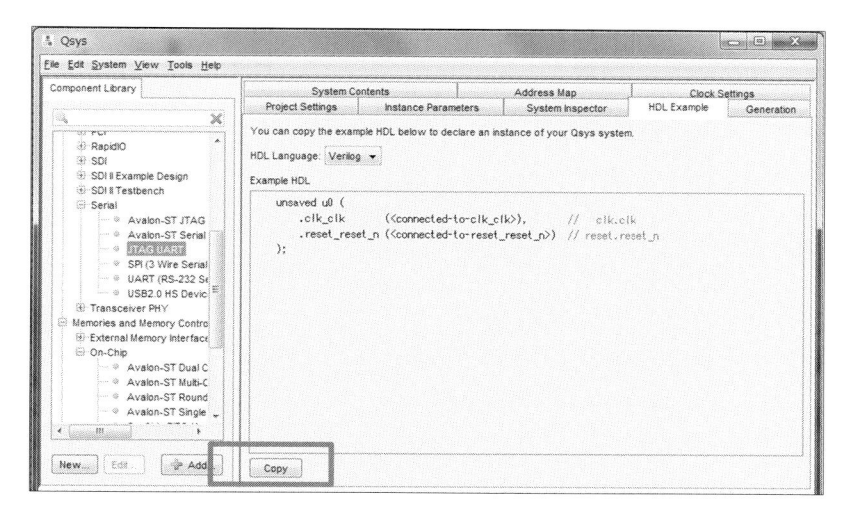

図 4-12　HDL の使用例

この使用例を［Copy］ボタンでコピーし，qstest.v の下記の位置にペーストします．

```
module qstest(clk);
   input clk;

   core u0 (
      .clk_clk        (<connected-to-clk_clk>),       //  clk.clk
      .reset_reset_n (<connected-to-reset_reset_n>)  // reset.reset_n
   );

endmodule
```

このコードを下記のように変更します．

```
module qstest(clk);
   input clk;

   core u0 (
      .clk_clk       (clk),  //  clk.clk
      .reset_reset_n (1'b1)  // reset.reset_n
   );

endmodule
```

第4章 Qsys/Nios II 開発手順ガイド

なお，このリストのように，このプロジェクトではクロックを core モジュールに入力している以外，全く入出力がありません．Nios II 自体は，プログラム・メモリがあれば実行することができ，また実行結果を Nios II の開発環境のコンソールに表示することができるので，このような単純な構成でテストを行うことができます．

以上で，Qsys の作業は終わりなので，［Close］ボタンを押して，ダイアログを閉じ，Qsys も終了させます．

プロジェクトへのモジュールの追加

SOPC Builder では，モジュールを作成すると自動で作業中のプロジェクトにモジュールが追加されましたが，Qsys の場合は手動で追加する必要があります．Quartus II のプロジェクト・ナビゲータのタブを開き，「Files」と書かれたアイコンを右クリックして，「Add/Remove Files in Project …」を選択するとファイルの追加/削除ダイアログが表示されます（**図 4-13**）．

画面上の「File name:」エディット・ボックスの右にあるファイル選択ボタンを押して，カレント・プロジェクト・フォルダの，"core.qsys" ファイルを選択します．このファイルが，Qsys のモジュール・ファイルとなります．ファイルを選択したら，［Add］ボタンを押して，ファイルをプロジェクトに追加して，［OK］ボタンでダイアログを閉じます．

これで，モジュールの作成はすべて終了なので，［Start］ボタンを押して，プロジェクトをコンパイルして，プログラマで DE0 に書き込みます．

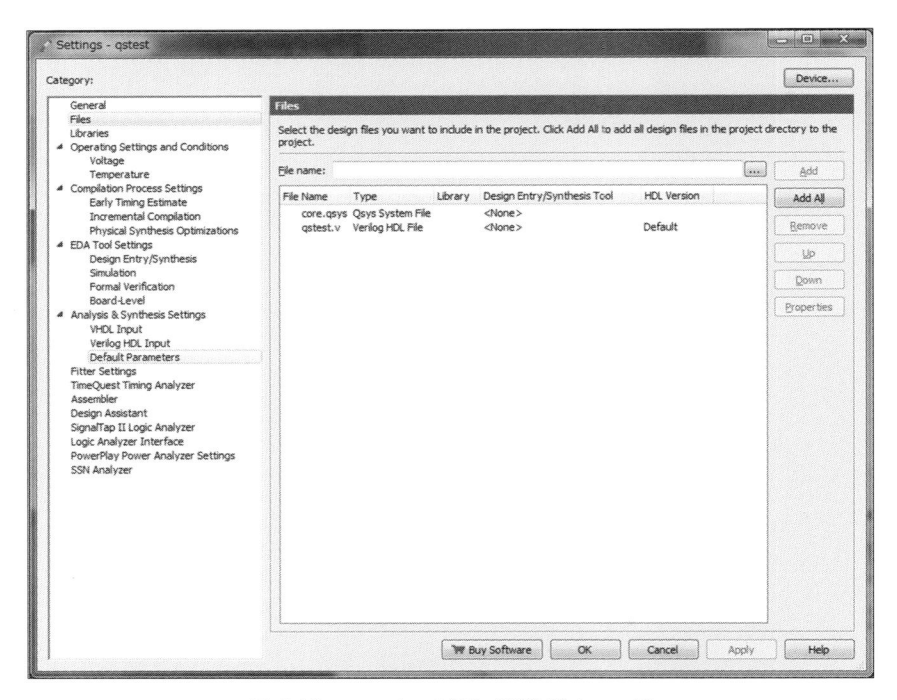

図 4-13 ファイルの追加/削除ダイアログ

テスト・プログラムの作成と実行

最後に，テスト用のプログラムを作成して，作成したシステムが正しく動作するかどうか検証します．

「Tools」メニューから，「Nios II Software Build Tools for Eclipse」を実行して，Nios II の統合開発環境を起動します．起動時にワークスペースのフォルダの指定があるので，c:¥qstest に software というフォルダを作成し指定します．テスト・プログラムはツール付属のテンプレートをそのまま使用します．

「File」メニューの「New」を選択し，さらに「Nios II Application and BSP from Template」を選択すると，図 4-14 のような画面が表示されます．

最初にターゲット・ハードウェアの情報ファイルを設定します．「SOPC Information File name:」のエディット・ボックスに，ファイルの選択ボタンを使って，プロジェクト・フォルダにある "core.sopcinfo" を選択します．

また，プロジェクト名は "qstest"，テンプレートは "Hello World Small" を選択して，［Finish］ボタンを押すと "qstest" と "qstest_bsp" という二つのプロジェクトが作成されます（図 4-15）．

このテンプレートは，次のように，コンソール上に "Hello from Nios II!" と表示するだけの簡単

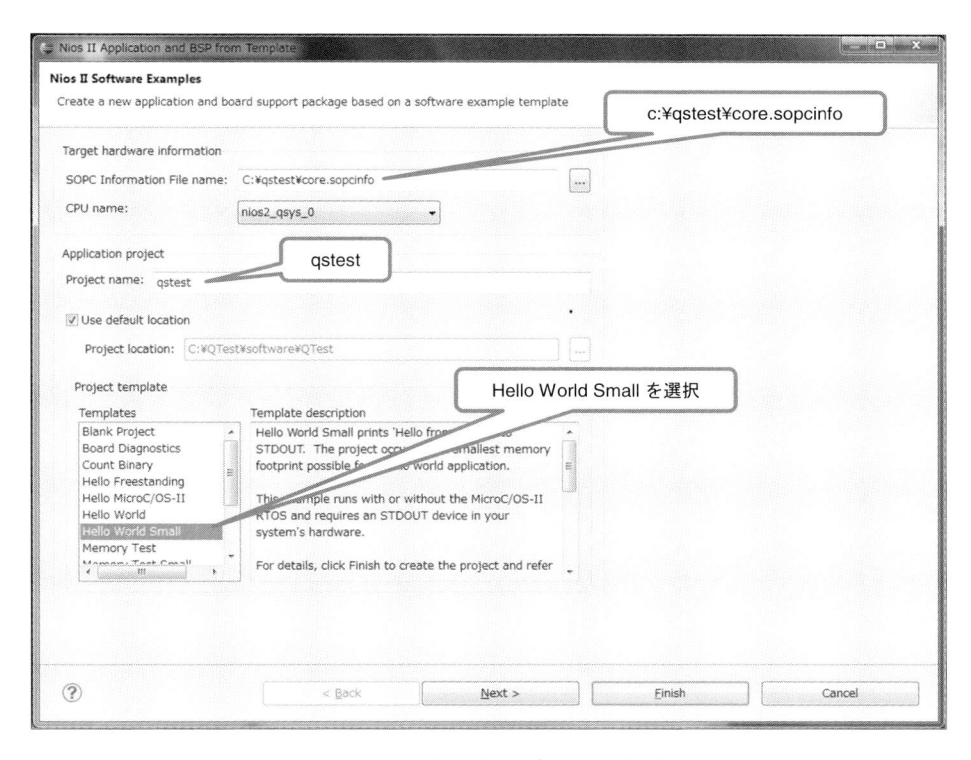

図 4-14　Nios II のテンプレート選択画面

第4章　Qsys/Nios II 開発手順ガイド

なプログラムになっています．

```c
#include "sys/alt_stdio.h"

int main()
{
  alt_putstr("Hello from Nios II!\n");

  /* Event loop never exits. */
  while (1);

  return 0;
}
```

プロジェクト・エクスプローラの「qstest」アイコンを右クリックし「Build Project」を選択すると，プロジェクト全体をビルドすることができます．

ビルドが終了したら，同じように「qstest」アイコンを右クリックし，「Run As…」メニューから「Nios II Hardware」を選択すると，プログラムを実行することができます．

図4-15 は，このプログラムを実行したときの画面で，コンソール出力に，

　　Hello from Nios II!

という表示が出て，プログラムが正しく実行されたことが分かります．

以上で，Qsys のモジュールの作成とテスト・プログラムの作成/実行は完了です．なお，SOPC Builder でモジュールを作成した場合も，Nios II の開発ツールの手順は全く同様になります．

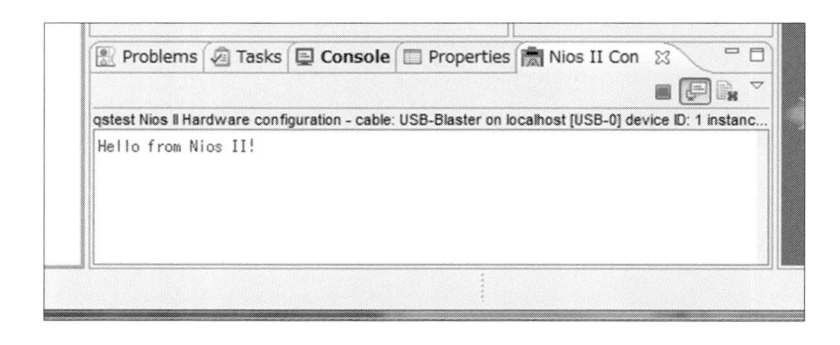

図4-15　qstest プロジェクトの作成と実行

第5章　実験の準備

使用する部品

　本書では，DE0 本体に搭載されている周辺デバイスに加え，A-D コンバータ IC や D-A コンバータ IC など，簡単な外部回路を使った実験を行います．

　これらの実験を行うために，**表 5-1** のような部品を用意する必要があります．

　部品は入手性の良い物をそろえたので，秋葉原などの部品店で簡単にそろえることができると思います．実験を始める前にこれらの部品を用意してください．

表 5-1　実験部品の一覧

部品名	型番，値など	数量	メーカ名，用途など
ブレッドボード	EIC-301	1	E-CALL ENTERPRISE 社製．秋月電子通商で購入可能．同等品可．回路製作用
ジャンプ・ワイヤ	オス - メス	8	DE0 からブレッドボードへの配線用
ジャンプ・ワイヤ	オス - オス	4	ブレッドボード内の配線用
フルカラーLED	OSTA5131A	1	OptoSupply 社製．秋月電子通商で購入可能
抵抗	100Ω	3	炭素皮膜
スピーカ	インピーダンス 8Ω	1	直径 5cm 程度
電解コンデンサ	4.7μF/16V	1	スピーカ接続用
抵抗	330Ω	1	スピーカ/正弦波のテスト用
積層セラミック・コンデンサ	0.1μF	1	正弦波のテスト用
抵抗	10kΩ	2	ロータリ・エンコーダのテスト用．炭素皮膜
ロータリ・エンコーダ	EC16B	1	Alpha 社製．秋月電子通商で購入可能
PS/2 マウス		1	本文参照
A-D コンバータ	MCP3002	1	マイクロチップ・テクノロジー製
ボリューム	10kΩ	1	半固定抵抗
温度センサ	MCP9701	1	マイクロチップ・テクノロジー製
D-A コンバータ	MCP4922	1	マイクロチップ・テクノロジー製
16 文字×2 行 LCD モジュール	TERASIC-DE-LCD	1	ソリトンウェーブで購入可能．同等品可．DE0 付属のヘッダ・ピンを使い，DE0 にはんだ付けして使用
SD メモリーカード		1	本文参照

ブレッドボードの使い方

外部回路を使った実験では，DE0 に外部回路を接続します．外部回路の配線は，ブレッドボードとジャンプ・ワイヤを使って行います．

ここでは一例として，図 5-1 の温度計の回路を使って，ブレッドボードの使い方を説明します．

ブレッドボードを使って回路を構成する場合は，ジャンプ・ワイヤを使って回路をブレッドボード上に製作します．ジャンプ・ワイヤは，オス‐メスのものとオス‐オスの物がありますが，ブレッドボード内の配線はオス‐オスのワイヤを使用し，DE0 基板の外部拡張コネクタと接続するところはオス‐メスのワイヤを使用します．

ブレッドボードは，図 5-2 のように，格子状にソケット・ピンが配置されているボードです．図 5-2 の X 列，Y 列のピンは，それぞれ内部で接続されています．例えば，X 列の 1 番ピンに V_{CC} を接続すれば，X 列はすべて V_{CC} となります．また，A‐E，F‐G も，それぞれ内部で接続されています．ブレッドボードのピンには，IC や抵抗，コンデンサ，ジャンパ・ケーブルなどが接続できるので，任意の回路をボード上に作ることができます．通常は，X 列を V_{CC}，Y 列を GND にして，ボード上の部

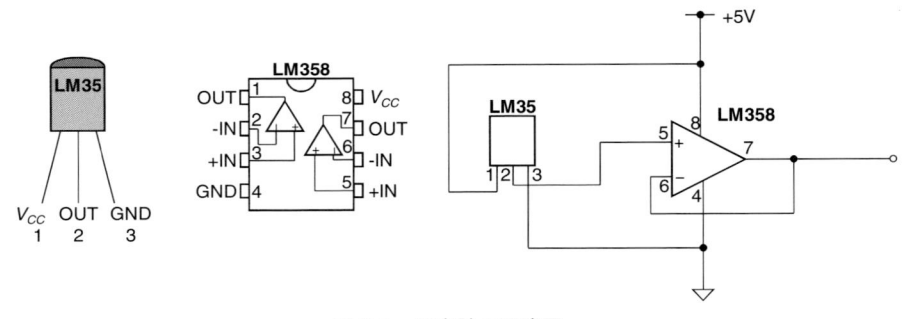

図 5-1　温度計の回路図

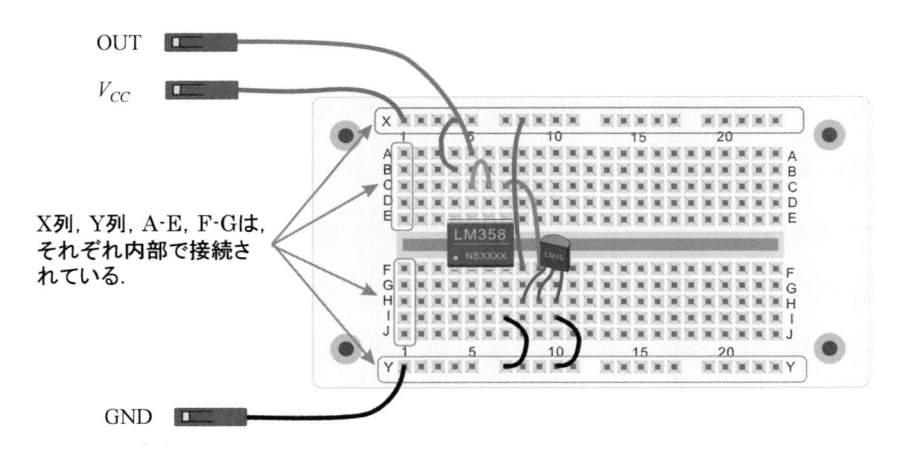

図 5-2　図 5-1 の回路をブレッドボード上に組んだようす

品から電源への接続が簡単にできるようにします．

図 5-2 の例では，LM358 の 4 番ピンと LM35 の 3 番ピンが GND，LM358 の 8 番と LM35 の 1 番ピンが V_{CC} に接続されています．V_{out} は LM358 の 7 番ピンと 6 番ピンに接続され，LM358 の 5 番ピンが LM35 の 2 番ピンに接続されています．

このように，ブレッドボードを使うと，はんだ付けをしなくても簡単に回路を構成できるので，ちょっとした実験には非常に重宝します．

複雑な回路になると，大きなブレッドボードやたくさんのジャンプ・ワイヤが必要になります．また，ブレッドボードの配線も複雑になるので，プリント基板にはんだ付けをする方法と一長一短ですが，部品をあれこれ差し換えて実験したり実験終了後に使わなくなるような回路の場合は，ブレッドボードを使った方が便利なので，本書での実験ではすべてブレッドボードを使うようにしています．

16 文字×2 行 LCD モジュールを DE0 に接続

　DE0 のオプションには，16 文字×2 行 LCD モジュールというものがあります．16 文字×2 行 LCD モジュールを使用すると，16 文字，2 行までのキャラクタ表示が行えるので，ちょっとしたステータス表示などに利用すると大変便利です．

　このモジュールの取り付けは，付属のピン・ヘッダを使って**写真 5-1** のように DE0 にはんだ付けをして取り付けます．ピン・ヘッダは，DE0 の背面と，16 文字×2 行 LCD モジュールの表面ではんだ付けを行います．

　DE0 の EEPROM には，あらかじめデモ・データが書き込まれているので，コンフィグレーション用の EPCS4 を書き換えていなければ，電源を入れた際に表示されるデモ画面で LCD にもデモ表示が行われるので，動作確認を行うことができます．

写真 5-1　DE0 に取り付けた 16 文字×2 行 LCD モジュール

共通ピン・アサインのプロジェクト PinAssign

電子ピアノなど，本書で作成するプロジェクトのなかには，DE0 のボタンや LED のピン・アサインをプロジェクトにした PinAssign プロジェクトを使用しているものがあります．これは，前著の PinAssign プロジェクトと同じものです．

PinAssign のソース・コードを**リスト 5-1** に，ピン・アサインを**図 5-3** に示します．本文で「PinAssign」と出てきた場合は，このプロジェクトを指します．

リスト 5-1　PinAssign プロジェクトのソース・コード

```verilog
module PinAssign(clk,btn,sw,led,hled0,hled1,hled2,hled3);
    input clk;
    input [2:0] btn;
    input [9:0] sw;
    output [9:0] led;
    output [7:0] hled0;
    output [7:0] hled1;
    output [7:0] hled2;
    output [7:0] hled3;

    assign led=10'h0;
    assign hled0=8'hff;
    assign hled1=8'hff;
    assign hled2=8'hff;
    assign hled3=8'hff;
endmodule
```

Node Name	Direction	Location
btn[2]	Input	PIN_F1
btn[1]	Input	PIN_G3
btn[0]	Input	PIN_H2
clk	Input	PIN_G21
hled0[7]	Output	PIN_D13
hled0[6]	Output	PIN_F13
hled0[5]	Output	PIN_F12
hled0[4]	Output	PIN_G12
hled0[3]	Output	PIN_H13
hled0[2]	Output	PIN_H12
hled0[1]	Output	PIN_F11
hled0[0]	Output	PIN_E11
hled1[7]	Output	PIN_B15
hled1[6]	Output	PIN_A15
hled1[5]	Output	PIN_E14
hled1[4]	Output	PIN_B14
hled1[3]	Output	PIN_A14
hled1[2]	Output	PIN_C13
hled1[1]	Output	PIN_B13
hled1[0]	Output	PIN_A13
hled2[7]	Output	PIN_A18
hled2[6]	Output	PIN_F14
hled2[5]	Output	PIN_B17
hled2[4]	Output	PIN_A17
hled2[3]	Output	PIN_E15
hled2[2]	Output	PIN_B16
hled2[1]	Output	PIN_A16
hled2[0]	Output	PIN_D15

Node Name	Direction	Location
hled3[7]	Output	PIN_G16
hled3[6]	Output	PIN_G15
hled3[5]	Output	PIN_D19
hled3[4]	Output	PIN_C19
hled3[3]	Output	PIN_B19
hled3[2]	Output	PIN_A19
hled3[1]	Output	PIN_F15
hled3[0]	Output	PIN_B18
led[9]	Output	PIN_B1
led[8]	Output	PIN_B2
led[7]	Output	PIN_C2
led[6]	Output	PIN_C1
led[5]	Output	PIN_E1
led[4]	Output	PIN_F2
led[3]	Output	PIN_H1
led[2]	Output	PIN_J3
led[1]	Output	PIN_J2
led[0]	Output	PIN_J1
sw[9]	Input	PIN_D2
sw[8]	Input	PIN_E4
sw[7]	Input	PIN_E3
sw[6]	Input	PIN_H7
sw[5]	Input	PIN_J7
sw[4]	Input	PIN_G5
sw[3]	Input	PIN_G4
sw[2]	Input	PIN_H6
sw[1]	Input	PIN_H5
sw[0]	Input	PIN_J6

図 5-3　PinAssign のピン・アサイン

第6章　PWMを使ったLEDイルミネーション

　青色LEDの発明で，LEDに赤（R），緑（G），青（B）の3原色がそろったため，フルカラーの表示が可能になりました．そこで，フルカラーLEDを使って，写真6-1のようなイルミネーションを作ってみることにします．

　これは，LEDの色をさまざまな色に変化させ，幻想的な光を演出するものです．LEDは，そのままでは明るさをコントロールできませんが，PWM（Pulse Width Modulation）制御の手法を使うと疑似的に明るさを変化させることができます．RGBそれぞれの色の明るさを変化させることで，さまざまな色を表示することができます．

きれいに見えるフルカラーLEDの制御方法

　図6-1は，フルカラーLED OSTA5131Aのピン配置です．フルカラーLED OSTA5131Aは，4本足のデバイスで，RGBそれぞれのアノード端子とRGB共通のカソード端子があります．

　LEDの明るさは，各色8bit，つまり0～FFまでの値で明るさを設定できるようにします．しかし，フルカラーLEDでイルミネーションを製作する場合，RGBそれぞれを0～FFに変化させてしまうとLEDの明るさも変化してしまうため，きれいなイルミネーションになりません．

　そこで，図6-2のように，常にRGBのどれかが点灯しているように制御します．表6-1は，図6-2の制御を表にまとめたものです．

写真6-1　LEDイルミネーションを実行しているようす

第6章 PWMを使ったLEDイルミネーション

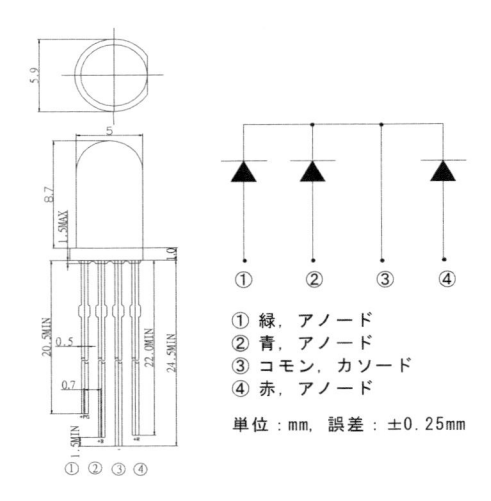

図6-1 フルカラーLED OSTA5131Aのピン配置（OSTA5131A-R/PG/Bデータシートから引用）

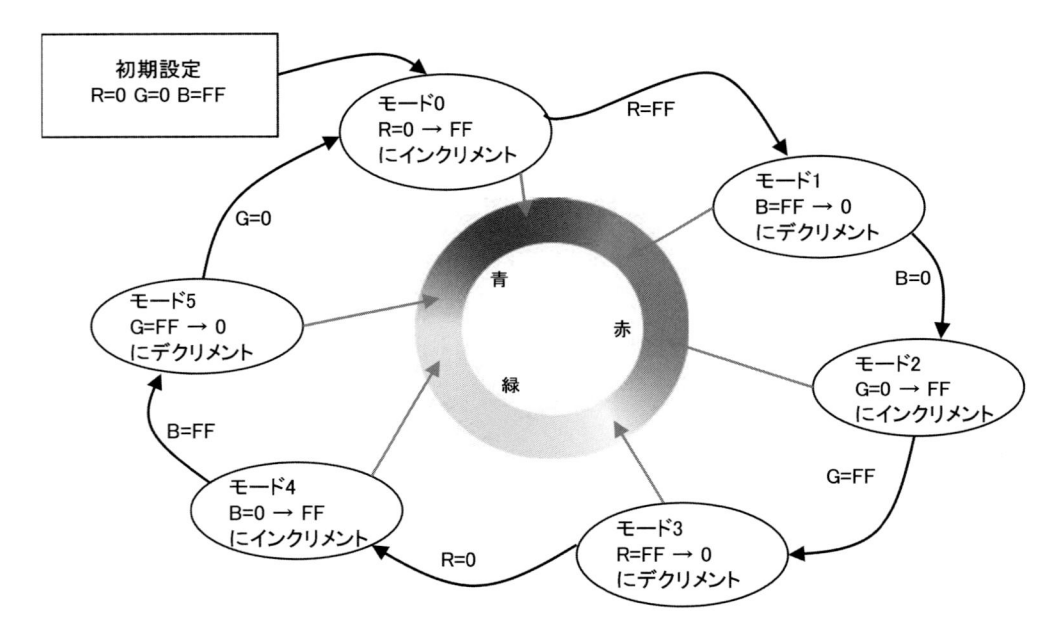

図6-2 LEDイルミネーションの制御

表6-1 LEDイルミネーションの制御

モード	R	G	B	備考
0	0 → FF	0	FF	Rをインクリメント（初期値）
1	FF	0	FF → 0	Bをデクリメント
2	FF	0 → FF	0	Gをインクリメント
3	FF → 0	FF	0	Rをデクリメント
4	0	FF	0 → FF	Bをインクリメント
5	0	FF → 0	FF	Gをデクリメント

表のように，LEDイルミネーションの制御は六つのモードがあり，それぞれのモードで変化させる色が変わります．

回路図とブロック図

図6-3にLEDイルミネーションの回路図を，図6-4に実体配線図を示します．

フルカラーLEDは，順電圧V_Fの値が通常のLEDよりも高いので，電流制限抵抗は100Ωを使用し

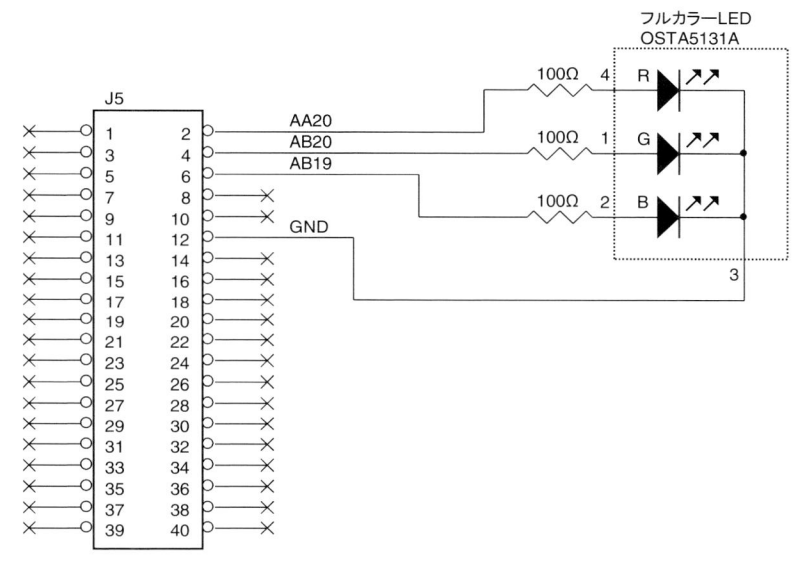

図6-3 LEDイルミネーションの回路図

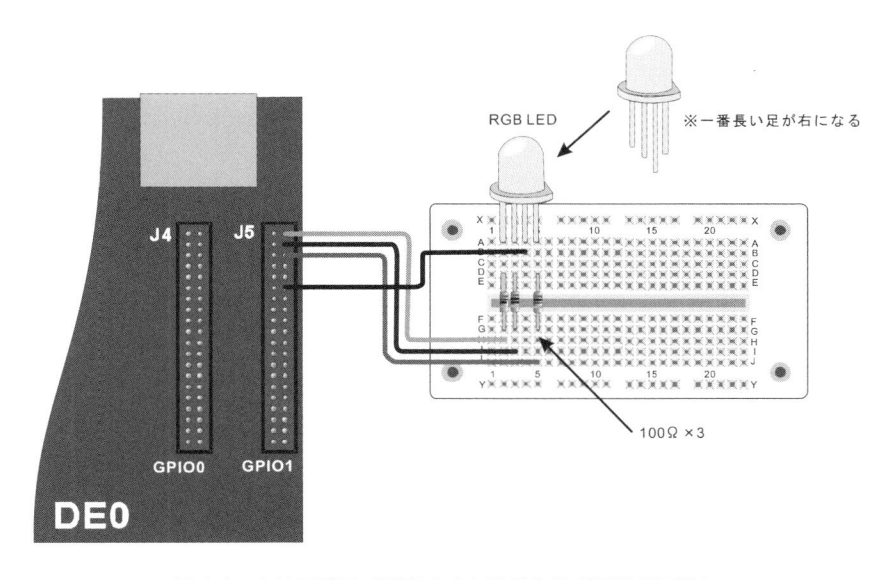

図6-4 実体配線図（写真6-1とは異なるが回路は同じ）

第6章　PWMを使ったLEDイルミネーション

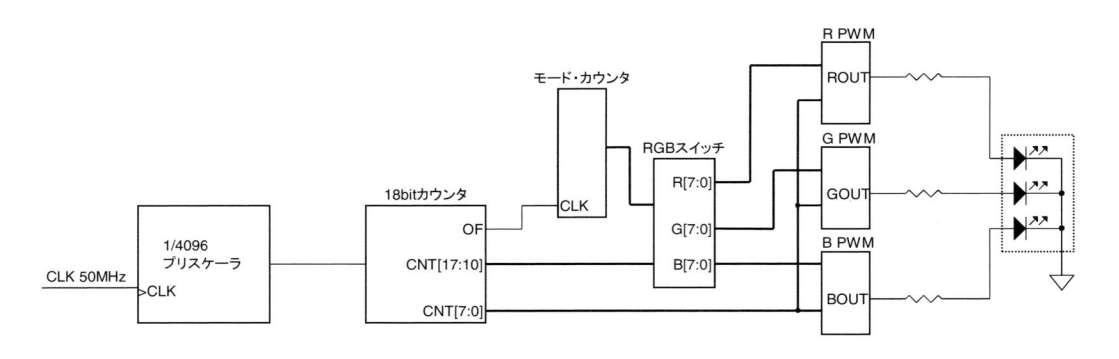

図6-5　LEDイルミネーションのブロック図

ています．

図6-5にブロック図を示します．制御ブロックは，プリスケーラ，カウンタ，モード・カウンタ，RGBスイッチ，およびPWMになります．

プリスケーラでは，DE0の50MHzのクロックを分周してカウンタに供給します．カウンタは，PWM用とRGBのデータ用になっています．カウンタの下位8bitを使って，PWM制御を行っています．また，上位8bitは，LEDの明るさの値の設定に使用しています．

モード・カウンタは，LEDイルミネーションの六つのモードを切り替えるためのものです．カウンタがオーバフローするごとにモードがカウント・アップし，モードが5までいくと0に戻ります．

RGBスイッチでは，カウンタの上位8bitの値と，モード・レジスタの値からRGBそれぞれの明るさを計算し，PWMブロックに渡しています．PWMブロックでは，RGBスイッチからの明るさのデータをPWMに変換して，実際のLEDの明るさを制御しています．

プログラムの詳細

リスト6-1に，フルカラーLEDイルミネーションのソース・コードを示します．ピン・アサインを図6-6に示します．

PreScaleモジュール

プリスケーラ・モジュールでは，クロックを12bitのカウンタで4096分周しています．この分周比を変えることで，LEDイルミネーションの色の変化の速さを変えることができます．

Node Name	Direction	Location
bout	Output	PIN_AB19
clk	Input	PIN_G21
gout	Output	PIN_AB20
rout	Output	PIN_AA20

図6-6　ピン・アサイン

トップ・モジュール RGB_LED

カウンタは 18bit のカウンタで，プリスケーラで生成したクロックをカウントします．下位の 8bit は PWM 制御に使用し，上位 8bit は LED の明るさの設定に使用しています．

本来であれば，RGB それぞれに明るさ設定用のカウンタを用意すべきですが，表 6-1 の制御を見ると分かるように，各モードで変化する色は 1 色のみです．他の 2 色は 00 または FF の値となります．色の変化は，0 から FF にインクリメントするか，FF から 0 にデクリメントするかの 2 通りです．そこで，このソースでは，カウンタの上位 8bit を使い，0 から FF への変化を作っています．FF～0 へのデクリメントは，0～FF へのインクリメント・データをビット反転して作っています．

モード・カウンタは 6 進のカウンタです．18bit のカウンタがオーバフローするごとに，カウントが一つ進むようになっています．RGB スイッチは，カウンタの上位 8bit とモード・カウンタの値から，RGB それぞれの明るさを作っています．例えば，モード 0 では，R が 0，G が 0 から FF へのインクリメント・データ，B が FF となるようになっています．

PWM モジュールでは，RGB スイッチで作られた各色のデータを PWM 制御で変化させています．RGB のデータはそれぞれ 8bit なので，カウンタの下位 8bit の値が RGB それぞれの値よりも小さい間だけ，RGB それぞれの LED を ON にするようにしています．

動作確認

ブレッドボードに図 6-3 の配線を行ってプログラムを書き込むと，フルカラーLED の色がゆっくり変化することが確認できます．デフォルトでは，色の変化はかなりゆっくりですが，プリスケーラの設定を変えることで，色の変化のスピードを変えることができます．

リスト 6-1　フルカラーLED イルミネーションのソース・コード

```
/*
RGB OUTPUT
mode    R   G   B
0       I   0   F
1       F   0   D
2       F   I   0
3       D   F   0
4       0   F   I
5       0   D   F

0:00h data
F:FFh data
I:00h-FFh Increment data
D:FFh-00h Decrement data

RGB LED
R=AA20(J5-2)
G=AB20(J5-4)
B=AB19(J5-6)
GND=(J5-12)
*/
```

```verilog
module PreScale(iclk,oclk);
   input iclk;
   output oclk;
   reg [11:0] cnt;

   always @(posedge iclk) begin
      cnt=cnt+1;
   end

   assign oclk=cnt[11];
endmodule

module RGB_LED(clk,rout,gout,bout);
   input clk;
   output rout,gout,bout;
   wire iclk;
   reg [17:0] cnt;
   reg [2:0] mode;
   wire [7:0] rbus;
   wire [7:0] gbus;
   wire [7:0] bbus;
   wire rdat,gdat,bdat;

   assign rout=rdat;
   assign gout=gdat;
   assign bout=bdat;

   PreScale ps(clk,iclk);

   always @(posedge iclk)
      cnt=cnt+1;
   always @(posedge iclk) begin         //18bitカウンタ
      if(cnt==18'h3ffff) begin
         if(mode==3'h5)                 //モード・カウンタ
            mode=0;
         else
            mode=mode+1;
      end
   end

   //rbus
   assign rbus=((mode==3'h4)||(mode==3'h5)) ? 8'h0 :
               ((mode==3'h1)||(mode==3'h2)) ? 8'hff :
               (mode==3'h0) ? cnt[17:10] : ~cnt[17:10];
   //gbus
   assign gbus=((mode==3'h0)||(mode==3'h1)) ? 8'h0 :
               ((mode==3'h3)||(mode==3'h4)) ? 8'hff :
               (mode==3'h2) ? cnt[17:10] : ~cnt[17:10];
   //bbus
   assign bbus=((mode==3'h2)||(mode==3'h3)) ? 8'h0 :
               ((mode==3'h0)||(mode==3'h5)) ? 8'hff :
               (mode==3'h4) ? cnt[17:10] : ~cnt[17:10];

   //PWM
   assign rdat=(cnt[7:0]<rbus) ? 1'b1 : 1'b0;
   assign gdat=(cnt[7:0]<gbus) ? 1'b1 : 1'b0;
   assign bdat=(cnt[7:0]<bbus) ? 1'b1 : 1'b0;

   assign led={7'h0,rdat,gdat,bdat};
   assign hled0=8'hff;
   assign hled1=8'hff;
   assign hled2=8'hff;
   assign hled3=8'hff;
endmodule
```

第7章　ROMテーブルを使った88音 電子ピアノ

　電子ブザーは，簡単なエラー通知やドアのチャイム，電話の電子音など，さまざまなところで利用されています．電子ブザーは，人間の耳に聞こえる範囲の周波数のクロックを作り，スピーカで鳴らすだけで簡単に作ることができます．

　DE0にはブザーの回路はありませんが，拡張コネクタに，**図7-1**のような簡単な回路を接続するだけでブザーを鳴らすことができます．また，実体配線図を**図7-2**に，実際の接続のようす**写真7-1**に示します．

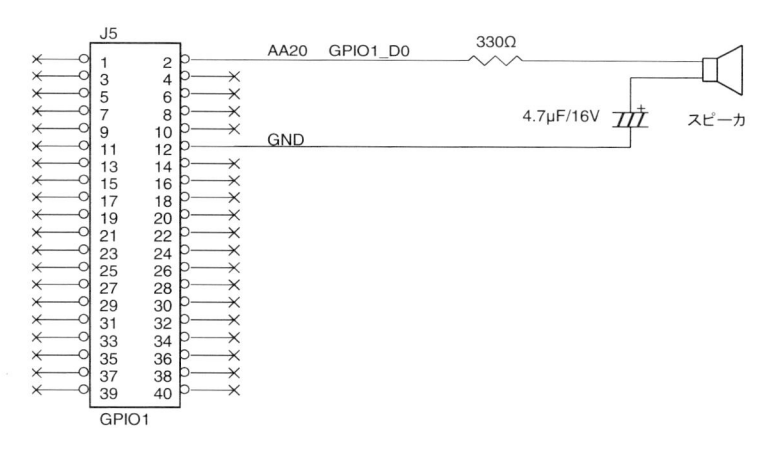

図7-1　ブザーのインターフェース回路

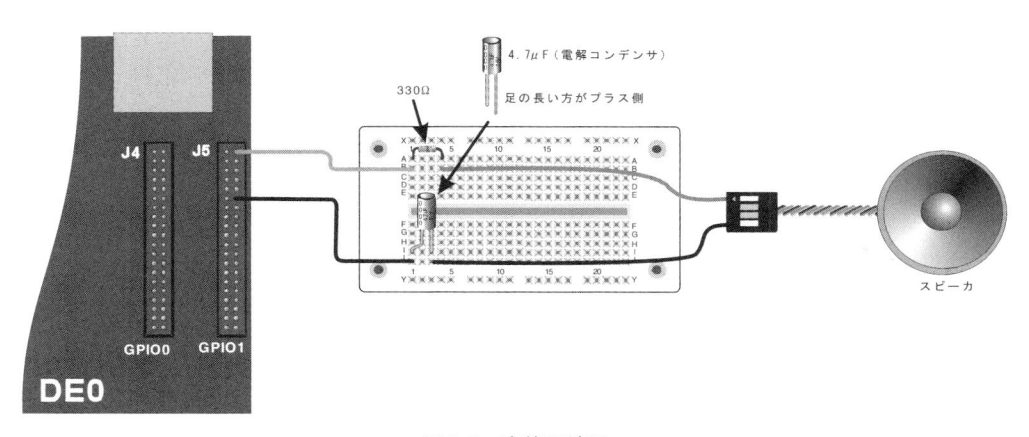

図7-2　実体配線図

第7章 ROMテーブルを使った88音 電子ピアノ

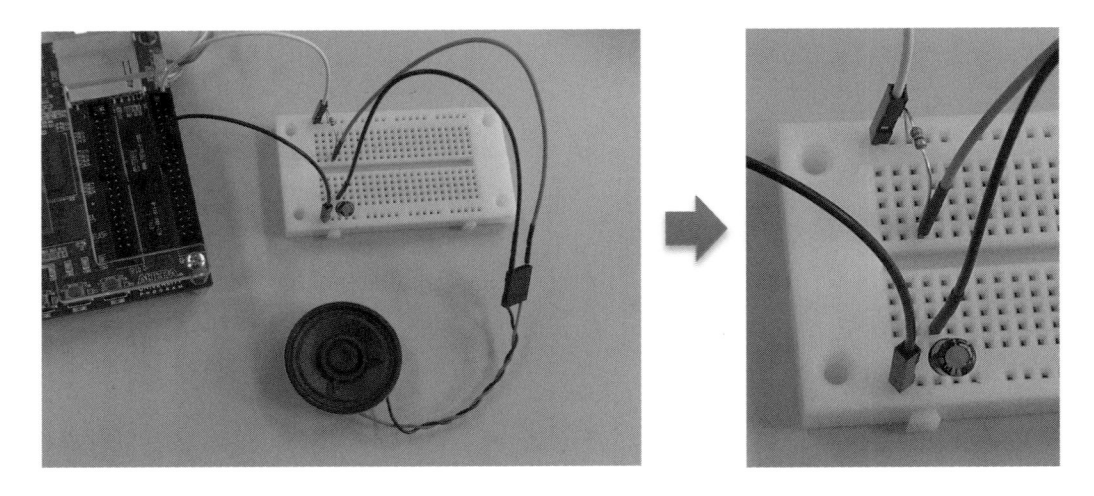

写真7-1 DE0とスピーカの接続

方形波でスピーカを駆動

　スピーカには，5cm～8cm程度の口径の物が実験用としてよく市販されているので，そちらを利用するとよいでしょう．スピーカは通常，インピーダンスが8Ωとなっています．そのまま接続すると，3.3Vの回路だと400mA以上の電流が流れてしまうので，電流制限抵抗を入れてあります．また，出力がHighのときに，電流が流れ続けないようにコンデンサで直流成分をカットしています．

　スピーカを駆動する周波数を変化させると，さまざまな音を出すことができます．そこで，スイッチの組み合わせで，いろいろな音が出せる電子ピアノを作ってみることにします．

電子ピアノの仕様

　ピアノの鍵盤は通常88個あるので，ここで製作する電子ピアノも88音すべての音が出せるようにしています．

　電子ピアノの仕様は，次のようになります．

- 音階の指定用に，SW0～SW7を使用する．
- BUTTON2を押すと，SW0～SW9で指定された音を出し，放すと音が止まる．
- SW0～SW2で指定された0～6までの数値で，ド，レ，ミ，ファ，ソ，ラ，シまでの七つの音を割り当てる．
- SW3をONにすると，音を半音上げるが，シの場合は，音は変わらない．
- SW4～SW7で指定された数値で，オクターブを指定する．0が最低音，8が最高音で，8以上の指定は変わらない．

　スイッチと音階の組み合わせを，**表7-1**に示します．

表 7-1 スイッチと音階の組み合わせ

SW2	SW1	SW0	音階
OFF	OFF	OFF	ド
OFF	OFF	ON	レ
OFF	ON	OFF	ミ
OFF	ON	ON	ファ
ON	OFF	OFF	ソ
ON	OFF	ON	ラ
ON	ON	OFF	シ
ON	ON	ON	―

SW7	SW6	SW5	SW4	オクターブ
OFF	OFF	OFF	OFF	0
OFF	OFF	OFF	ON	1
OFF	OFF	ON	OFF	2
OFF	OFF	ON	ON	3
OFF	ON	OFF	OFF	4
OFF	ON	OFF	ON	5
OFF	ON	ON	OFF	6
OFF	ON	ON	ON	7
ON	―	―	―	8

SW3	機能
OFF	通常の音
ON	音を半音上げる

音階と周波数の関係

　一般に，音を表すために，ド，レ，ミ，ファ，ソ，ラ，シという音階を使います．この音階は，英字の記号を使って，それぞれ C, D, E, F, G, A, B という記号で表します．また，ド，レ，ファ，ソ，ラの音には半音高い音が存在するので，ド，ド#，レ，レ#，ミ，ファ，ファ#，ソ，ソ#，ラ，ラ#，シと，音階には 12 個の音があることになります．

　また，同じ"ド"の音でも，高い"ド"の音もあれば，低い"ド"の音もあります．この音の高低はオクターブと言いますが，1 オクターブ高い音は元の音の 2 倍の周波数，1 オクターブ低ければ 1/2 の周波数という関係があります．音の高さは 0〜8 の数値で表し，真ん中のドの音を C4 といったように，アルファベットと数字で表すことができます．

　現在，普通に使われている音階は平均律と言われるもので，1 オクターブで音の周波数が 2 倍になります．

　1 オクターブは 12 音ありますが，平均律では，音階に合わせて，平均的に周波数が高くなるよう

表 7-2 音階と周波数の関係（単位：Hz）

音階名	0	1	2	3	4	5	6	7	8
C	16.352	32.703	65.406	130.813	261.626	523.251	1046.502	2093.005	4186.009
C#	17.324	34.648	69.296	138.591	277.183	554.365	1108.731	2217.461	4434.922
D	18.354	36.708	73.416	146.832	293.665	587.330	1174.659	2349.318	4698.636
D#	19.445	38.891	77.782	155.563	311.127	622.254	1244.508	2489.016	4978.032
E	20.602	41.203	82.407	164.814	329.628	659.255	1318.510	2637.020	5274.041
F	21.827	43.654	87.307	174.614	349.228	698.456	1396.913	2793.826	5587.652
F#	23.125	46.249	92.499	184.997	369.994	739.989	1479.978	2959.955	5919.911
G	24.500	48.999	97.999	195.998	391.995	783.991	1567.982	3135.963	6271.927
G#	25.957	51.913	103.826	207.652	415.305	830.609	1661.219	3322.438	6644.875
A	27.500	55.000	110.000	220.000	440.000	880.000	1760.000	3520.000	7040.000
A#	29.135	58.270	116.541	233.082	466.164	932.328	1864.655	3729.310	7458.620
B	30.868	61.735	123.471	246.942	493.883	987.767	1975.533	3951.066	7902.133

に決められています．この場合，音が半音上がると，周波数は前の音の周波数の$^{12}\sqrt{2}$だけ高くなります．$^{12}\sqrt{2}$を12回かけるとちょうど2になるので，12音で1オクターブ上がり，周波数がちょうど2倍になる計算です．音階と周波数の関係を，**表 7-2**に示します．

FPGAで音を鳴らす場合，カウンタを使って元のクロックを何分周かして，発生したい周波数の音を出すのですが，カウンタで分周する場合，周波数の表よりも，周期の表の方が計算しやすいので，**表 7-2**を周期に書き直しておきましょう．**表 7-3**は，音階と周期の関係を示したものです．この表では，小数点以下を四捨五入で丸めてあります．

音階テーブルの作成

表 7-3をテーブル化して，周期 1μs のクロックを表のカウントで分周すると，希望する音に非常に近い音が出せます．例えば，C4 の音は 3822 なので，1μs のクロックを 3822 分周すれば，C4 の音の周波数を出すことができます．

しかし，この表は要素数が多いため，そのまま実装すると ROM の容量，すなわち FPGA のセルを大量に消費してしまいます．

1オクターブは周波数が2倍なので，周期は逆に半分になります．そこで，C0 から B0 までの 12個の数値のテーブルだけを用意して，1～8 まではこの周期を 1/2 ずつ小さくしていけば，ROM 容量をかなり節約することができます．

しかし，このようにするとテーブルは小さくすることができますが，周期を整数化して扱っているため，高い周波数では誤差が大きくなります．

ただし，誤差は大きいところでも 0.5%程度です．0.5%の誤差というのは，半音の高さの 1/12 程度なので，十分実用的な誤差の範囲と考えられます．また，誤差が気になる場合は，すべての音のテーブルを用意すれば，さらに精度の良い音にすることができます．

表 7-3 音階と周期の関係（単位：μs）

音階名	0	1	2	3	4	5	6	7	8
C	61156	30578	15289	7645	3822	1911	956	478	239
C#	57724	28862	14431	7215	3608	1804	902	451	225
D	54484	27242	13621	6810	3405	1703	851	426	213
D#	51426	25713	12856	6428	3214	1607	804	402	201
E	48540	24270	12135	6067	3034	1517	758	379	190
F	45815	22908	11454	5727	2863	1432	716	358	179
F#	43244	21622	10811	5405	2703	1351	676	338	169
G	40817	20408	10204	5102	2551	1276	638	319	159
G#	38526	19263	9631	4816	2408	1204	602	301	150
A	36364	18182	9091	4545	2273	1136	568	284	142
A#	34323	17161	8581	4290	2145	1073	536	268	134
B	32396	16198	8099	4050	2025	1012	506	253	127

方形波の生成

　ここまでの検討で，周期 1μs のクロックを用意して上記の ROM テーブルを用意すれば，任意の音階の音の周波数のクロックが得られることが分かりましたが，ここでもう一つ問題があります．

　前章で製作したプリスケーラで分周された後の出力波形は，図 7-3 のように，内部のカウンタがカウント・アップする瞬間に 1 回だけ 1 になる波形となっています．

　このプリスケーラの出力をそのまま音にして出そうとすると，1 の期間が短すぎて，十分な音量が得られません．そこで，図 7-4 のようなデューティ 50% の方形波を作るようにします．

　カウンタの元のクロックを 1μs ではなく，2 倍の周波数（1/2 の周期）の 0.5μs（500ns）とし，分周されたクロックを T 型フリップフロップで 2 分周すると，希望する周波数で 50% の方形波を得ることができます．

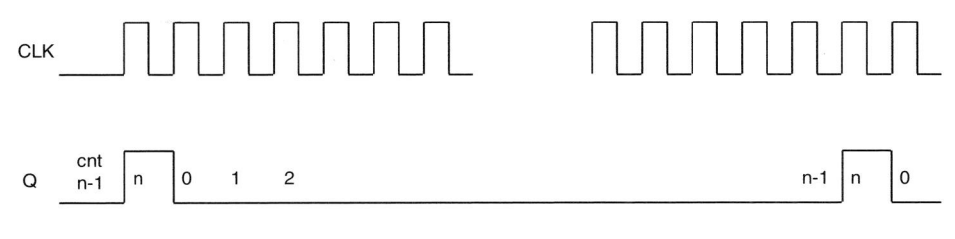

図 7-3　分周器の出力波形

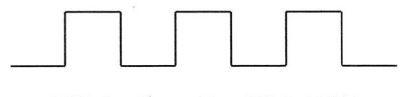

図 7-4　デューティ 50% の方形波

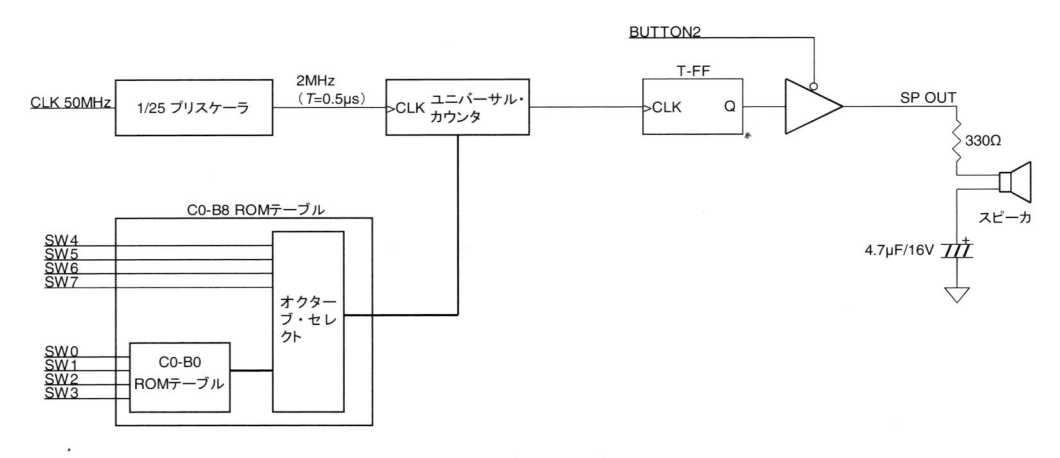

第7章 ROMテーブルを使った88音 電子ピアノ

図7-5 電子ピアノのブロック図

回路図とブロック図

　ここまでの検討で，さまざまな音階の音を出す準備ができました．今回製作する電子ピアノのブロック図を図7-5に示します．

　ROMテーブルは，C0～B0の12音のテーブルをROM化し，オクターブ・セレクタで，C1～B8までの音のデータを合成します．オクターブ・セレクタは，1オクターブ上がるごとにデータを半分にするのですが，実際の処理は，2進法の場合は，データを右に1bitシフトするだけよいので非常に簡単になります．

プログラムの詳細

　リスト7-1に電子ピアノのソース・コードを示します．このプログラムでは7セグメントLEDとLEDの表示回路を追加しています．7セグメントLEDには，C0，A4のように出している音を表示するようにしています．また，半音階の#の場合，HEX2に□（四角）を表示するようにしています．

ユニバーサル・カウンタのクロックをクロック専用信号に変更

　そのほかのモジュール構成は，ほぼブロック図通りですが，ユニバーサル・カウンタのみ若干変更しています．ブロック図では，ユニバーサル・カウンタは非同期カウンタとして，プリスケーラの出力クロックをそのままカウンタのクロックとしています．Verilog HDLのソースでは，カウンタのクロックは50MHzのクロックを使い，プリスケーラの出力はユニバーサル・カウンタのカウント・イネーブル信号として利用しています．

　現在のFPGAは非常に高速に動作しますが，特にクロックには高い周波数が使用されます．このため多くのFPGAでは，クロック信号を専用のピンで入力して，内部の専用のクロック配線に接続するようにしています．クロック専用ピン以外のピン，あるいはクロック専用以外の内部配線を使っても

カウンタを動作させることはできますが，高速な動作をさせる場合はクロック専用の信号を使わないと誤動作する可能性があるのでこのような構成としています．電子ピアノでは，プリスケーラの出力は，周期が0.5μs，周波数だと2MHzとなり，比較的高速な信号なのでクロックは専用のクロックを使用するようにしています．

ピン・アサイン

ピン・アサインは，PinAssignプロジェクト（第4章参照）のものを流用しますが，spout信号のみ追加になっているので，Pin PlannerでAA20に設定します．スピーカの出力は，J5の2ピン，GNDがJ5の12ピンとなります．

動作確認

プログラムをコンパイルして，最初に示した回路を接続すると，BUTTON2を押すたびに，指定した音階の音がでます．高い音程でピッチのずれが気になる場合は，ROMテーブルをすべての音を持たせるか，高い音だけ別のテーブルを利用するようにすれば，かなり改善されると思います．いろいろ試してみてください．

リスト7-1　電子ピアノのソース・コード

```
//1/25 Prescaler
module PreScale(clkin,clkout);
    input clkin;
    output clkout;
    reg [4:0] cnt;
    wire outen;

    assign outen=(cnt==5'd24) ? 1'b1 : 1'b0;
    always @(posedge clkin) begin
        if(outen==1'b1)
            cnt=0;
        else
            cnt=cnt+1;
    end

    assign clkout=outen;
endmodule

//romtable
module MusicRom(sw,romout);
    input [7:0] sw;
    output [15:0] romout;
    wire [15:0] wrom;

    function [15:0] RomTbl;
      input [3:0] adr;
      begin
        case (adr)
          4'h0:        RomTbl = 16'd61156; //C0
          4'h1:        RomTbl = 16'd54484; //D0
```

```verilog
            4'h2:       RomTbl = 16'd48540; //E0
            4'h3:       RomTbl = 16'd45815; //F0
            4'h4:       RomTbl = 16'd40817; //G0
            4'h5:       RomTbl = 16'd36364; //A0
            4'h6:       RomTbl = 16'd32396; //B0
            4'h7:       RomTbl = 16'd30578; //C1
            4'h8:       RomTbl = 16'd57724; //C#0
            4'h9:       RomTbl = 16'd51426; //D#0
            4'ha:       RomTbl = 16'd45815; //E#0=F0
            4'hb:       RomTbl = 16'd43244; //F#0
            4'hc:       RomTbl = 16'd38526; //G#0
            4'hd:       RomTbl = 16'd34323; //A#0
            4'he:       RomTbl = 16'd30578; //B#0=C1
            4'hf:       RomTbl = 16'd28862; //C1#
        endcase
      end
    endfunction

    assign wrom=RomTbl(sw[3:0]);

    assign romout=(sw[7:4]==4'h0) ? wrom :
            (sw[7:4]==4'h1) ? {1'b0,wrom[15:1]} :
            (sw[7:4]==4'h2) ? {2'b0,wrom[15:2]} :
            (sw[7:4]==4'h3) ? {3'b0,wrom[15:3]} :
            (sw[7:4]==4'h4) ? {4'b0,wrom[15:4]} :
            (sw[7:4]==4'h5) ? {5'b0,wrom[15:5]} :
            (sw[7:4]==4'h6) ? {6'b0,wrom[15:6]} :
            (sw[7:4]==4'h7) ? {7'b0,wrom[15:7]} : {8'b0,wrom[15:8]} ;
endmodule

module UnivCounter(clk,clken,parm,clkout);
    input clk,clken;
    input [15:0] parm;
    output clkout;
    reg [15:0] cnt;
    wire outen;
    reg oreg;

    assign outen=(cnt==parm) ? 1'b1 : 1'b0;
    always @(posedge clk) begin
        if(clken==1'b1) begin
            if(outen==1'b1)
                cnt=16'h1;
            else
                cnt=cnt+1'b1;
        end
    end
    always @(posedge clk) begin
        if((outen==1'b1) && (clken==1'b1))
            oreg=1'b1;
        else
            oreg=1'b0;
    end
    assign clkout=oreg;
endmodule

module T_FlipFlop(clk,q);
    input clk;
    output q;
    reg qreg;

    always @(posedge clk) begin
        qreg=~qreg;
    end
    assign q=qreg;
endmodule
```

動作確認

```verilog
module ElectricPiano(clk,btn,sw,led,hled0,hled1,hled2,hled3,spout);
    input clk;
    input [2:0] btn;
    input [9:0] sw;
    output [9:0] led;
    output [7:0] hled0;
    output [7:0] hled1;
    output [7:0] hled2;
    output [7:0] hled3;
    output spout;

    wire psclk,mclk,sdat;
    wire [15:0] romadr;

    //PreScaler
    PreScale mps(clk,psclk);
    //Music ROM
    MusicRom mRom(sw[7:0],romadr);
    //Universal Counter
    UnivCounter muc(clk,psclk,romadr,mclk);
    //T-TFF
    T_FlipFlop mTFF(mclk,sdat);
    assign spout=(btn[2]==1'b0) ? sdat : 1'b0;

    //LED Display
    function [7:0] OctDec;
      input [3:0] num;
      begin
        case (num)
          4'h0:      OctDec = 8'b11000000;  // 0
          4'h1:      OctDec = 8'b11111001;  // 1
          4'h2:      OctDec = 8'b10100100;  // 2
          4'h3:      OctDec = 8'b10110000;  // 3
          4'h4:      OctDec = 8'b10011001;  // 4
          4'h5:      OctDec = 8'b10010010;  // 5
          4'h6:      OctDec = 8'b10000010;  // 6
          4'h7:      OctDec = 8'b11111000;  // 7
          default:   OctDec = 8'b10000000;  // 8
        endcase
      end
    endfunction
    function [7:0] KeyDec;
      input [2:0] num;
      begin
        case (num)
          4'h0:      KeyDec = 8'b10100111;  // C
          4'h1:      KeyDec = 8'b10100001;  // D
          4'h2:      KeyDec = 8'b10000110;  // E
          4'h3:      KeyDec = 8'b10001110;  // F
          4'h4:      KeyDec = 8'b10010000;  // G
          4'h5:      KeyDec = 8'b10001000;  // A
          4'h6:      KeyDec = 8'b10000011;  // B
          4'h7:      KeyDec = 8'b10100111;  // C
          default:   KeyDec = 8'b10000000;  // 8
        endcase
      end
    endfunction

    assign led=(btn[2]==1'b0) ? 10'h3ff : 10'h0;
    assign hled0=(sw[2:0]==3'h7) ? OctDec(sw[7:4]+1) : OctDec(sw[7:4]);
    assign hled1=KeyDec(sw[2:0]);
    assign hled2=(sw[3]==1'b1) ? 8'b10011100 : 8'hff;
    assign hled3=8'hff;

endmodule
```

第8章　正弦波 ROM テーブルを使った電子音叉

音叉は，楽器のチューニングによく使われる特定の周波数の音を発生する U 字形の金属で，楽器のチューニング用に A4 の音（＝440Hz）を発生させるものがよく利用されます．

音叉の音は正弦波に近いので，これを FPGA で作ってみることにします．スピーカの出力は電子ピアノと同じ回路を使用します．電子音叉は電子ピアノと似ています．大きな違いは，電子ピアノは方形波でブザーを鳴らしていましたが，電子音叉では正弦波を出力する点です．

PWM 制御信号を正弦波に変換

電子ピアノでは，さまざまな周波数の音を作りましたが，スピーカの出力信号は ON と OFF だけの方形波となっています．これを正弦波にするためには PWM（Pulse Width Modulation）制御を使います．PWM 制御信号を出力し，これをフィルタで平滑すると，正弦波を取り出すことができます．この手法は，いわゆる PCM（Pulse Code Modulation）音源と同じです．

PCM 音源のしくみ

PCM の手法を簡単に説明します．まず，図 8-1 のようなアナログ信号を一定の周期で分割して，それぞれの点でのアナログ値を数値として取り出します．音を再生するときは，記録した数値を元のサンプリング周期で D-A コンバータに順次出力すると，図 8-2 のような階段状の波形が得られまま

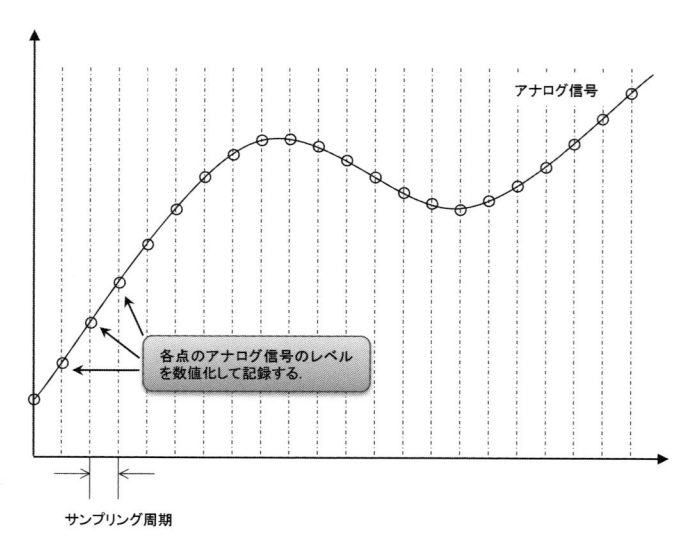

図 8-1　アナログ信号のサンプリング

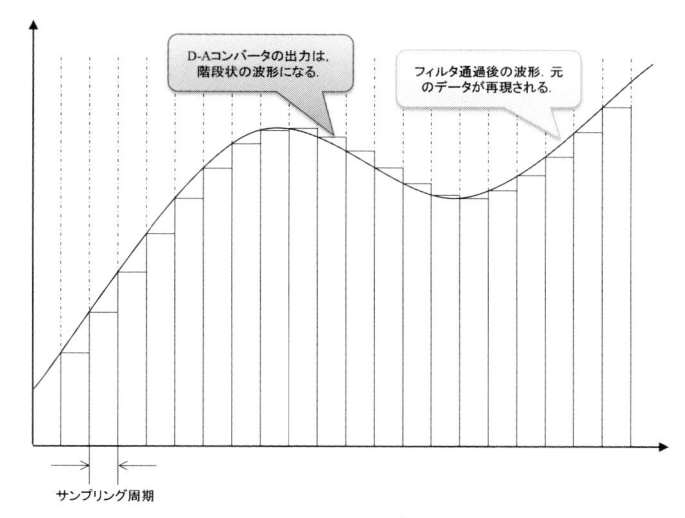

図8-2 アナログ・データの復元

す．これをさらにフィルタで平滑すると，元のアナログ信号が再生されます．

サンプリング周波数は，元のアナログ・データの周波数範囲に対して，十分高い周波数（2倍以上）である必要があります．例えば，音楽CDのサンプリング周波数には，44.1kHzが使用されています．これは，人間の耳が聞こえる周波数は最高で約20kHzだからです．

アナログ信号を数値化する際にはA-Dコンバータが使われますが，この数値化データを何bitにするかでもPCMの性能が変わってきます．音楽CDでは16bitでサンプリングされますが，8bitであれば数値は0〜255の範囲となります．

PWM制御でPCMデータを再生

ここでは，PCMデータを再生するD-AコンバータにPWMを使用します．PWMで再生する場合，図8-3のように，サンプリング周期ごとにサンプリングされたデータに合わせた幅のパルスを出力する必要があります．

8bitでサンプリングした場合は，パルス幅は0〜255となります．このため，1回のサンプリングに対して8bitの場合は，255クロック必要になります．

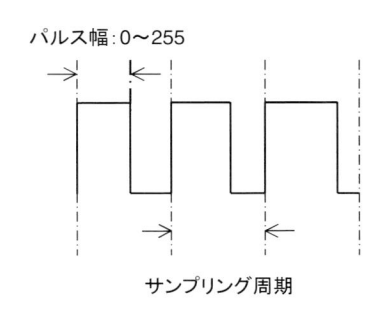

図8-3 PWMを使ってPCMデータを再生

PCM データの作成

440Hz の 1 サイクル分の PCM データを作成する方法を考えます．正弦波は sin 関数の計算で求めることができますが，FPGA でこれを行うのはかなり大変なので，1 周期分の sin データを ROM に持つようにして，これを PCM データとしてそのまま利用することにします．

DE0 のクロックは 50MHz なので，440Hz のデータであれば，1 周期は約 113636 クロックとなります．8bit の PWM で 1 個のデータを出力するには 255 クロック必要なので，約 446 サンプル（113636÷255）となります．この場合のサンプリング周波数は，50MHz÷255 で約 196kHz なので，440Hz の音のサンプルにはちょっと速すぎます．

サンプリング周波数を 1/4 にすると 49kHz で，これは，CD の音に近いクオリティになります．この場合，正弦波 1 周期のサンプル数は，446÷4 ≅ 111 サンプルとなり，ROM のデータとしては良さそうな数値となります．

電子音叉の仕様

製作する電子音叉の仕様は次のようにします．

- サンプリング周波数は，49kHz（50MHz の 1/4，12.5MHz を使用）とする
- 正弦波の PCM データは，1 周期分を ROM として持たせる
- 1 周期分のデータは，111 サンプルとする
- PCM データのビット幅は 8bit とする
- 出力は，PWM で出力する

出力周波数の誤差

ここで，サンプル周波数と 1 周期のデータから，出力される正弦波の周波数を逆算してみます．正弦波 1 周期は 111 サンプルで，それぞれのサンプルが 255 クロック，さらに 1 クロックは 12.5MHz なので，これで周波数 f を求めると，

$$f = \frac{1}{\frac{1}{12.5\text{MHz}} \times 111 \times 255} \cong 441.6\text{Hz}$$

となり，若干の誤差を含んでいます．

電子ピアノの場合は単なる方形波なので，分解能は 50MHz のクロックの周期まで上げられたのですが，PCM の場合は，PWM で 255 クロックの周期を作る必要があるため，どうしても分解能が落ちます．今回は，さらに 50MHz を 4 分周しているため，さらに誤差が大きくなっています．

周波数の精度を上げるためには，元のクロックを変更してちょうど 440Hz になるようにするか，あるいは PWM の周期を調整して誤差が少ない値に変更するなどの方法があります．

今回は実験なので，このパラメータで製作することにします．ちなみに，クラシックの楽器では，A4=442Hz が使われているようです．今回製作する音叉は，442Hz に近いので，クラシック用とも言えます．

回路図とブロック図

製作する電子音叉のブロック図を図 8-4 に示します．まず，クロックを 4 分周してから 255 周期の PWM 用カウンタを回します．このカウンタは，0~254 までのカウントを繰り返します．

PWM カウンタがオーバフローすると，ROM アドレス用のカウンタをインクリメントします．このカウンタは，1 周期分の 111 のカウンタとなっています．値が 110 になると，0 に戻ります．

ROM アドレス・カウンタの出力は，正弦波（sin）データの ROM のアドレスとして使われ，ROM の出力は PWM モジュールに接続されます．PWM モジュールは，PWM カウンタのアドレスと ROM のデータを比較して，出力パルスを出力します．

PWM の出力は，スピーカを接続する場合は，電子ピアノと同じようにコンデンサを通して接続します．また，オシロスコープで波形を観測する場合は，ブロック図の下の図のように，抵抗とコンデンサの簡単なフィルタを製作して波形を観測してください．

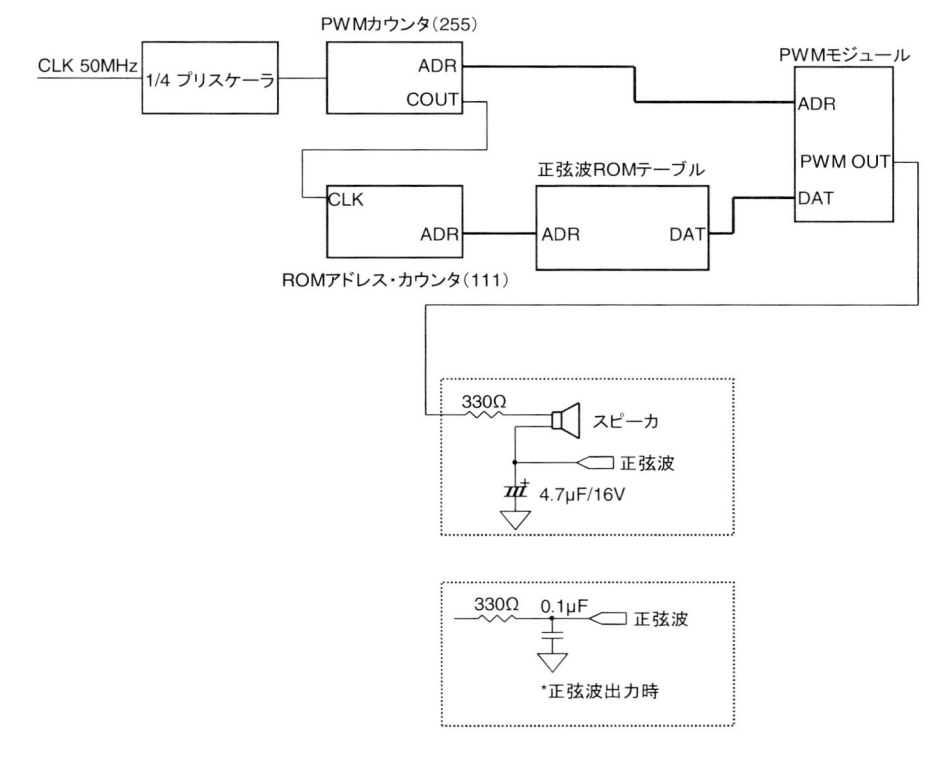

図 8-4 電子音叉のブロック図

プログラムの詳細

電子音叉のソース・ファイルは，二つに分かれています．トップ・モジュールを含むソースと正弦波の ROM のソースの二つです．

トップ・モジュール DigitalTuner と PWMCounter，ROMCounter モジュール

トップ・モジュールを**リスト 8-1** に示します．

トップ・モジュールのピン・アサインは電子ピアノと同じなので，ピン・アサインは電子ピアノで作成したものをインポートして使用します．

PWMCounter モジュール

PWM カウンタ・モジュールには，1/4 のプリスケーラの機能も含めています．PWM カウンタは，本来 8bit のカウンタですが，これを 10bit に増やして下位 2bit をプリスケーラとして使用し，上位 10bit を PWM 用のアドレスとして使用しています．

ROMCounter モジュール

ROM のアドレス・カウンタは，PWM カウンタがオーバフローするごとにインクリメントし，111カウントでゼロに戻ります．正弦波の波形 ROM は別ファイルにしています．

PWM モジュール

PWM モジュールは，PWM カウンタの値と ROM の値を比較して spout 信号を 1 か 0 にするだけなので，ここでは module を作成せず，次のような簡単な式で構成しています．

```
assign spout=(romdat>pwmadr) ? 1'b1 : 1'b0;
```

このプログラムでは，7 セグメント LED に 441.6 という周波数を表示させていますが，これは固定の値を表示しているだけです．

正弦波の波形データ ROM

リスト 8-2 は，正弦波 ROM のソース・コードです．このテーブルは，Excel を使って作成しました．計算式は，次の通りです．

$$INT(SIN(N/111 * 2 * PI()) * 128 + 128)$$

N の部分は，0～110 が入ります．

波形の観測

プログラムを書き込むと AA20 のピンに PWM が出力されています．**図 8-4** の「正弦波」と書かれ

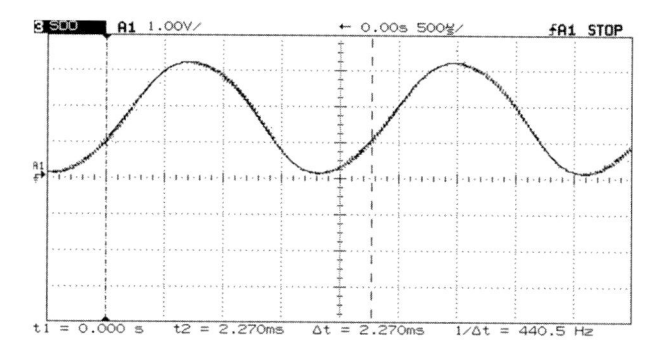

図 8-5 正弦波の波形（1V/div, 0.5ms/div）

たところをオシロスコープで計測すると，図 8-5 のような波形となります．図 8-5 のように，約 440Hz の正弦波が出力されていることが観測できます．

スピーカで正弦波の音が確認するには，この測定位置のところにアンプを接続してからスピーカに接続します．

リスト 8-1　電子音叉トップ・モジュールのソース・コード

```verilog
module PwmCounter(clk,adr,cout);
    input clk;
    output [7:0] adr;
    output cout;
    reg [9:0] cnt;
    wire ovf;
    assign ovf=(cnt==10'b1111111011) ? 1'b1 : 1'b0;

    always @(posedge clk) begin
        if(ovf==1'b1)
            cnt=10'h0;
        else
            cnt=cnt+1;
    end

    assign cout=ovf;
    assign adr=cnt[9:2];
endmodule
module RomCounter(clk,cin,adr);
    input clk,cin;
    output [7:0] adr;
    reg [7:0] cnt;

    always @(posedge clk) begin
        if(cin==1'b1) begin
            if(cnt==8'd110)
                cnt=8'd0;
            else
                cnt=cnt+1;
        end
    end
    assign adr=cnt;
endmodule
```

第8章 正弦波ROMテーブルを使った電子音叉

```verilog
module DigitalTuner(clk,btn,sw,led,hled0,hled1,hled2,hled3,spout);
    input clk;
    input [2:0] btn;
    input [9:0] sw;
    output [9:0] led;
    output [7:0] hled0;
    output [7:0] hled1;
    output [7:0] hled2;
    output [7:0] hled3;
    output spout;

    wire wcarry;
    wire [7:0] pwmadr;
    wire [7:0] romadr;
    wire [7:0] romdat;

    //
    PwmCounter mPwm(clk,pwmadr,wcarry);
    RomCounter mRomCnt(clk,wcarry,romadr);
    SinTable mRom(romadr,romdat);

    //PWM Module
    assign spout=(romdat>pwmadr) ? 1'b1 : 1'b0;

    function [6:0] LedDec;
      input [3:0] num;
      begin
        case (num)
          4'h0:      LedDec = 7'b1000000;  // 0
          4'h1:      LedDec = 7'b1111001;  // 1
          4'h2:      LedDec = 7'b0100100;  // 2
          4'h3:      LedDec = 7'b0110000;  // 3
          4'h4:      LedDec = 7'b0011001;  // 4
          4'h5:      LedDec = 7'b0010010;  // 5
          4'h6:      LedDec = 7'b0000010;  // 6
          4'h7:      LedDec = 7'b1111000;  // 7
          4'h8:      LedDec = 7'b0000000;  // 8
          4'h9:      LedDec = 7'b0011000;  // 9
          default:   LedDec = 7'b1111111;  // LED OFF
        endcase
      end
    endfunction

    assign hled3={1'b1,LedDec(4'h4)};
    assign hled2={1'b1,LedDec(4'h4)};
    assign hled1={1'b0,LedDec(4'h1)};
    assign hled0={1'b1,LedDec(4'h6)};
endmodule
```

リスト8-2 正弦波ROMのソース・コード

```verilog
module SinTable(tadr,dat);
    input  [7:0] tadr;
    output [7:0] dat;

    function [7:0] SinFunc;
    input [7:0] adr;
    begin
        case(adr)
        8'd0:    SinFunc=8'd128;
        8'd1:    SinFunc=8'd135;
        8'd2:    SinFunc=8'd142;
        8'd3:    SinFunc=8'd149;
        8'd4:    SinFunc=8'd156;
        8'd5:    SinFunc=8'd163;
        8'd6:    SinFunc=8'd170;
        8'd7:    SinFunc=8'd177;
        8'd8:    SinFunc=8'd184;
        8'd9:    SinFunc=8'd190;
        8'd10:   SinFunc=8'd196;
        8'd11:   SinFunc=8'd202;
        8'd12:   SinFunc=8'd208;
        8'd13:   SinFunc=8'd213;
        8'd14:   SinFunc=8'd219;
        8'd15:   SinFunc=8'd224;
        8'd16:   SinFunc=8'd228;
        8'd17:   SinFunc=8'd233;
        8'd18:   SinFunc=8'd236;
        8'd19:   SinFunc=8'd240;
        8'd20:   SinFunc=8'd243;
        8'd21:   SinFunc=8'd246;
        8'd22:   SinFunc=8'd249;
        8'd23:   SinFunc=8'd251;
        8'd24:   SinFunc=8'd253;
        8'd25:   SinFunc=8'd254;
        8'd26:   SinFunc=8'd255;
        8'd27:   SinFunc=8'd255;
        8'd28:   SinFunc=8'd255;
        8'd29:   SinFunc=8'd255;
        8'd30:   SinFunc=8'd254;
        8'd31:   SinFunc=8'd253;
        8'd32:   SinFunc=8'd252;
        8'd33:   SinFunc=8'd250;
        8'd34:   SinFunc=8'd248;
        8'd35:   SinFunc=8'd245;
        8'd36:   SinFunc=8'd242;
        8'd37:   SinFunc=8'd238;
        8'd38:   SinFunc=8'd235;
        8'd39:   SinFunc=8'd230;
        8'd40:   SinFunc=8'd226;
        8'd41:   SinFunc=8'd221;
        8'd42:   SinFunc=8'd216;
        8'd43:   SinFunc=8'd211;
        8'd44:   SinFunc=8'd205;
        8'd45:   SinFunc=8'd199;
        8'd46:   SinFunc=8'd193;
        8'd47:   SinFunc=8'd187;
        8'd48:   SinFunc=8'd180;
        8'd49:   SinFunc=8'd174;
        8'd50:   SinFunc=8'd167;
        8'd51:   SinFunc=8'd160;
        8'd52:   SinFunc=8'd153;
        8'd53:   SinFunc=8'd146;
        8'd54:   SinFunc=8'd138;
        8'd55:   SinFunc=8'd131;
        8'd56:   SinFunc=8'd124;
        8'd57:   SinFunc=8'd117;
        8'd58:   SinFunc=8'd109;
        8'd59:   SinFunc=8'd102;
        8'd60:   SinFunc=8'd95;
        8'd61:   SinFunc=8'd88;
        8'd62:   SinFunc=8'd81;
        8'd63:   SinFunc=8'd75;
        8'd64:   SinFunc=8'd68;
        8'd65:   SinFunc=8'd62;
        8'd66:   SinFunc=8'd56;
        8'd67:   SinFunc=8'd50;
        8'd68:   SinFunc=8'd44;
        8'd69:   SinFunc=8'd39;
        8'd70:   SinFunc=8'd34;
        8'd71:   SinFunc=8'd29;
        8'd72:   SinFunc=8'd25;
        8'd73:   SinFunc=8'd20;
        8'd74:   SinFunc=8'd17;
        8'd75:   SinFunc=8'd13;
        8'd76:   SinFunc=8'd10;
        8'd77:   SinFunc=8'd7;
        8'd78:   SinFunc=8'd5;
        8'd79:   SinFunc=8'd3;
        8'd80:   SinFunc=8'd2;
        8'd81:   SinFunc=8'd1;
        8'd82:   SinFunc=8'd0;
        8'd83:   SinFunc=8'd0;
        8'd84:   SinFunc=8'd0;
        8'd85:   SinFunc=8'd0;
        8'd86:   SinFunc=8'd1;
        8'd87:   SinFunc=8'd2;
        8'd88:   SinFunc=8'd4;
        8'd89:   SinFunc=8'd6;
        8'd90:   SinFunc=8'd9;
        8'd91:   SinFunc=8'd12;
        8'd92:   SinFunc=8'd15;
        8'd93:   SinFunc=8'd19;
        8'd94:   SinFunc=8'd22;
        8'd95:   SinFunc=8'd27;
        8'd96:   SinFunc=8'd31;
        8'd97:   SinFunc=8'd36;
        8'd98:   SinFunc=8'd42;
        8'd99:   SinFunc=8'd47;
        8'd100:  SinFunc=8'd53;
        8'd101:  SinFunc=8'd59;
        8'd102:  SinFunc=8'd65;
        8'd103:  SinFunc=8'd71;
        8'd104:  SinFunc=8'd78;
        8'd105:  SinFunc=8'd85;
        8'd106:  SinFunc=8'd92;
        8'd107:  SinFunc=8'd99;
        8'd108:  SinFunc=8'd106;
        8'd109:  SinFunc=8'd113;
        8'd110:  SinFunc=8'd120;
        default: SinFunc=8'd128;
        endcase
    end
    endfunction

    assign dat=SinFunc(tadr);
endmodule
```

第9章　ロータリ・エンコーダを読む/基礎編

　音量などを制御する場合に，アナログ回路では回転ボリューム（可変抵抗器）が利用されます．ボリュームは可変抵抗のため，ディジタル回路で使用するためにはA-Dコンバータが必要になります．

　このボリュームとよく似た使い方ができる部品として，ロータリ・エンコーダがあります．ロータリ・エンコーダにもいくつか種類がありますが，ここでは，メカニカル・スイッチのインクリメンタル・タイプ EC16B（Alpha社，**写真 9-1**）を使用してみることにします．

ロータリ・エンコーダの動作

　EC16Bは，**写真 9-1**のように3本足の部品です．**図 9-1**のように3本の端子があり，AはA接点，BはB接点，CはCommon（コモン）です．

　通常，プッシュ・スイッチの回路と同じように，CをGNDに接続し，A，Bにプルアップ抵抗を付けて読み込みます．

　図 9-2は，ロータリ・エンコーダを時計回りと反時計回りに回したときのA，Bの出力信号です．

　どちらもよく似た波形ですが，Bのクロックの立ち上がりに注目すると，Aの信号は時計回りの場合は常に1で，反時計回りの場合は常に0となっています．

　従って，アップ/ダウン・カウンタを用意しBをクロックにして，Aが1ならカウントアップ，0ならカウント・ダウンすれば，ロータリ・エンコーダの出力パルスと回転方向を簡単に読み込むことができます．

写真 9-1　ロータリ・エンコーダ EC16B の外観

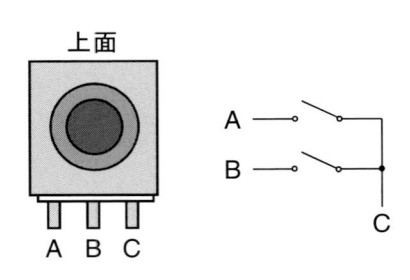

図 9-1　ロータリ・エンコーダ EC16B の内部回路

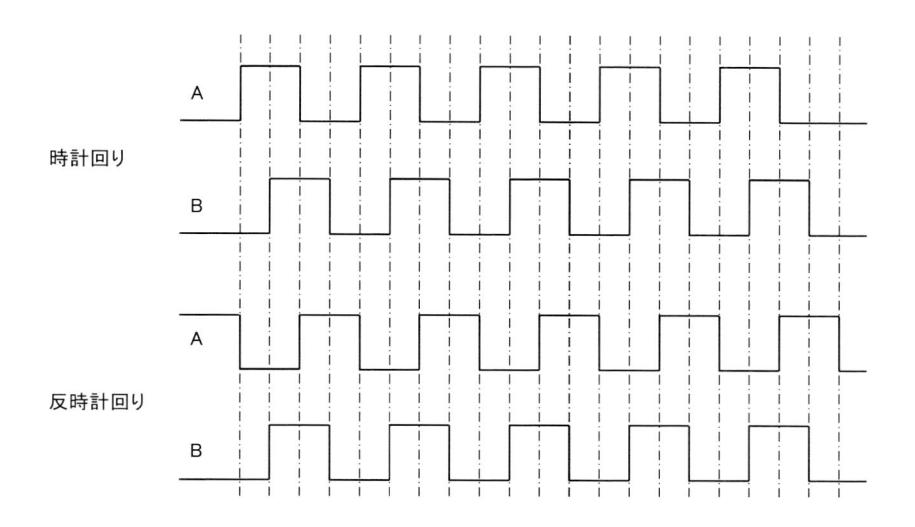

図 9-2　ロータリ・エンコーダ EC16B の出力信号

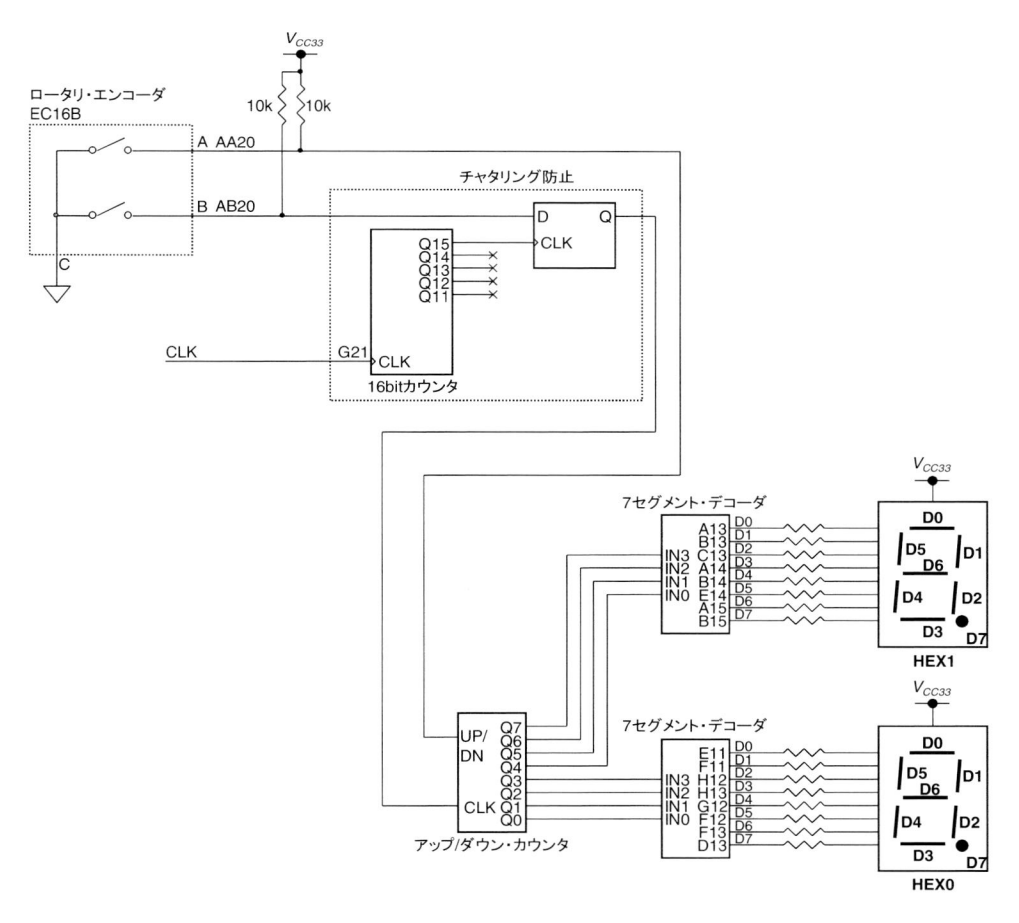

図 9-3　ロータリ・エンコーダ読み出しの実験回路のブロック図

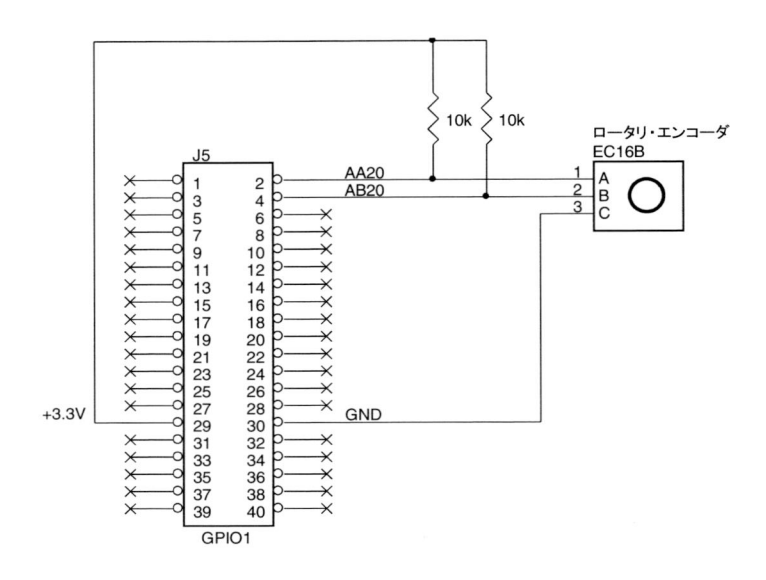

図 9-4　ロータリ・エンコーダ読み出しの実験回路の回路図（DE0 の外部回路）

回路図とブロック図

　ロータリ・エンコーダの実験回路のブロック図を**図 9-3** に，また，実験回路の回路図を**図 9-4** に，実体配線図を**図 9-5** に示します．

　ロータリ・エンコーダのA接点，B接点は，どちらも10kΩでプルアップして，J5 の 2 番ピンと 4 番ピンにそれぞれ接続します．B 接点の信号は，アップ/ダウン・カウンタのクロックに使用するため，チャタリング防止回路を入れています．

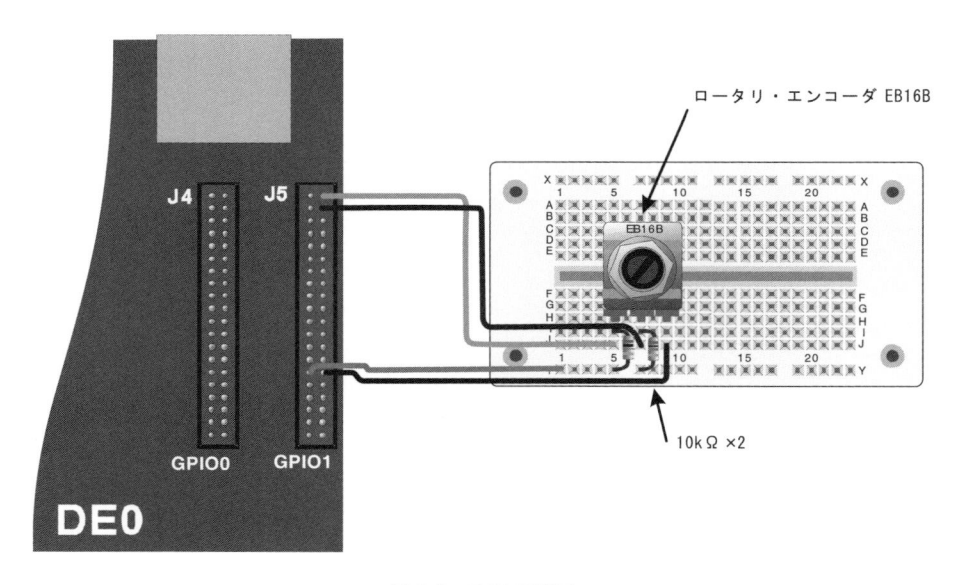

図 9-5　実体配線図

プログラムの詳細

ロータリ・エンコーダのソース・コードを，**リスト 9-1** に示します．アップ/ダウン・カウンタは，単独のモジュール UpDownCounter にしています．

トップ・モジュールは，RotEnc です．ここでは，前著で作成したチャタリング防止のモジュール（**リスト 9-2**）と 7 セグメント・デコーダ（**リスト 9-3**）を使用しています．PinAssign に追加するピン・アサインを図 9-6 に示します．

動作確認

ロータリ・エンコーダは，J5 の 2 番ピンが A，4 番ピンが B で，プルアップ抵抗は 29 番ピン（+3.3V）に接続します．

リスト 9-1　ロータリ・エンコーダのソース・コード

```verilog
module UpDownCounter(clk,updown,q);
    input clk,updown;
    output [7:0] q;
    reg [7:0] cnt;

    always @(posedge clk) begin
        if(updown==1'b1)
            cnt=cnt+1;
        else
            cnt=cnt-1;
    end
    assign q=cnt;
endmodule

module RotEnc(clk,btn,sw,led,hled0,hled1,hled2,hled3,rotA,rotB);
    input clk;
    input [2:0] btn;
    input [9:0] sw;
    output [9:0] led;
    output [7:0] hled0;
    output [7:0] hled1;
    output [7:0] hled2;
    output [7:0] hled3;
    input rotA,rotB;
    wire udclk;
    wire [7:0] q;

    unchatter uc(rotB,clk,udclk);
    UpDownCounter ud(udclk,rotA,q);
    HexSegDec hex0(q[3:0],hled0);
    HexSegDec hex1(q[7:4],hled1);
    assign hled2=8'hff;
    assign hled3=8'hff;
    assign led=10'h000;

endmodule
```

Node Name	Direction	Location
rotA	Input	PIN_AA20
rotB	Input	PIN_AB20

図 9-6　追加ピン・アサイン

リスト 9-2　チャタリング防止モジュール

```verilog
//chattering remover
module unchatter(din,clk,dout);
    input din;
    input clk;
    output dout;
    reg [15:0] cnt;
    reg dff;

    always @(posedge clk) begin
        cnt=cnt+1;
    end

    always @(posedge cnt[15]) begin
        dff=din;
    end

    assign dout=dff;
endmodule
```

写真 9-2 動作確認．左は初期状態．右は1回転させたところ

　GND は 30 番ピンです．プログラムのコンパイルとダウンロードを行い，ロータリ・エンコーダを時計回りに回すと 7 セグメント LED の数字がインクリメントされ，反時計回りに回すとデクリメントされます．今回使用したロータリ・エンコーダは，1 回転で 24 パルスを発生させるので，1 回転すると，数字が 24（18h）だけインクリメントされます（**写真 9-2**）．

　この分解能を上げるためには，B 接点のクロックの立ち下がりでもカウントするようにすれば，2 倍の分解能が得られます．さらに，A 接点もクロックとして利用し，立ち上がりと立ち下がり検出すれば 4 倍の分解能となりますが，読み出しモジュールは，今回の製作例と同じ方法ではできません．

　今回の製作例では，B 接点をクロックとしていましたが，同じ方法で実現しようとすると A 接点と B 接点の二つのクロックの，さらに立ち上がりと立ち下がりで動作するようなカウンタを作らなければならず実現できません．4 倍分解能の製作例は，次章で説明します．

リスト 9-3　7 セグメント・デコーダ・モジュール

```verilog
module HexSegDec(dat,q);
    input  [3:0] dat;
    output [7:0] q;
    //7segment decorder
    function [7:0] LedDec;
      input [3:0] num;
      begin
        case (num)
          4'h0:      LedDec = 8'b11000000;  // 0
          4'h1:      LedDec = 8'b11111001;  // 1
          4'h2:      LedDec = 8'b10100100;  // 2
          4'h3:      LedDec = 8'b10110000;  // 3
          4'h4:      LedDec = 8'b10011001;  // 4
          4'h5:      LedDec = 8'b10010010;  // 5
          4'h6:      LedDec = 8'b10000010;  // 6
          4'h7:      LedDec = 8'b11111000;  // 7
          4'h8:      LedDec = 8'b10000000;  // 8
          4'h9:      LedDec = 8'b10011000;  // 9
          4'ha:      LedDec = 8'b10001000;  // A
          4'hb:      LedDec = 8'b10000011;  // B
          4'hc:      LedDec = 8'b10100111;  // C
          4'hd:      LedDec = 8'b10100001;  // D
          4'he:      LedDec = 8'b10000110;  // E
          4'hf:      LedDec = 8'b10001110;  // F
          default:   LedDec = 8'b11111111;  // LED OFF
        endcase
      end
    endfunction

    assign q=LedDec(dat);
endmodule
```

第10章　ロータリ・エンコーダを読む/高分解能編

　前章のロータリ・エンコーダの回路を少し工夫すると，4倍の分解能で読み出すことができます．分解能を上げると，同じ回転数でカウントする数が増えるため，操作性が非常に良くなることが期待できます．

　実験で使用しているロータリ・エンコーダEC16Bは，1回転で24パルスを発生させるので，前章のサンプルでは，1回転ごとに数値が24（18h）だけ変化します．4倍分解能の場合は，1回転で24×4=96（60h）の変化となります．

　ロータリ・エンコーダの動きを，表10-1のように整理します．この表から，カウンタをインクリメントさせる条件は，次のようになることが分かります．

- Bの立ち上がり↑でAが1
- Bの立ち下がり↓でAが0
- Aの立ち上がり↑でBが0
- Aの立ち下がり↓でBが1

またデクリメント条件は，次のようになります．

- Bの立ち上がり↑でAが0
- Bの立ち下がり↓でAが1
- Aの立ち上がり↑でBが1
- Aの立ち下がり↓でBが0

表10-1　ロータリ・エンコーダの動作

B信号	A信号	動作
立ち上がり↑	1	インクリメント
立ち上がり↑	0	デクリメント
立ち下がり↓	1	デクリメント
立ち下がり↓	0	インクリメント

(a) B信号をクロックとして見た場合

A信号	B信号	動作
立ち上がり↑	1	デクリメント
立ち上がり↑	0	インクリメント
立ち下がり↓	1	インクリメント
立ち下がり↓	0	デクリメント

(b) A信号をクロックとして見た場合

第10章　ロータリ・エンコーダを読む/高分解能編

これらの条件を元に，カウントのアップ/ダウンを行うように，前章のプログラムを変更します．

回路図とブロック図

製作する4倍精度のロータリ・エンコーダのブロック図は，図10-1のようになります．

前の回路からの変更点は，以下の3点です．

- A，B両信号にチャタリング防止回路を入れた
- エッジ検出回路を追加した
- アップ/ダウン・カウンタを，クロック同期に変更した

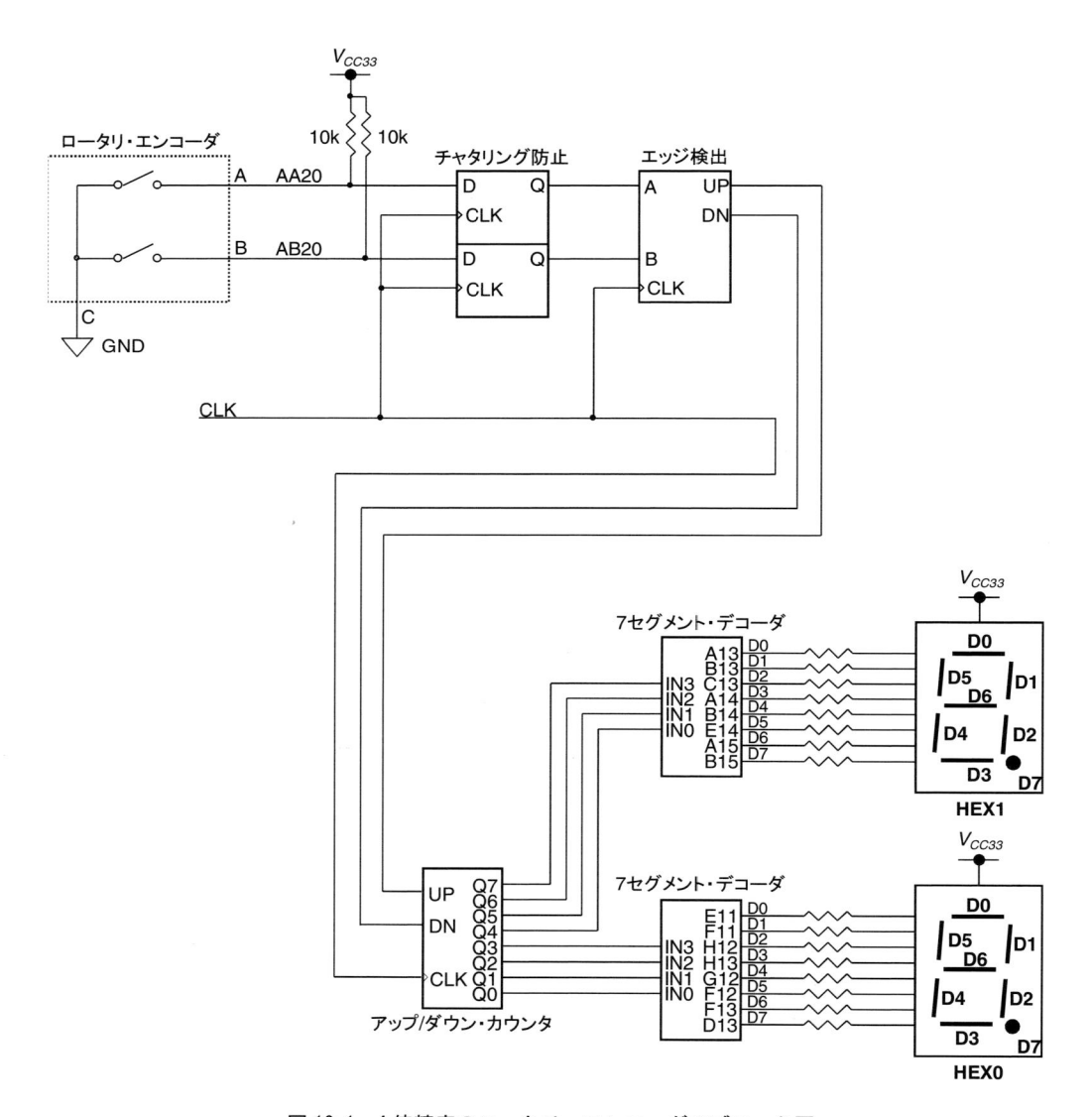

図10-1　4倍精度のロータリ・エンコーダのブロック図

(a) 時計回り　　　　　　　　　　反時計回り

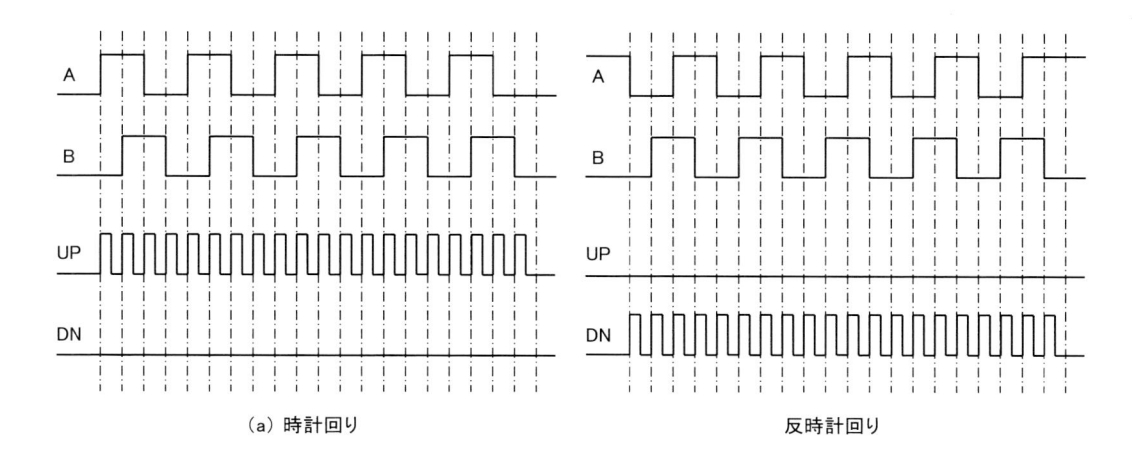

図10-2　ロータリ・エンコーダの信号とアップ/ダウン信号

アップ/ダウン・カウンタは，UP信号が1ならカウント・アップ，DN信号が1ならカウント・ダウン，それ以外は変化しません．

エッジ検出モジュールでは，A信号とB信号の立ち上がりと立ち下がりを検出し，信号の状態により，UPやDNの信号を出力します．UPとDN信号は，カウント・アップとカウント・ダウンそれぞれ1クロックだけ1を出力します．各信号は，図10-2のようになります．

プログラムの詳細

リスト10-1は，トップ・モジュールRotEnc2を含むソース・コードです．プログラムの主な変更点は，UpDownCounterモジュールをクロック同期にした点とEdgeDetectモジュールを追加した点です．

EdgeDetectモジュールでは，2bitのシフトレジスタをA，B 2組用意して，エッジの検出を行っています．

シフトレジスタは，レジスタごとに1クロック分の遅れが発生します．入力信号が0から1になると，シフトレジスタの最初のレジスタは1になりますが，2番目のレジスタは，まだ0のままで，次のクロックで初めて1になります．

このため，最初のレジスタが1で，2番目のレジスタが0の状態を検出することで，信号の立ち上がりを検出することができます．また，同様に信号の立ち下がりの検出は，最初のレジスタが0で，2番目のレジスタが1の状態となります．

ノンブロッキング代入文

EdgeDetectのシフトレジスタの記述では，次のように"="ではなく，"<="を使用していることに注意してください．

```
    always @(posedge clk) begin
        regA1<=sigA;
        regA2<=regA1;
    end
```

これは，ノンブロッキング代入文という記法です．＝を使った代入は，ブロッキング代入文という記法になり，1行目でsigAがregA1に代入され，さらに続けて2行目のregA2にregA1が代入されます．結局，regA2はsigAが代入されたことになります．

ノンブロッキング代入文の場合は，それぞれの行が同時に評価されるので，クロックの立ち上がりで，「regA1へsigAを代入」と「regA2へregA1を代入」が同時に行われます．このため，regA2の値はregA1の値となり，sigAの値は，次のクロックの立ち上がでregA2に入ることになります．

シフトレジスタを構成する場合は，このようにノンブロッキング代入文にしないと思ったような動作にならないので注意してください．

動作確認

さて，プログラムをコンパイルして書き込むと，今度は1回転で60hだけ数値が変化することが確認できると思います．

ただ，残念なことにEC16Bはクリック付きのため，次のクリックまで回すと数値は4ずつ変化してしまいます．ロータリ・エンコーダをゆっくり回せば，数値が1ずつ変化していることが確認できると思います．

ロータリ・エンコーダの精度を上げて使用する場合は，クリックのないタイプのロータリ・エンコーダを使用したほうがよいでしょう．

リスト 10-1　高分解能ロータリ・エンコーダのソース・コード

```verilog
module UpDownCounter(clk,up,down,q);
    input clk,up,down;
    output [7:0] q;
    reg [7:0] cnt;

    always @(posedge clk) begin
        if((up==1'b1)&&(down==1'b0))begin
            cnt=cnt+1;
        end
        else begin
            if((up==1'b0)&&(down==1'b1))begin
                cnt=cnt-1;
            end
        end
    end
    assign q=cnt;
endmodule

module EdgeDetect(clk,sigA,sigB,up,down);
    input clk,sigA,sigB;
    output up,down;
    reg regA1,regB1,regA2,regB2;
    wire upA,upB,dnA,dnB;

    //Shift Reg(non blocking)
    always @(posedge clk) begin
        regA1<=sigA;
        regA2<=regA1;
    end
    always @(posedge clk) begin
        regB1<=sigB;
        regB2<=regB1;
    end
    //Edge Signal
    assign upA=regA1 & ~regA2;
    assign dnA=regA2 & ~regA1;
    assign upB=regB1 & ~regB2;
    assign dnB=regB2 & ~regB1;
    //up/down signal
    assign up=(upB & regA1) | (dnB & ~regA1) | (upA & ~regB1) | (dnA & regB1);
    assign down=(upB & ~regA1) | (dnB & regA1) | (upA & regB1) | (dnA & ~regB1);
endmodule

module RotEnc2(clk,btn,sw,led,hled0,hled1,hled2,hled3,rotA,rotB);
    input clk;
    input [2:0] btn;
    input [9:0] sw;
    output [9:0] led;
    output [7:0] hled0;
    output [7:0] hled1;
    output [7:0] hled2;
    output [7:0] hled3;
    input rotA,rotB;
    wire sigA,sigB,up,down;
    wire [7:0] q;

    unchatter uca(rotA,clk,sigA);
    unchatter ucb(rotB,clk,sigB);
    EdgeDetect ed(clk,sigA,sigB,up,down);
    UpDownCounter ud(clk,up,down,q);
    HexSegDec hex0(q[3:0],hled0);
    HexSegDec hex1(q[7:4],hled1);
    assign hled2=8'hff;
    assign hled3=8'hff;
    assign led=10'h000;

endmodule
```

第11章　SPI 接続 A-D コンバータで電圧入力

　電子音叉では，PWM を使ってディジタル信号をアナログ信号に変換しました．逆に，アナログ信号をディジタル回路で扱いたい場合もよくあります．ディジタル回路にアナログ信号を取り込むためには A-D コンバータ（アナログ-ディジタル変換器）が必要になります．

　A-D コンバータは，図 11-1 のような簡単な回路で作ることができます．この回路は，$\overline{\text{START}}$ 信号を通常 1 にしておき，アナログ入力を行うときに 0 にします．

　$\overline{\text{START}}$ が 1 のときはトランジスタが ON なので，入力のコンデンサ C の両端がトランジスタによってショートされ完全に放電状態になっています．アナログ入力を行う際，$\overline{\text{START}}$ を Low にするとトランジスタが OFF となり，アナログ入力端子からの電流が抵抗を通してコンデンサを充電していきます．コンデンサの両端電圧は，入力電圧と抵抗によって図 11-2 のように徐々に充電されていきます．

　C の両端電圧がしきい値を超えると出力端子は High と認識されるので，$\overline{\text{START}}$ を Low にしてから出力端子が High になるまでの時間を測定することで A-D コンバータを実現することができます．

　この時間は，アナログ入力端子の電圧が高いほど短くなり低いほど長くなるので，この時間からア

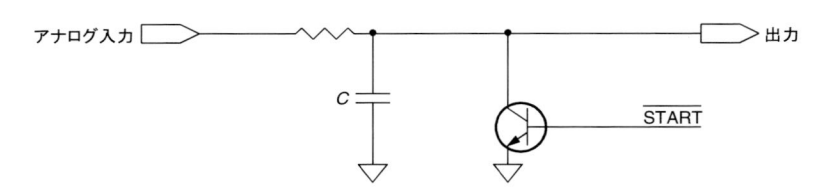

図 11-1　簡単な A-D コンバータ回路

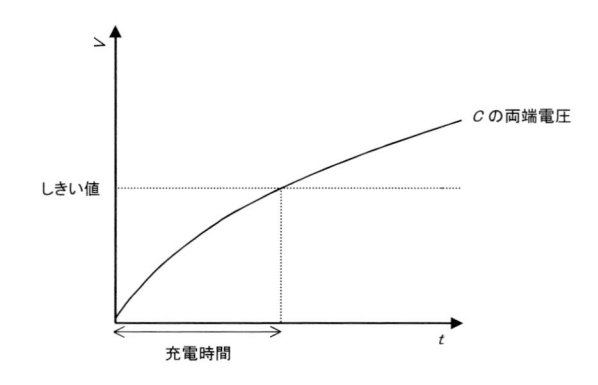

図 11-2　図 11.1 の出力電圧

ナログ入力端子の電圧を逆算することができます．

ただし，この回路はノイズなどの影響を受けやすく，まだ動作クロックにも影響を受けるためあまり実用的ではありません．特に，アナログ入力電圧が低い場合は測定時間が非常に長くなり，逆に電圧が高いと分解能が悪くなるという欠点があります．

最近では，高性能のA-Dコンバータが安価に入手できるようになりました．市販のA-Dコンバータを使うことで，容易に高性能のA-Dコンバータ回路を実現することができるようになりました．そこでここでは，マイクロチップ・テクノロジーのA-DコンバータMCP3002を使って，アナログ入力の実験を行うことにします．

10bit A-D コンバータ MCP3002

MCP3002は，10bit 2チャネルのA-Dコンバータで，**図11-3**のような8ピンのデバイスです．MCP3002の各端子の機能は，**表11-1**のようになっています．

このデバイスは，$\overline{CS}$，CLK，DI，DOの4本の信号で，シリアル通信を行って，アナログ・データの読み出しを行うことができます．シリアル通信のタイム・チャートは，**図11-4**のようになります．

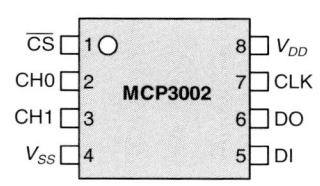

図11-3 MCP3002のピン配置

表11-1 MCP3002の各端子の機能

No	信号名	機能	No	信号名	機能
1	$\overline{CS}$	チップ・セレクト	5	DI	シリアル・データ入力
2	CH0	アナログ入力0	6	DO	シリアル・データ出力
3	CH1	アナログ入力1	7	CLK	シリアル・クロック入力
4	V_{SS}	GND	8	V_{DD}	電源

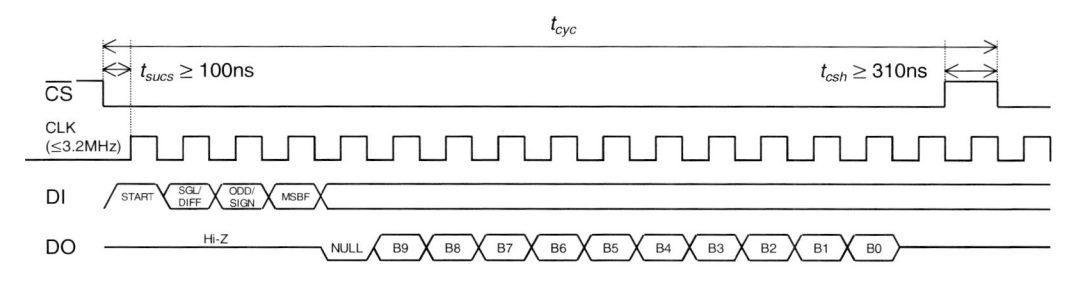

図11-4 MCP3002のタイム・チャート

第 11 章　SPI 接続 A-D コンバータで電圧入力

表 11-2　シリアル・データ入力 DI のコマンド・ビット

コマンド	機能
START	スタート・ビット．常に 1 にする．
SGL/DIFF	シングル・モードと差動モードの切り替え．1 にするとシングル・モード
ODD/SIGN	シングル・モード：チャネル番号，差動モード：符号切り替え
MSBF	MSB から出力するときは 1 とする．0 の場合，LSB から出力する．

DI には 4bit のコマンドを送り，その後 DO から 10bit のデータを取得します．DI のコマンド・ビットは，表 11-2 のようになっています．

差動モードは，二つのアナログ入力を差動入力として使用するモードです．シングル・モードでは，ODD ビットが 0 なら CH0 の入力となり，1 なら CH1 となります．

回路図とブロック図

A-D コンバータの実験回路図を図 11-5 に，実体配線図を図 11-6 に示します．

DE0 の J5 に $\overline{CS}$，CLK，DO，DI の 4 本の信号を用意して，MCP3002 を接続します．アナログ入力の CH1 には，10kΩ のボリューム（可変抵抗）を接続します．CH0 には，何も接続しません．

実験回路のブロック図を図 11-7 に示します．この回路では，A-D コンバータから 10bit のデータを読み出して，読み出したデータを 10 個の LED と，7 セグメント LED で 3 けたに表示するプログラムを作成します．

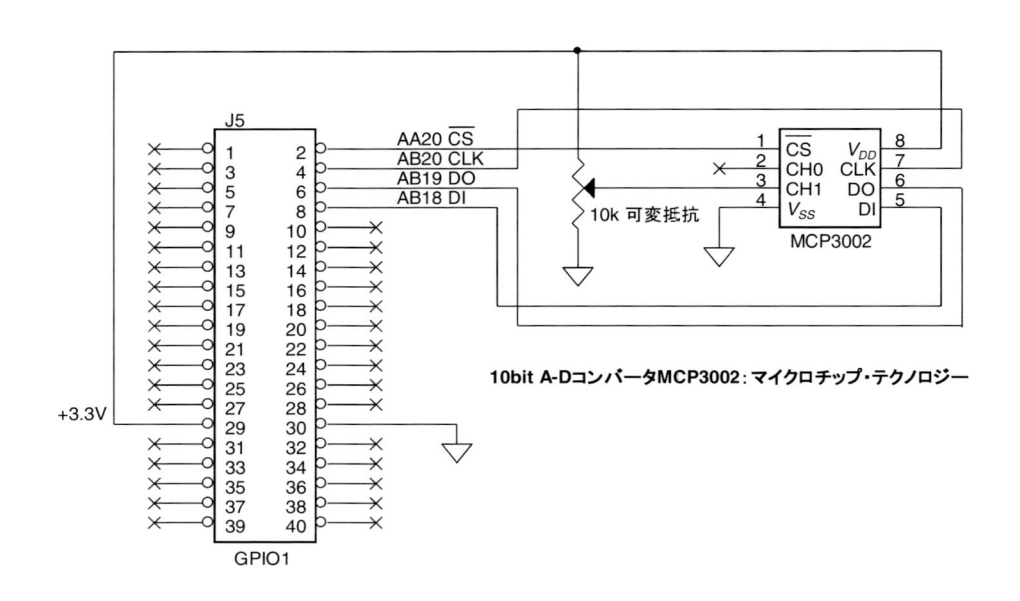

図 11-5　A-D コンバータの実験回路図

SPI インターフェースの作り方

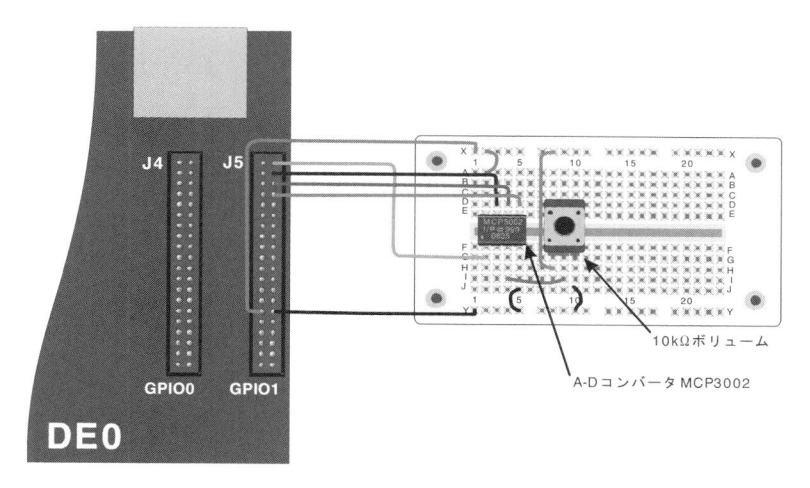

図 11-6 実体配線図

　MCP3002 のインターフェースは，SPI（Serial Peripheral Interface）と呼ばれるインターフェースで，クロック同期のシリアル通信です．

　また，このブロック図では省略されていますが，データ表示用に 7 セグメント・デコーダと 7 セグメント LED を 4 個接続しています．10 個の LED で，10bit ラッチのデータをそのまま表示します．

SPI インターフェースの作り方

　SPI インターフェースは，基本的には単純なシフトレジスタです．ここでは，10bit のシフトレジスタを使用して，DO からの読み出しデータを，順次シフトレジスタに格納します．10bit のデータ

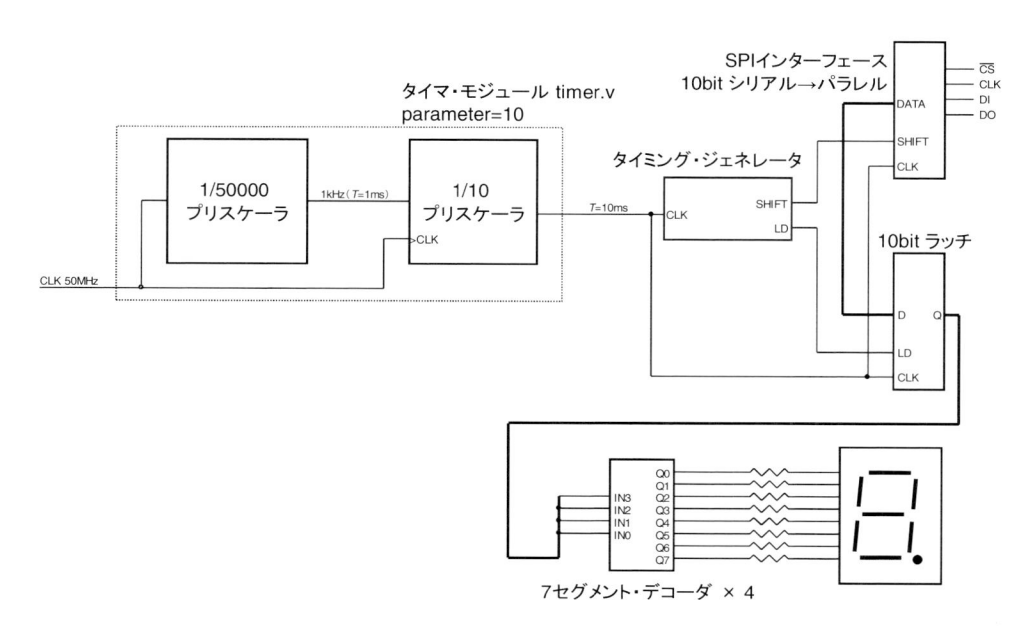

図 11-7　A-D コンバータの実験回路のブロック図

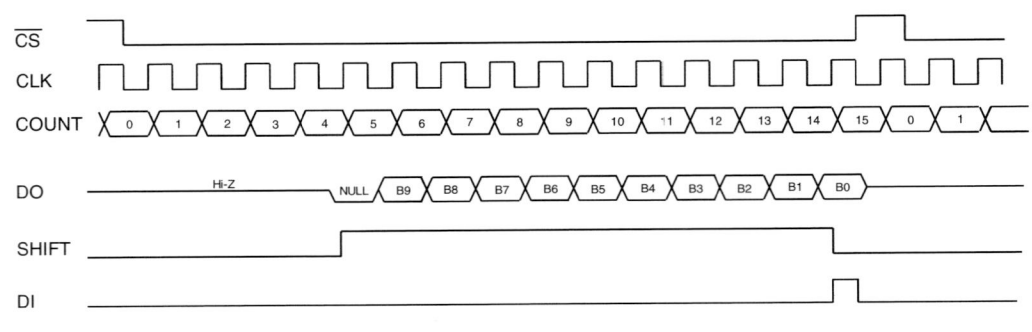

第11章 SPI接続A-Dコンバータで電圧入力

図11-8 SPIインターフェースのタイム・チャート

の読み出しが終わったら，このデータを10bitの表示用のラッチに格納します．ラッチに格納されたデータは，LEDと7セグメントLEDに表示します．

シフトレジスタとラッチの制御信号は，タイミング・ジェネレータで生成します．タイミング・ジェネレータとシフトレジスタ，およびラッチは10ms周期のクロックで動作します．このクロックは，タイマ・モジュールTimer.vで生成しています．

SHIFTやLDのタイミングは，図11-8のようになります．タイミング・ジェネレータの内部には，4bitのカウンタがあり，常時0～15をカウントしています．カウンタの値により，上記のようなタイミングで，$\overline{\text{CS}}$やSHIFT，LD信号を発生します．

プログラムの詳細

A-Dコンバータのソース・コードをリスト11-1に示します．PinAssignに追加するピン・アサインを図11-9に示します．

TimingGegeratorモジュール

TimingGegeratorモジュールでは，cs, shift, ldといったSPIインターフェースとデータ・ラッチ・タイミングを作っています．

cs信号は，SPIでは負論理ですが，ここでは正論理の信号として生成しています．正論理と負論理が混在していると論理式が読み辛くなりますし，FPGA内部では正論理と負論理にに優位性があるわけではないため，あえて負論理にする必要はありません．最終的にピンに出力する際に，論理反転すればよいだけなので，FPGA内部では正論理に統一しておいた方がよいかもしれません．

Node Name	Direction	Location
ncs	Output	PIN_AA20
sck	Output	PIN_AB20
sdi	Output	PIN_AB18
sdo	Input	PIN_AB19

図11-9 追加ピン・アサイン

SpiIf モジュール

SpiIf モジュールはシフトレジスタを構成しています．このモジュールに限らず，SPI インターフェースはシフトレジスタで簡単に構成することができます．

Sdi 信号は，SPI への出力信号です．SPI の出力には，START，SGL/DIFF，ODD/SIGN，MSBF というビットを出力する必要がありますが，シングル・モードで CH1，MSBF モードを選択すると，これらのビットはすべて 1 となります．今回の回路は，この条件に合うようにしているので，sdi ビットは常に 1 でかまいません．

シフトレジスタの構成は，Verilog HDL で書くと意外なほど簡単です．今回の回路では，データの読み込みに 10bit のシフトレジスタを構成する必要があるため，10 個のフリップフロップを数珠つなぎにする必要があるのですが，Verilog HDL で書くと次の 1 行で終わります．

```
sreg={sreg[8:0],sdo};
```

Verilog HDL では，バス信号の切り出しや接続が簡潔に記述できるため，このような記述が可能になります．なお，sdo は SPI からの入力信号です．信号名はデバイスから見た信号名で統一しています．sck は，SPI のクロックですが，cs 信号と AND を取って，cs=1 のときだけ出力するようにしています．SPI からの読み出しは，シフトレジスタによりパラレルに変換され，q 出力に出力されます．

PLatch モジュール

PLatch モジュールは，SpiIf 用のラッチ回路です．SPI インターフェース内部では，常にシフトレジスタが動作しているため，シフト中にデータの読み出しを行うと正しいデータが読み出せません．

そこで，シフト完了時（ld=1 のとき）にデータをラッチするようにしています．このモジュールは，SpiIf モジュール内に入れてしまってもよいかもしれません．

トップ・モジュール ADConvertor

トップ・モジュールでは，これらのモジュールとタイマ・モジュール Timer.v（リスト 11-2），7 セグメント・モジュール HexSegDec.v（リスト 9-3）を使って，回路全体を構成しています．

MCP3002 の分解能は 10bit なので，最大値は 3FFh となります．このため，7 セグメント LED の HEX3 は，ffh を書いて消灯しています．また，HEX2 は，A-D 変換出力が 2bit 分しかないので，上位 2bit は 0 にしています．

動作確認

実験回路を接続して，DE0 にプログラムを書き込み，実験回路のボリュームを回転させると，それに合わせて，7 セグメント LED に，000h～3FFh の値が表示されることが確認できます（写真 11-1）．

今回使用した MCP3002 はリファレンス電圧 V_{ref} が電源電圧となっているので，MCP3002 の入力電圧は 0V～電源電圧の範囲となります．

第11章　SPI接続A-Dコンバータで電圧入力

写真11-1　動作確認．1.01Vを入力したところ

　MCP3002の出力データは，リファレンス電圧V_{ref}を分解能で割ったものが1となります．従って，A-Dコンバータの出力データがNとすると，入力電圧は，$N \times (V_{ref}/1024)$ということになります．

　MCP3002の入力にセンサを接続すれば，いろいろな計測器を作ることができます．例えば，温度センサを接続すれば，温度計を作ることができます．

　後の章では，A-Dコンバータと温度センサを使ったディジタル温度計のサンプルがあるので，そちらも参照してください．

リスト11-1　A-Dコンバータで電圧入力のソース・コード

```verilog
module TimingGenerator(clk,cs,shift,ld);
    input clk;
    output cs,shift,ld;
    reg rcs;
    reg [3:0] cnt;

    always @(posedge clk) begin
        cnt=cnt+1;
    end

    //cs ff
    always @(negedge clk) begin
        if(cnt==4'h0) begin
            rcs=1'b1;
        end
        else begin
            if(cnt==4'd15) begin
                rcs=1'b0;
            end
        end
    end
    assign cs=rcs;
    assign ld=(cnt==4'd15) ? 1'b1 : 1'b0;
    assign shift=((cnt>=4'd5) &&(cnt<=4'd14)) ? 1'b1 :1'b0;
endmodule
```

```verilog
module SpiIf(clk,cs,shift,ncs,sck,sdi,sdo,q);
    input clk,cs,shift,sdo;
    output ncs,sck,sdi;
    output [9:0] q;
    reg [9:0] sreg;

    assign ncs=~cs;
    assign sdi=1'b1;
    assign sck=cs & clk;

    always @(posedge clk) begin
        if((cs==1'b1) && (shift==1'b1))
            sreg={sreg[8:0],sdo};
    end
    assign q=sreg;
endmodule

module PLatch(clk,ld,din,dout);
    input clk,ld;
    input [9:0] din;
    output [9:0] dout;
    reg [9:0] dreg;

    always @(posedge clk) begin
        if(ld==1'b1)
            dreg=din;
    end
    assign dout=dreg;
endmodule


module ADConvertor(clk,btn,sw,led,hled0,hled1,hled2,hled3,ncs,sck,sdi,sdo);
    input clk;
    input [2:0] btn;
    input [9:0] sw;
    output [9:0] led;
    output [7:0] hled0;
    output [7:0] hled1;
    output [7:0] hled2;
    output [7:0] hled3;
    output ncs,sck,sdi;
    input sdo;
    wire iclk;
    wire cs,shift,ld;
    wire [9:0] sdat;
    wire [9:0] pdat;

    Timer #(10) tm(clk,iclk);
    TimingGenerator tg(iclk,cs,shift,ld);
    SpiIf spi(iclk,cs,shift,ncs,sck,sdi,sdo,sdat);
    PLatch pl(iclk,ld,sdat,pdat);

    assign led=pdat;
    HexSegDec hex0(pdat[3:0],hled0);
    HexSegDec hex1(pdat[7:4],hled1);
    HexSegDec hex2({2'b00,pdat[9:8]},hled2);
    assign hled3=8'hff;
endmodule
```

リスト11-2 タイマ・モジュールのソース・コード

```verilog
module Timer(clk,oclk);
    parameter scale=100;    //oclk=1kHz/scale
    input clk;
    output oclk;

    reg [15:0] cnt1;
    reg [11:0] cnt2;
    reg [3:0] dcnt;
    wire iclk1;    //1kHz clock
    wire iclk2;    //scaled clock
    reg rclk;

    //1/50000 PreScaler
    assign iclk1=(cnt1==16'd49999) ? 1'b1 : 1'b0;
    always @(posedge clk) begin
        if(iclk1==1'b1)
            cnt1=0;
        else
            cnt1=cnt1+1;
    end

    //1/100 PreScaler
    assign iclk2=(cnt2==(scale-1)) ? 1'b1 : 1'b0;
    always @(posedge clk) begin
        if(iclk1==1'b1)begin
            if(iclk2==1'b1)
                cnt2=0;
            else
                cnt2=cnt2+1;
        end
    end

    //clock out FF
    always @(posedge clk)
        rclk=iclk2;
    assign oclk=rclk;

endmodule
```

第12章　SPI 接続 D-A コンバータで波形生成

前章では，A-D コンバータ IC を使用して A-D 変換を行いました．A-D コンバータと同様に，D-A コンバータも安価で高性能な部品があります．電子音叉の製作では PWM を使いましたが，専用の IC を使うことでより性能の良い回路を作ることができます．

ここではマイクロチップ・テクノロジーの D-A コンバータ MCP4922 を使って，ディジタル‐アナログ変換を行ってみることにします．電子音叉の製作では正弦波テーブルでアナログ・データを作成しましたが，今回はテーブルを使用せず，FPGA 内部でのこぎり波を発生させてみることにします．

のこぎり波は，図 12-1 のように，のこぎり状に変化する波形です．のこぎり波の変化は直線なので，8bit のカウンタをインクリメントすると，ちょうどのこぎり波の波形となります．

12bit D-A コンバータ MCP4922

D-A コンバータの MCP4922 は，図 12-2 のような 14 ピンのデバイスです．端子機能を表 12-1 に示します．MCP4922 は，CH-A と CH-B の 2 チャネルを持つ 12bit の D-A コンバータです．$V_{REF}A$ と $V_{REF}B$ には，それぞれ CH-A と CH-B のリファレンス電圧を入力します．

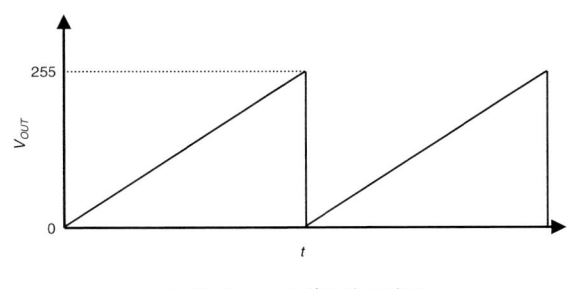

図 12-1　のこぎり波の波形

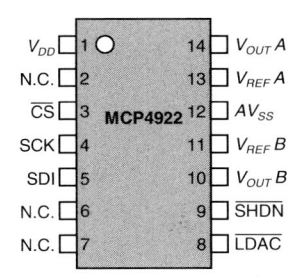

図 12-2　MCP4922 のピン配置

表 12-1　MCP4922 の各端子の機能

No	信号名	機能	No	信号名	機能
1	V_{DD}	電源	10	$V_{OUT}B$	CH-B 出力
3	$\overline{CS}$	チップ・セレクト	11	$V_{REF}B$	CH-B リファレンス
4	SCK	クロック	12	AV_{SS}	GND
5	SDI	データ入力	13	$V_{REF}A$	CH-A リファレンス
8	$\overline{LDAC}$	データ・ラッチ	14	$V_{OUT}A$	CH-A 出力
9	$\overline{SHDN}$	シャットダウン	-	N.C.	未接続

第12章 SPI接続D-Aコンバータで波形生成

図12-3 MCP4922のアクセス・タイミング

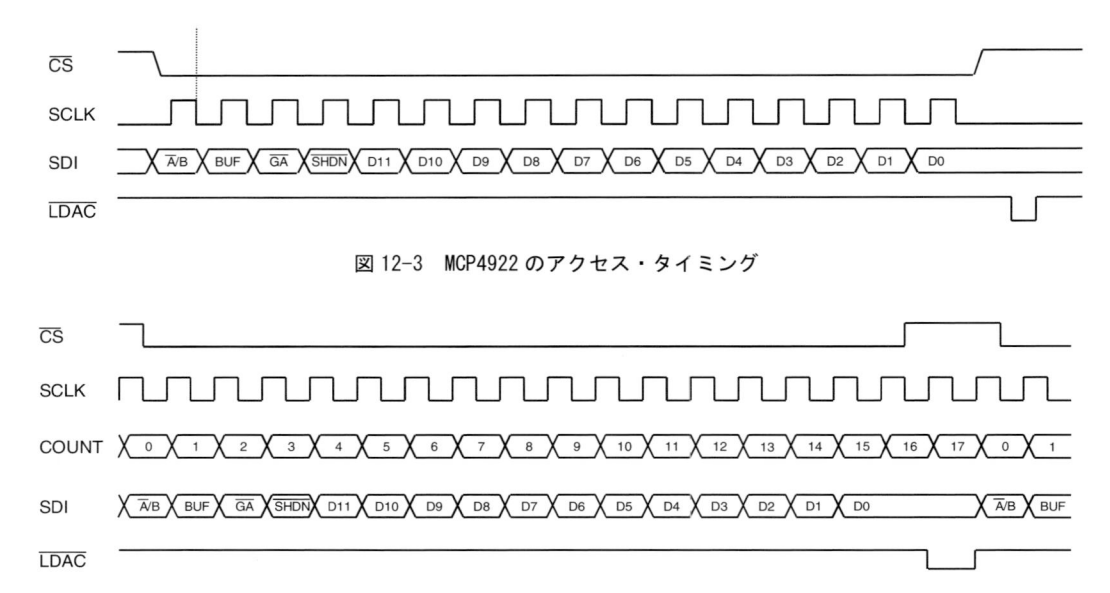

図12-4 D-Aコンバータの制御タイミング

MCP4922のアクセス・タイミングを**図12-3**に示します．MCP4922の制御方法はA-Dコンバータとよく似ていますが，D-Aコンバータは出力のみですのでSDOはありません．

また，$\overline{\text{LDAC}}$信号は，シリアル・データ転送後，D-A変換データをV_{OUT}に出力するための信号となります．そこで，A-DコンバータのSPIモジュールを修正して，**図12-4**のようなタイミングで信号を発生することにします．

COUNTは，SPIモジュール内部のカウンタで，0～17までの18進カウンタとなっています．カウンタの値により，$\overline{\text{CS}}$や$\overline{\text{LDAC}}$を出力します．

MCP4922は，A-DコンバータのMCP3002と同様に，先頭に4bitのコマンドを送ります．コマンドの各ビットの機能は，次のようになります．

- $\overline{\text{A}}$/B　　出力チャネルの設定．0：CH-A，1：CH-B
- BUF　　V_{REF}のバッファ使用の有無．0：バッファなし，1：バッファあり
- $\overline{\text{GA}}$　　出力ゲイン選択．0：2xモード，1：1xモード
- $\overline{\text{SHDN}}$　　出力OFF制御．．0：出力バッファ禁止，1：出力ON

回路図とブロック図

D-Aコンバータの実験回路を**図12-5**に示します．また実体配線図を**図12-6**に示します．のこぎり波発生回路のブロック図を**図12-7**に示します．

D-AコンバータのMCP4922インターフェース回路はA-Dコンバータの回路とほぼ同じですが，SDOがない代わりに$\overline{\text{LDAC}}$があります．

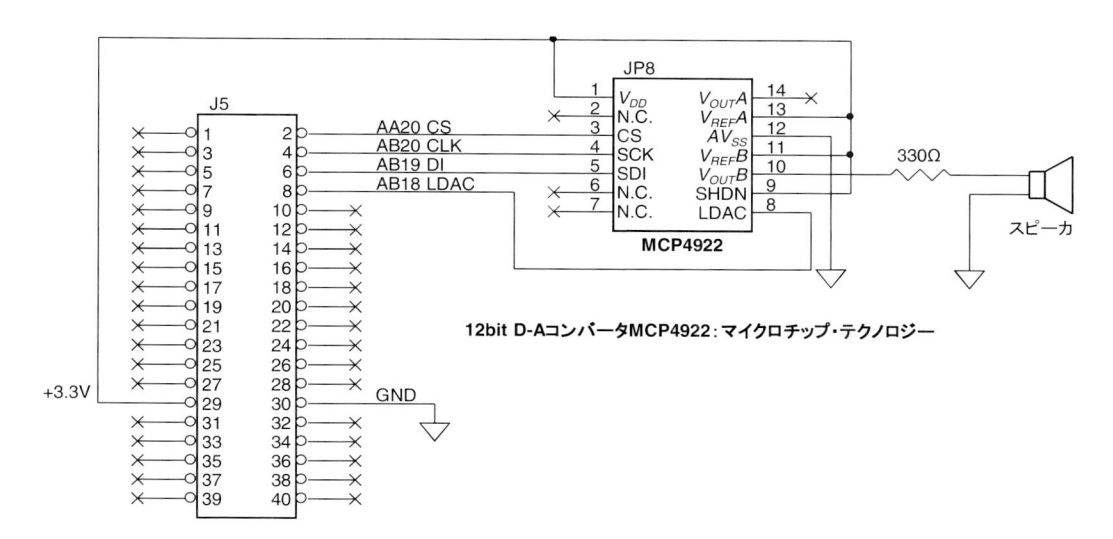

図 12-5　D-A コンバータの実験回路

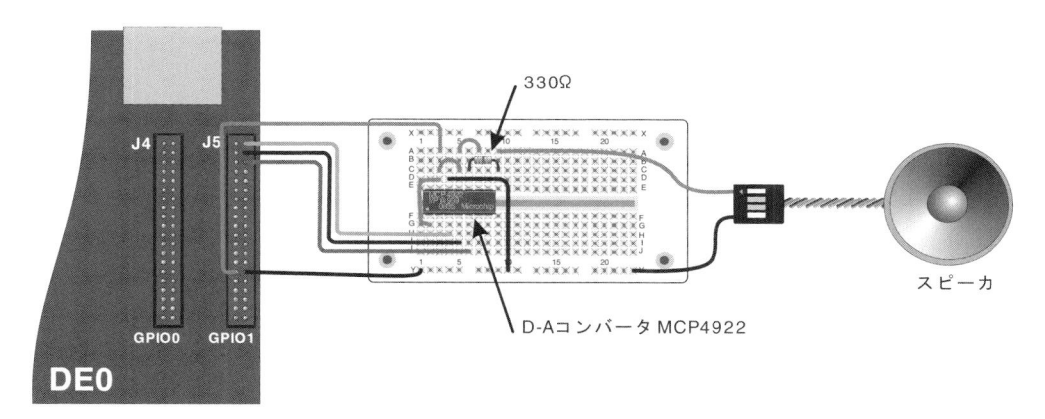

図 12-6　実体配線図

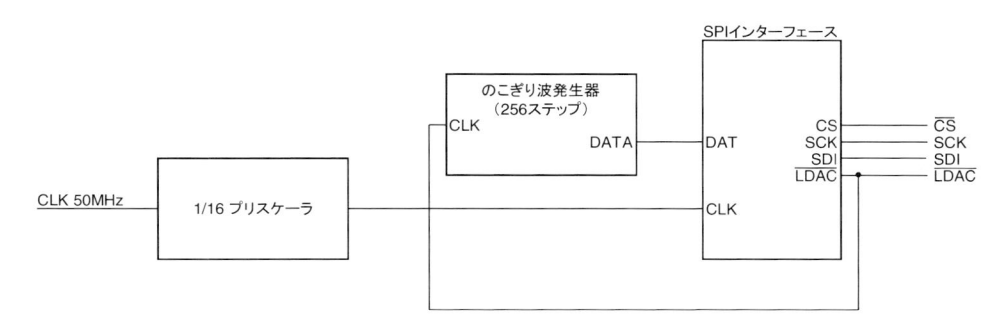

図 12-7　のこぎり波発生回路のブロック図

第12章　SPI接続D-Aコンバータで波形生成

信号の配置も配線しやすいように若干変更しています．$V_{REF}B$は電源の3.3Vをそのままリファレンスにしています．また，D-Aの出力はCH-Bを使用しています．この設定の場合，コマンド・ビットをすべて1にすることができます．波形を観測する場合は，$V_{OUT}B$端子を観測します．

回路ブロックは，1/16のプリスケーラと，のこぎり波発生器，およびSPIインターフェースの三つだけで構成されています．のこぎり波発生器は，単純な8bitのカウンタで，D-Aコンバータのデータ・ロードを行うたびに，カウンタがインクリメントされるようになっています．

プログラムの詳細

のこぎり波発生回路のソース・コードを，**リスト12-1**に示します．ピン・アサインは前章のA-Dコンバータのサンプルと同じです．

モジュール構成は**図12-7**のブロック図とほぼ同じですが，SPIインターフェースはタイミング・ジェネレータ部を別モジュールにしています．この構成は，A-Dコンバータのときと同じです．SPIインターフェースでは16bitのシフトレジスタを用意し，$\overline{LDAC}$のタイミングで，のこぎり波発生器のデータをシフトレジスタにラッチしています．

のこぎり波のデータは8bitしかないので，D-Aコンバータに送る12bitのデータの上位8bitをのこぎり波のデータとして，下位4bitには0を書いています．この処理により，のこぎり波のデータが16倍されてD-Aコンバータに書き込まれることになります．

また，シフトレジスタの上位4bitはコマンド・ビットになりますが，今回使用するハードウェアではこれはすべて1になるので，4'hFを書き込んでいます．

シフトレジスタは，$\overline{CS}$が有効の間，クロックの立ち上がりで1bitずつシフトされます．SDIのピンには，シフトレジスタの最上位ビットがアサインされているので，結局SDIには，シフトレジスタに書き込まれた16bitのデータが1クロックごとに1bitずつ送られることになります．

波形の観測

プログラムをコンパイルして書き込むと，$V_{OUT}B$にはのこぎり波が観測されます．のこぎり波の周波数は，

$$50\mathrm{MHz} \times \frac{1}{16} \times \frac{1}{18} \times \frac{1}{256} \approx 678\mathrm{Hz}$$

となります（16はプリスケーラの値，18はSPIインターフェースがD-Aコンバータにデータを送る周期，256はのこぎり波発生器の周期）．

図12-8は，オシロスコープで実際に観測した波形です．図のように，ほぼ計算値通りの波形が出ている事が分かります．

波形の観測

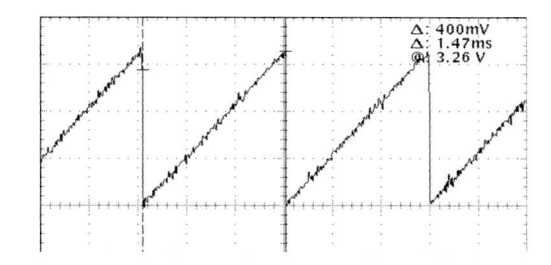

図12-8 オシロスコープで観測したのこぎり波の波形（1V/div, 0.5ms/div）

リスト12-1 のこぎり波発生回路のソース・コード

```verilog
module PreScale(iclk,oclk);
    input iclk;
    output oclk;
    reg [3:0] cnt;

    always @(posedge iclk) begin
        cnt=cnt+1;
    end

    assign oclk=cnt[3];
endmodule

module TimingGenerator(clk,cs,ldac);
    input clk;
    output cs,ldac;
    reg rcs,ldff;
    reg [4:0] cnt;

    //counter18
    always @(posedge clk) begin
        if(cnt==5'd17)
            cnt=5'h0;
        else
            cnt=cnt+1;
    end

    //cs ff
    always @(negedge clk) begin
        if(cnt==5'h0) begin
            rcs=1'b1;
        end
        else begin
            if(cnt==5'd16) begin
                rcs=1'b0;
            end
        end
    end
    //ldac ff
    always @(posedge clk) begin
        if(cnt==5'd16) begin
            ldff=1'b1;
        end
        else begin
            if(cnt==5'd17) begin
                ldff=1'b0;
            end
        end
    end
    assign cs=rcs;
    assign ldac=ldff;
endmodule
```

第12章 SPI接続D-Aコンバータで波形生成

```verilog
module SpiIf(clk,cs,ldac,dat,ncs,sck,sdi,nldac);
    input clk,cs,ldac;
    input [7:0] dat;
    output ncs,sck,sdi,nldac;
    reg [15:0] sreg;

    always @(posedge clk)begin
        //Load Reg
        if(ldac==1'b1) begin
            sreg={4'hf,dat,4'h0};
        end
        else begin
            //Shift
            if(cs==1'b1) begin
                sreg={sreg[14:0],1'b0};
            end
        end
    end
    assign ncs=~cs;
    assign sck=clk & cs;
    assign nldac=~ldac;
    assign sdi=sreg[15];
endmodule

module SawGen(clk,ldac,dat);
    input clk,ldac;
    output [7:0] dat;
    reg [7:0] cnt;

    always @(posedge clk) begin
        if(ldac==1'b1) begin
            cnt=cnt+1;
        end
    end
    assign dat=cnt;
endmodule

module SawWave(clk,btn,sw,led,hled0,hled1,hled2,hled3,ncs,sck,sdi,nldac);
    input clk;
    input [2:0] btn;
    input [9:0] sw;
    output [9:0] led;
    output [7:0] hled0;
    output [7:0] hled1;
    output [7:0] hled2;
    output [7:0] hled3;
    output ncs,sck,sdi,nldac;
    wire iclk,ncs,sdi,nldac;
    wire cs,ldac;
    wire [7:0] sdat;

    PreScale ps(clk,iclk);
    TimingGenerator tm(iclk,cs,ldac);
    SawGen sg(iclk,ldac,sdat);
    SpiIf sp(iclk,cs,ldac,sdat,ncs,sck,sdi,nldac);

    //unused pins
    assign led=10'h00;
    assign hled0=8'hff;
    assign hled1=8'hff;
    assign hled2=8'hff;
    assign hled3=8'hff;

endmodule
```

第13章 PS/2 マウス・インターフェースの実装

　DE0 には，PS/2 コネクタが搭載されています．本章では，DE0 の PS/2 コネクタ（**写真 13-1**）にマウスを接続して，マウスのデータを読み出してみます．

　PS/2 インターフェースは，PS/2 マウスのほか，PS/2 キーボードを接続することができます．PS/2 キーボードも PS/2 マウスと読み出し方法はほぼ同じなので，PS/2 マウスのインターフェースを参考にすれば，PS/2 キーボードの読み出しもさほど難しくはありません．ただし，コマンド・セットが異なるので注意が必要です．

PS/2 インターフェースとは

　PS/2 インターフェースは，PC のマウスやキーボードに使われているインターフェースで，**写真 13-2** のような Mini-DIN のコネクタとなっています．

　PS/2 インターフェースは，米国 IBM が発売した PC に由来しています．IBM PC は，PC/XT，PC/AT と続き，その後 PS/2（Personal System/2）という機種が発売されましたが，PS/2 では，それまでキーボード・コネクタに使用していた DIN コネクタを，より小型の Mini-DIN コネクタに変更しました．

　また，もともとはキーボード用のインターフェースだったものを，全く同じ回路構成でマウス用にも使用するようになり，現在の PC ではキーボードもマウスも，PS/2 仕様の Mini-DIN コネクタが使われています．PS/2 インターフェースは，ハードウェア的にはキーボード用もマウス用も全く同じなので，同じ回路でキーボードもマウスも接続することができます．

写真 13-1　DE0 の PS/2 コネクタ

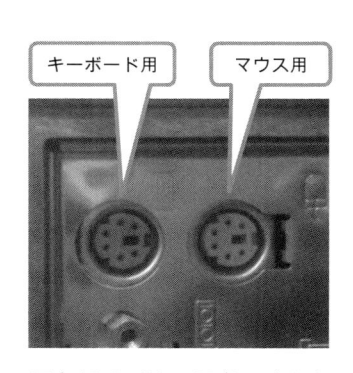

写真 13-2　PC の PS/2 コネクタ

第13章 PS/2マウス・インターフェースの実装

PS/2インターフェースは，2線式の半二重通信で，現在よく利用されているRS-232-CやSPI, I²Cなどとは異なり，独自のインターフェースになっています．

最近のマイコンであれば，UARTやSPIなどを利用する方が簡単ですが，当時のマイコンでは，UARTを使うためには外部のUARTコントローラを使わなければなりませんでした．このため，UARTを使うとコストが掛かりすぎるため，より簡単なハードウェア構成で実現できる方法として考案されたものと考えられます．

当時のPCは，一つのマイクロプロセッサでマウスやキーボードなど，すべての周辺デバイスを制御しているものがほとんどでした．キーボード・インターフェースも，キー・スキャン用に十数本の信号線が出ている製品も珍しくありませんでしたが，IBM PCでは，キーボード制御用に専用マイコンを使用していました．

また，キーボード・インターフェースは2線式で，かつ小さなコネクタで接続できたので，非常に斬新な設計だったのかもしれません．なお，最近のPCでは，PS/2インターフェースからUSBインターフェースに移行しています．

DE0のPS/2インターフェース

DE0のPS/2インターフェースは図13-1のようになっています．図のように，キーボード用とマウス用の二つのインターフェースが接続されています．これは，Y型の分岐ケーブルを使用して，キーボードとマウスを同時に接続できるようにしているためです．

本来のPS/2インターフェースはキーボード用の回路で，1番ピンがDATA, 5番ピンがCLKで，2番ピンと6番ピンはN.C.となります．

ここでは，Y分岐ケーブルを使用せずに，直接マウスをコネクタに接続するので，PS2_KBCLKとPS2_KBDATの二つの信号を使って制御を行います．

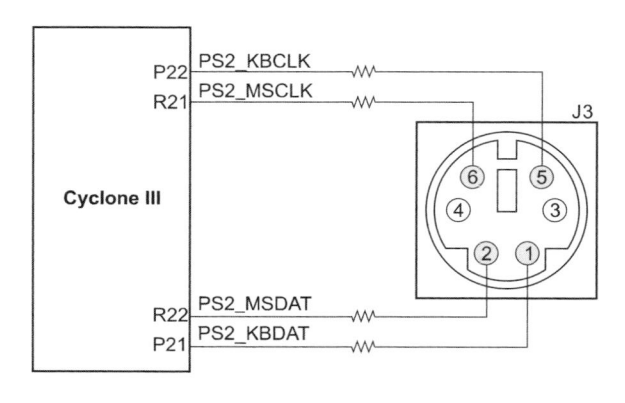

図13-1 DE0のPS/2インターフェース (③: GND, ④: +5V)

PS/2 インターフェースの詳細

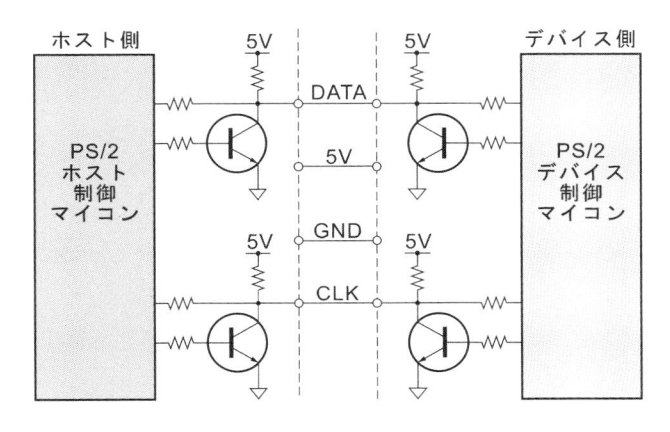

図 13-2 は，標準的な PS/2 インターフェースの回路構成です．現在は，マイコンの GPIO を使って制御することがほとんどなので，外部にトランジスタを使用することはありません．

図 13-2 のように，PS/2 インターフェースでは，DATA も CLK もオープン・コレクタのトランジスタでドライブされ，ホスト側とデバイス側の双方から制御できるようになっています．

ホスト - デバイス間の通信は，ホストからデバイス，デバイスからホストの 2 種類あります．データ通信は 8bit 単位で，これにスタート・ビット，パリティ，ストップ・ビットが付加されます．

ホスト→デバイスの通信

PS/2 インターフェースで接続されるデバイスは，キーボードかマウスに限定されているので，ほとんどのデータはデバイスからホストへの転送となります．しかし，デバイスのリセットやデータの読み出し要求コマンドをホストからデバイスへ送る必要がある場合は，図 13-3 のようなプロトコルを使ってコマンドの送信を行います．

図 13-3 上の図では，ホスト側とデバイス側の制御が分かるように，CLK と DATA をホスト側とデバイス側に分けています．実際には，図 13-3 下の図ように，CLK と DATA がそれぞれワイヤード OR された信号となります．

ホストからデバイスにデータを送信する場合，最初に CLK を 100μs 以上 Low にして，デバイスからの通信を禁止します．さらに DATA を Low にして，送信要求を発行した後，CLK を解放します．PS/2 インターフェースでは，CLK は常にデバイス側が発行し，ホストが CLK を制御するのは，この送信要求を出す場合のみです．ホストからのデータ読み出しは，デバイスが発行するクロックに同期してホスト側がデータを下位ビットから 1bit ずつ送信することで実現されます．スタート・ビットは 0 でストップ・ビットが 1，また，パリティはデータが 1 のビットが偶数のときにセットされます．デバイスは，クロックの立ち上がりでデータを読み込みます．

図 13-2 標準的な PS/2 インターフェースの回路構成

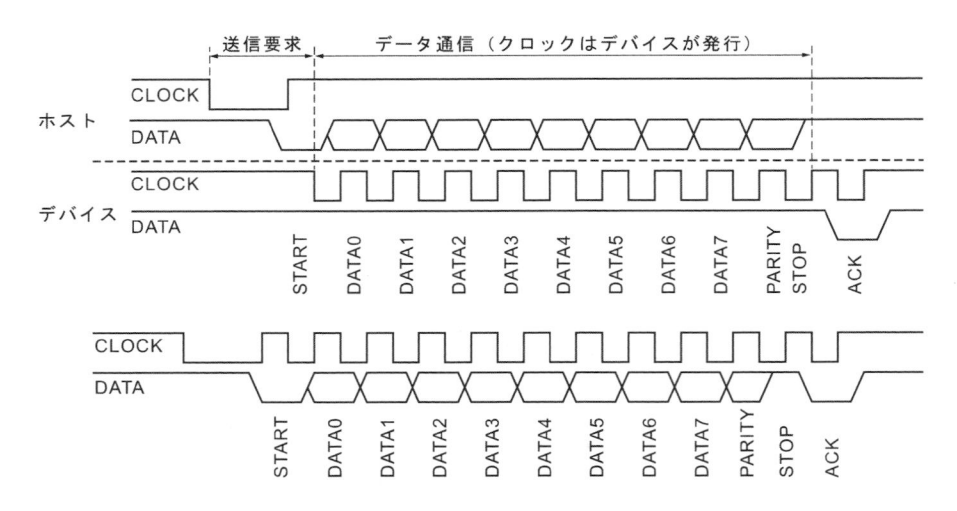

図 13-3　ホストからデバイスへの通信プロトコル（上の図はホストとデバイスを分けて描いた図）

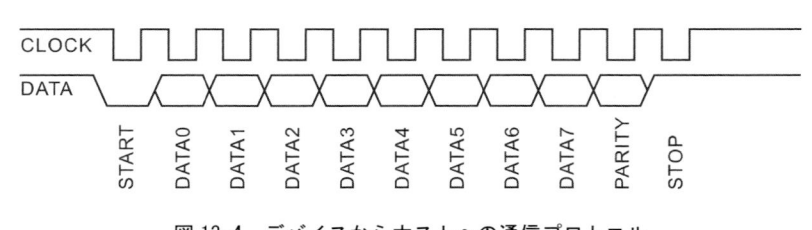

図 13-4　デバイスからホストへの通信プロトコル

ホストからデバイスへの通信の場合，デバイスがデータを正常に受け取ると最後に ACK ビットの 0 が付加されます．CLK の周波数は 10kHz~16.7kHz なので，19200bps より少し遅い程度です．

デバイス→ホストの通信

図 13-4 にデバイスからホストへの通信プロトコルを示します．デバイスからホストへの通信は，送信要求のような操作がなく，図のように非常にシンプルです．

デバイスからホストへの通信では，ホスト側はクロックの立ち下がりでデータを取り込みます．データは，スタート・ビット，DATA0，DATA1 と続き，最後にパリティ・ビットとストップ・ビットが付加されます．

ホストからデバイスへの通信と同様に，スタート・ビット（0）と，ストップ・ビット（1）およびパリティが付加されます．ただし，ホストからデバイスへの通信と異なり，ACK ビットはありません．

実装する PS/2 マウス・インターフェースのコマンド

PS/2 マウスには，いくつかのコマンドがありますが，ここでは，リセット・コマンド（Reset, FFh）とデータ読み出し（READ, EBh）の二つのみを実装します．

リセット・コマンド

リセット・コマンドは，PS/2 マウスを初期化するコマンドです．リセット・コマンドのシーケンスを図 13-5 に示します．先に説明したホストからデバイスへの送信プロトコルを使って，コマンド・コードの FFh を送信します．デバイスはコマンドを正常に受け取ると，肯定応答として FAh を返しリセット・モードに入ります．

リセット・モードでは，デバイスをデフォルト値で初期化した後，Reset OK (完了コード) と Device ID (装置 ID) を返します．完了コードは，成功した場合は AAh，失敗した場合は FCh です．また，マウスの装置 ID は 00h となります．

データ読み出しコマンド

データ読み出しコマンドのシーケンスを図 13-6 に示します．データ読み出しコマンドでは，リセット・コマンドと同様に，デバイスはコマンド・コードの EBh を受け取ると，肯定応答の FAh を返します．これに続いて，3byte の移動量パケット・データを返します．

移動量のパケット・データの構造を表 13-1 に示します．パケットの最初の 1byte は，ステータス・ビットです．ボタンの状態や移動量の符号，オーバフローなどの状態を表します．また，第 2 バイトは X 方向の移動量，第 3 バイトは Y 方向の移動量となります．移動量は相対値で表されるので，前回の読み出しからマウスが移動していなければ，X も Y も移動量はゼロとなります．

プログラムの仕様

作成したプログラムは，DE0 の三つのボタンを使ってマウスのデータを読み込んでいます．ボタンの機能は次の通りです．

- BUTTON2 : リセット・コマンドを発行
- BUTTON1 : データ読み出しコマンドを発行
- BUTTON0 : 連続してデータ読み出しを行う機能の ON/OFF

連続読み出し状態では LED9 が点灯し，連続読み出し状態であることを示します．

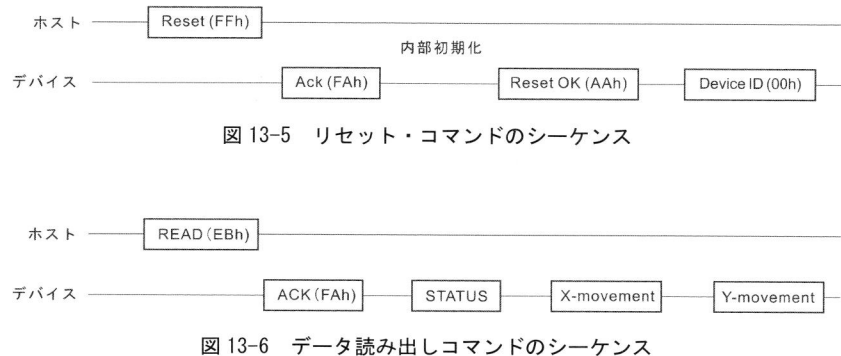

図 13-5 リセット・コマンドのシーケンス

図 13-6 データ読み出しコマンドのシーケンス

第13章 PS/2マウス・インターフェースの実装

表13-1 PS/2マウスの移動量データ・パケット

	ビット7	ビット6	ビット5	ビット4	ビット3	ビット2	ビット1	ビット0
第1バイト	Yオーバフロー	Xオーバフロー	Y符号ビット	X符号ビット	常に1	中ボタン	右ボタン	左ボタン
第2バイト	X移動量							
第3バイト	Y移動量							

　データを読み出すと，第1バイトのステータスをLED0～LED7に表示します．ステータス・ビットの0, 1は，それぞれマウスの左ボタン，右ボタンなので，マウスのボタンを押すとボタンのステータスが変化していることを確認できます．

プログラムの詳細

　リスト13-1に作成したソース・コードを示します．トップ・モジュールは，PS2Mouseというモジュールになります．ブロック図を図13-7に示します．PinAssignに追加するピン・アサインを図13-8に示します．

　sw_buffモジュールは，ボタンのチャタリングを除去するモジュールです．sclkを使って，三つのプッシュ・スイッチのデータをラッチしています．また，ボタンが押されたときに1になるように，論理を反転しています．

　start_stopモジュールは，ボタンを押すごとに，連続読み出しのON/OFFを切り替えます．

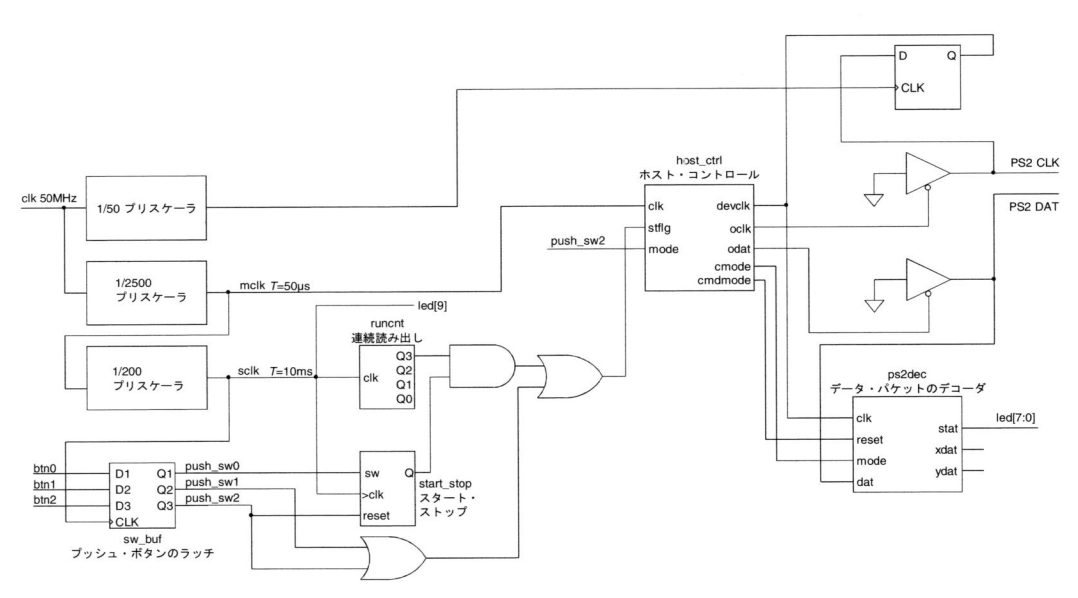

図13-7 トップ・モジュールのブロック図

Node Name	Direction	Location
ps2clk	Bidir	PIN_P22
ps2dat	Bidir	PIN_P21

Node Name	Direction	Location
deb[7]	Output	PIN_V15
deb[6]	Output	PIN_T15
deb[5]	Output	PIN_W17
deb[4]	Output	PIN_AB17
deb[3]	Output	PIN_AA18
deb[2]	Output	PIN_AB19
deb[1]	Output	PIN_AB20
deb[0]	Output	PIN_AA20

図 13-8　ピン・アサイン．左側はデバッグ用のピン・アサイン

m_counter モジュール

クロック分周用のカウンタ・モジュールです．パラメータ指定で，カウント数を指定できるようになっています．デフォルトは 2500 カウントで，50MHz のクロックから約 50μs のクロックを作ることができるようになっています．

この回路では，まず m_counter で 50μs 周期の mclk というクロックを生成しています．このクロックは，ホストからの送信要求のタイミングを作るのに使用しています．また，さらに m_counter でパラメータに 200 を指定して，mclk から 10ms 周期の sclk を生成しています．sclk は，スイッチのチャタリングを取り除くのに使用しています．

host_ctrl モジュール

ホストからのデータ送信要求タイミングを発生させています．コマンド・データは，リセット・コマンドとデータ読み出しコマンドのいずれかになります．

stflg が 1 になると，データ送信要求を開始しますが，そのときに mode ビットが 1 ならばリセット・コマンド，0 ならデータ読み出しコマンドになります．

mode ビットはラッチされ，cmode に出力されます．また，cmdmode は，データ送信中に 1 になるフラグです．PS/2 インターフェースの CLK と DATA に出力するデータは，oclk と odata からそれぞれ出力されます．

ps2dec モジュール

PS/2 のデータ・パケットのデコーダです．データ読み出しコマンドが発行されると，Ack 応答以降の 3byte のパケットをラッチして，stat, xdat, ydat に出力します．stat はステータス・バイト，xdat は X 方向の移動量，ydat が Y 方向の移動量となります．

連続読み出しの実現

連続読み出しは，runcnt というカウンタを使用して実現しています．runcnt は 4bit のカウンタで，sclk を 16 分周しています．sclk は約 10ms 周期なので，runct[3] は約 160ms 周期となります．

このビットを BUTTON2 の値と OR を取って host_ctrl に入力しているので，160ms 周期で BUTTON 2 が押されたのと同じ状態を作っています．

動作確認

写真13-3に動作確認のようすを示します．

BUTTON2を押すと，リセット・コマンドが発行されます（左）．

BUTTON1を押すと，データ読み出しコマンドが発行され，そのときのマウスの状態を表示します（中）．

BUTTON0を押すと，連続データ読み出しがONになり（LED9が点灯）ます．マウスの左ボタンが押されたことが分かります（右）．

写真13-3　動作確認（左：リセット，中：データ読み出し，右：連続データ読み出し）

リスト13-1　PS/2インターフェースのソース・コード

```verilog
//分周器モジュール
module m_counter(iclk,oclk);
    parameter maxcnt=2500;    //デフォルトは1/2500
    input iclk;               //入力クロック
    output oclk;              //出力クック
    reg [11:0] cnt;           //master clock counter
    reg   o_clk;

    assign oclk=o_clk;

    always @(posedge iclk) begin
        if(cnt==maxcnt)
            cnt=0;
        else
            cnt=cnt+1;
    end

    always @(posedge iclk) begin
        if(cnt==0)
            o_clk=1;
        else
            o_clk=0;
    end
endmodule

//ホスト・コントロール・モジュール
//入力信号
//clk:入力クロック
//stflg:送信開始フラグ
//mode:モード（0:リード,1:リセット）
//devclk：PS/2デバイスからのクロック
//出力信号
//oclk:PS/2デバイスへのクロック
//odat:PS/2デバイスへのデータ
//cmode:現在の動作モード（mode入力のラッチ済み信号）
//cmdmode:送信中を示すフラグ（1:送信中）
module host_ctrl(clk,devclk,stflg,mode,oclk,odat,cmode,cmdmode);
    input clk,stflg,mode,devclk;
    output oclk,odat,cmode,cmdmode;
    reg [2:0] cnt;
    reg [3:0] datcnt;
    reg ostflg,trg,hclk,hdat,iclkinh,rmode,icmdmode;
    wire wtrg,idevclk,iodat;
    wire [8:0] cmd_reset;
    wire [8:0] cmd_stream;
    wire [8:0] cmd_bus;

    assign oclk=hclk;
    assign odat=hdat & iodat;
    assign wtrg=((stflg==1'b1) && ( ostflg==1'b0)) ? 1'b1 : 1'b0;
    assign cmode=rmode;
    assign idevclk=iclkinh | devclk;
    assign cmdmode=icmdmode;

    assign cmd_reset={1'b1,8'hff};    //bit8=Parity
    assign cmd_stream={1'b1,8'heb};   //read data
    assign cmd_bus=rmode ? cmd_reset : cmd_stream;
    assign iodat=((datcnt>0) &&(datcnt<=9)) ? cmd_bus[datcnt-1] : 1'b1;

    always @(posedge clk) begin
        ostflg=stflg;
    end
```

```verilog
    always @(posedge clk) begin
        if(wtrg) begin
            trg=1'b1;
            rmode=mode;
        end
        else begin
            trg=1'b0;
        end
    end

    //iclkinh
    always @(posedge clk or posedge trg) begin
        if(trg) begin
            iclkinh=1'b1;
        end
        else if(cnt==6) begin
            iclkinh=1'b0;
        end
    end

    //data counter
    always @(negedge idevclk or negedge hclk) begin
        if(!hclk) begin
            datcnt=0;
        end
        else if(datcnt<11) begin
            datcnt=datcnt+1;
        end
    end

    //cmdmode
    always @(posedge idevclk or posedge trg) begin
        if(trg)
            icmdmode=1;
        else if(datcnt==11)
            icmdmode=0;
    end

    //status
    always @(posedge clk) begin
        if(cnt>=1)
            cnt=cnt+1;
        else if(trg==1'b1)
            cnt=1;
    end

    //h_clk
    always @(posedge clk) begin
        if((cnt>0)&&(cnt<5))
            hclk=0;
        else
            hclk=1;
    end
    //h_dat
    always @(posedge clk) begin
        if((cnt>3)&&(cnt<7))
            hdat=0;
        else
            hdat=1;
    end

endmodule

//プッシュ・ボタンのラッチ
module sw_buff(clk,sw_in,sw_out);
    input clk;              //ラッチ用クロック
```

```verilog
    input [2:0] sw_in;          //プッシュ・スイッチのデータ
    output [2:0] sw_out;        //ラッチ済みデータ（論理は反転しています）
    reg [2:0] buff;

    assign sw_out=~buff;
    always @(posedge clk) begin
        buff=sw_in;
    end
endmodule

//スタート/ストップ用モジュール
module start_stop(reset,clk,sw,mode);
    input reset,clk,sw;         //リセット，クロック，スイッチ入力
    output mode;                //モード出力（swが押されるごとに反転）
    reg rmode,trg,otrg;

    assign mode=rmode;
    always @(posedge clk) begin
        otrg=sw;
    end
    always @(posedge clk) begin
        if((sw==1'b1) && (otrg==1'b0)) begin
            trg=1'b1;
        end
        else begin
            trg=1'b0;
        end
    end
    always @(posedge clk or posedge reset) begin
        if(reset)
            rmode=1'b0;
        else if(trg)
            rmode=~rmode;
    end
endmodule

//デコーダ・モジュール（PS/2マウスの読み出しパケットをデコード）
module ps2dec(reset,clk,mode,dat,stat,xdat,ydat);
    input reset,clk,dat,mode;   /リセット，PS/2クロック，PS/2データ，モード入力
    output [7:0] stat;          //8bitのステータス
    output [7:0] xdat;          //X方向の移動量
    output [7:0] ydat;          //Y方向の移動量
    reg [5:0] cnt;              //クロックのカウンタ（全パケットを読み終わるまでカウントする）
    reg [7:0] rstat;
    reg [7:0] rxdat;
    reg [7:0] rydat;

    assign stat=rstat;
    assign xdat=rxdat;
    assign ydat=rydat;

    //bit counter
    always @(negedge clk or posedge reset) begin
        if(reset) begin
            cnt=0;
        end
        else begin
            if(cnt<44)
                cnt=cnt+1;
        end
    end
    //load data
    always @(negedge clk) begin
        if(mode==1'b0) begin
```

第13章　PS/2マウス・インターフェースの実装

```verilog
                if((cnt>=12) && (cnt<=19))
                    rstat[cnt-12]=dat;
                else if((cnt>=23)&&(cnt<=30))
                    rxdat[cnt-23]=dat;
                else if((cnt>=34)&&(cnt<=41))
                    rydat[cnt-34]=dat;
        end
    end
endmodule

//トップ・モジュール
module PS2Mouse(clk,btn,sw,led,hled0,hled1,hled2,hled3,ps2clk,ps2dat,deb1,deb2);
    input  clk;                 //50MHzのクロック入力
    input  [2:0] btn;           //三つのプッシュ・スイッチ
    input  [9:0] sw;            //10個のスライドスイッチ（未使用）
    output [9:0] led;           //10個のLED
    output [7:0] hled0;         //7セグメントLED-0（未使用）
    output [7:0] hled1;         //7セグメントLED-1（未使用）
    output [7:0] hled2;         //7セグメントLED-2（未使用）
    output [7:0] hled3;         //7セグメントLED-3（未使用）
    inout   ps2clk;             //PS/2デバイスのクロック
    inout   ps2dat;             //PS/2デバイスのデータ
    output deb1,deb2;           //デバッグ用出力
    reg [3:0] runcnt;           //フリーラン用カウンタ
    wire mclk,sclk,run;
    wire [2:0] push_sw;
    wire h_clk,h_dat,wcmd,mode,cmode,cmdmode,freerun;
    wire [7:0] stat;
    wire [7:0] xdat;
    wire [7:0] ydat;

    assign freerun=(run) ? runcnt[3] : 1'b0;     //160nsのクロック，フリーラン停止中は0
    assign wcmd=push_sw[2] | push_sw[1] | freerun; //送信開始フラグ
    assign mode=push_sw[2];                      //送信モード(0:リード，1:リセット)

    m_counter mc(clk,mclk);                      //50usのクロックを生成（host_ctrl用）
    m_counter #(200) sc(mclk,sclk);              //10msのクロックを生成（チャタリング防止用）
    sw_buff msw(sclk,btn,push_sw);               //プッシュ・スイッチデータのラッチ
    start_stop ssff(push_sw[2],sclk,push_sw[0],run); //フリーランの開始と停止
    host_ctrl hc(mclk,ps2clk,wcmd,mode,h_clk,h_dat,cmode,cmdmode); //コマンド送信
    ps2dec dc(cmdmode,ps2clk,cmode,ps2dat,stat,xdat,ydat);   //受信パケットの解析

    //フリーラン用の160msクロックの生成（runcnt[3]を使用する）
    always @(posedge sclk) begin
        runcnt=runcnt+1;
    end

    assign ps2clk=h_clk ? 1'bz : 1'b0;   //PS/2クロック信号（オープン・コレクタ制御）
    assign ps2dat=h_dat ? 1'bz : 1'b0;   //PS/2データ信号（オープン・コレクタ制御）
    assign deb1=1'b0;                    //デバッグ用に適当な信号を出力
    assign deb2=1'b0;                    //デバッグ用に適当な信号を出力
    assign led={run,1'b0,stat};//LED0-7:受信したステータス・データ,LED9:フリーラン中に点灯
    assign hled0=8'hff;
    assign hled1=8'hff;
    assign hled2=8'hff;
    assign hled3=8'hff;
endmodule
```

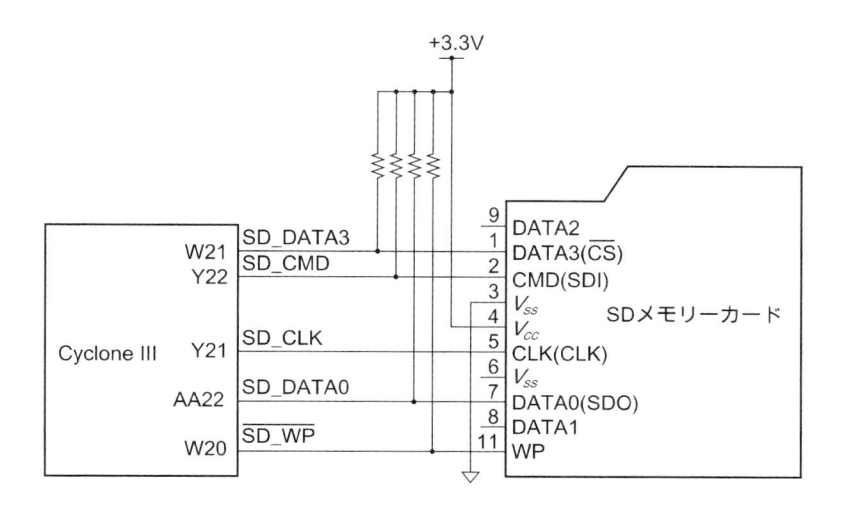

第14章　SDメモリーカード・インターフェースの実装

　前章では，PS/2 インターフェースを実装して，PS/2 マウスのデータの読み込みを行いました．DE0 には，ほかにも多くの周辺デバイスがあります．ここでは，その中から SD メモリーカードを取り上げます．

　SD メモリーカードは，MMC（マルチメディアカード）を拡張した製品で，標準サイズのカードのほかに，mini SD，micro SD といったカードがあります．mini SD も micro SD も，変換アダプタを使えば標準の SD メモリーカードとして使用することができます．DE0 には，標準の SD メモリーカード・ソケットが搭載されているので，mini SD や micro SD を使う場合は変換アダプタを用意する必要があります．

　SD メモリーカードを読み書きするには，最終的にはファイル・システムを搭載したマイコンが必要になりますが，エンベデッド・プロセッサ Nios II を組み込めば，ファイル・アクセスも可能になります．Nios II を使った応用は後の章で紹介します．

　ここでは，Verilog HDL を使って SD メモリーカードのインターフェースを作成し，SD メモリーカードのアクセス方法を習得するまでを行いたいと思います．

DE0 の SD メモリーカード・インターフェース

　DE0 の SD メモリーカード・ソケットの配線を，図 14-1 に示します．SD メモリーカードは，右

図 14-1　DE0 の SD メモリーカード・インターフェース

第14章 SDメモリーカード・インターフェースの実装

側のソケットの信号名を見ると分かるように，DATA0〜DATA3までの4本のデータ信号があります．これは，高速にデータ転送を行うために用意されているSDメモリーカード信号ですが，SPI（Serial Peripheral Interface）モードを使うとより少ない信号線でSDメモリーカードにアクセスすることができます．

SPIモードは，電源のほかに4本の信号線があればよく，扱いも簡単なため，マイコンでSDメモリーカードを利用する場合にはよく利用される通信方式です．実際，DE0のSDメモリーカード・ソケットの配線はこのSPIモード用になっていて，不要な信号線は接続されていません．従って，SPIモードが必須です．

SDメモリーカードの信号線のSPIモードでの信号名は，表14-1のようになります．

SPIインターフェースについて

図14-2に，SPIインターフェースの簡略化した回路動作ブロックを示します．SPIインターフェースは，図14-2のようにシフトレジスタを使った簡単なインターフェースなので，実現するためのハードウェアも簡単な回路で構成することができます．

最近のマイコンでは，SPIインターフェースを内蔵したマイコンも多いのですが，専用のインターフェースがなくてもGPIO制御で簡単に実現することができます．

表14-1 SPIモードの信号名

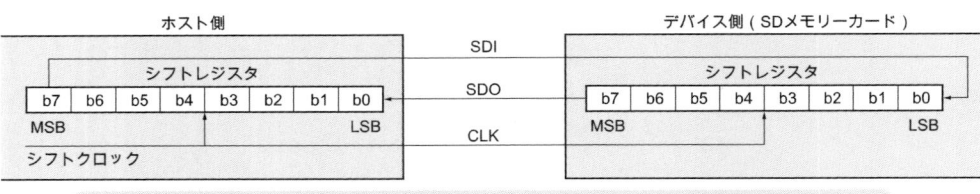

ピン番号	信号名（SD）	信号名（SPI）	備考
1	DATA3	$\overline{CS}$	SDへ入力
2	CMD	DIN	SDへ入力
3	V_{SS}	V_{SS}	GND
4	V_{CC}	V_{CC}	電源
5	CLK	CLK	SDへ入力
6	V_{SS}	V_{SS}	GND
7	DATA0	DOUT	SDから出力
8	DATA1	-	
9	DATA2	-	
11	WP	WP	ライト・プロテクト

図14-2 SPIインターフェースの簡略化した回路ブロック

SD メモリーカードの SPI モード

SD メモリーカードは，起動時には専用モードになっているため，SPI モードでコマンドをやり取りするためにはちょっとした手続きが必要となります．

SD メモリーカードを SPI モードで使用する場合の初期化手順は，**図 14-3** のフローチャートのようになります．

図 14-3 のように，SPI モードにするためには，初めに $\overline{CS}$ と SDI を High にした状態で，100kHz~400kHz の周波数で，74 クロック以上のクロックを送る必要があります．これで SD メモリーカードは，SPI インターフェースが使用可能な状態になりますが，この状態ではまだ SD メモリーカードの初期化が終わっておらず，一部のコマンドしか使用できません．そこで，SD メモリーカードの初期化を行うために，GO IDLE コマンドを発行し，SEND OP コマンドで初期化を行います．SEND OP コマンドは，初期化完了になるまで繰り返し発行します．

初期化が完了すれば，あとは，READ BLOCK/WRITE BLOCK コマンドで，セクタを読み書きしたり，SEND CID などのコマンドで，SD メモリーカードの情報を読み出したりすることができます．

SPI モードの主なコマンド

SPI モードのコマンドは，**図 14-4** のように，コマンド（1byte）と引数（4byte），CRC（1byte）の計 6byte で構成されています．

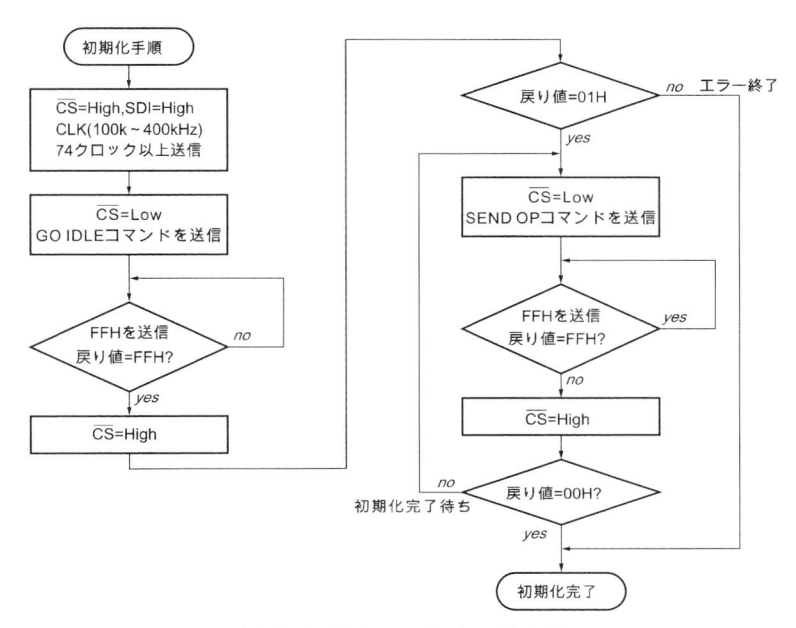

図 14-3　SPI モードの初期化手順

第14章 SDメモリーカード・インターフェースの実装

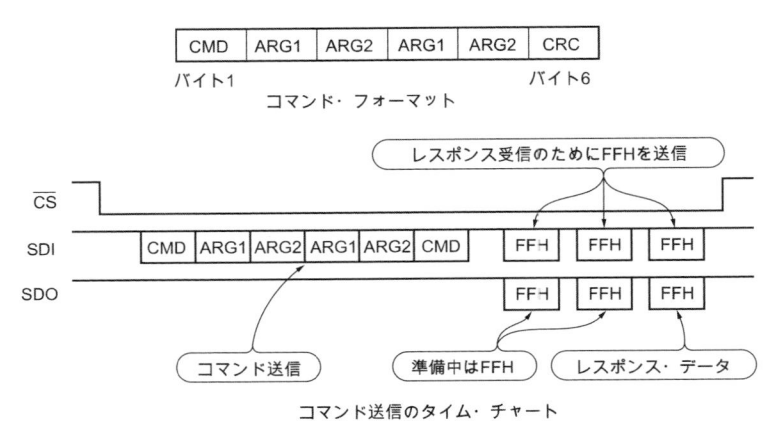

```
| CMD | ARG1 | ARG2 | ARG1 | ARG2 | CRC |
 バイト1                              バイト6
           コマンド・フォーマット
```

コマンド送信のタイム・チャート

図14-4 SPIコマンドのフォーマットとタイム・チャート

GO IDLEコマンドでSDメモリーカードをリセットすると，デフォルトでCRCが無効になるため，実際にCRCが必要になるのはGO IDLEコマンドだけになります．コマンドを発行すると，SDメモリーカードはレスポンスを返します．レスポンスを受け取るには，SPIからFFhを送信して，そのときのデータを読み出します．

表14-2は，主なSPIコマンドとレスポンスです．SPIコマンドはこれ以外にもいくつかありますが，SDメモリーカードを読み書きするだけであれば表14-2のコマンドだけで十分でしょう．

CSDとCIDは，SDメモリーカードの内部レジスタで，128bit（16byte）のサイズになっています．CSDは，Card Specific Dataで，カードの容量やブロック・サイズなどのパラメータを知ることができます．また，CIDはCard IDentificationで，カードの製造者IDや製品名が格納されています．

プログラムの作成

SPIインターフェース・モジュール

今回製作したSPIインターフェースのブロックを図14-5に示します．製作したSPIインターフェ

表14-2 SPIモードの主なコマンド

番号	コード	機能	引数
9	40h	GO IDLE	-
1	41h	SEND OP	-
9	49h	SEND CSD	-
10	4Ah	SEND CID	-
17	51h	READ BLOCK	アドレス
24	58h	WRITE BLOCK	アドレス

```
                    SpiRw
         ┌──────────────────┐
    ───→ │ CLK      SD_CLK  │ ───→
    ───→ │ ST       SD_SDI  │ ───→
   ─8/→  │ DIN      SD_SDO  │ ←───
   ←8/─  │ DOUT             │
    ←─── │ BUSY             │
         └──────────────────┘
```

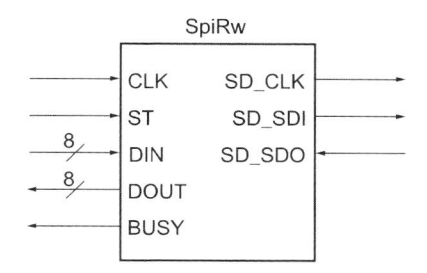

図 14-5　製作した SPI インターフェース・モジュール

表 14-3　SPI インターフェースの信号名と機能

信号名	コード	機能
CLK	CPU	メイン・クロック．シフトクロックはこのクロックを利用
ST	CPU	送信開始信号．Low→High で 1byte の送信を行う
DIN	CPU	送信データ．．送信する 1byte のデータ
DOUT	CPU	受信データ
BUSY	CPU	データ送信中に High となる
SD_CLK	SD	SD メモリーカード用クロック。送信中のみ出力される
SD_SDI	SD	SD メモリーカードのシリアル入力に接続する
SD_SDO	SD	SD メモリーカードのシリアル出力に接続する

ースは，マイコンから制御することを想定しています．マイコン用のインターフェースとしては CLK，DIN，DOUT，ST，BUSY，SD メモリーカードのインターフェースとしては SD_CLK，SD_SDI，SD_SDO という信号線があります．それぞれの信号の機能を**表 14-3** に示します．

　CLK には，SPI で使用するクロックを入力します．DIN に SPI で送信するデータを入力して，ST を Low→High にすると，SPI から 8bit のデータを送信します．

　また，これと同時に，SPI からのデータを受信して DOUT に出力します．SPI で通信中は，BUSY 信号が High となり，SPI インターフェースが使用中であることを示しています．

　SPI モジュール SpiRw のソースは，章末の**リスト 14-1** を参照してください．

SD メモリーカード・テスト用モジュールの作成

　SPI インターフェースだけでは，実際に動かしてみることができないので，DE0 を使って実際に SD メモリーカードのテストを行えるようにテスト・モジュールを作成します．テスト・モジュールのブロック図を**図 14-6** に示します．作成したテスト・モジュールは，章末の**リスト 14-1** を参照してください．

　このテスト・モジュールでは，DE0 のスイッチとボタンを使って，SD メモリーカードのテストを行うことができるようになっています．このテスト・モジュールでの DE0 の各部の機能を，**表 14-4** に示します．

表 14-4　テスト・モジュールでの各部の機能

部品名	機能
SW9	$\overline{SD\_CS}$ の制御．ON で $\overline{SD\_CS}$ = High
SW8	未使用
SW7~SW0	SPI に送信するデータ
LED9	$\overline{SD\_CS}$ の状態表示．$\overline{SD\_CS}$ = High のとき点灯
LED8	未使用
LED7~LED0	受信データ表示
HEX3~HEX2	送信データ
HEX1~HEX0	受信データ
BUTTON2	押したときに 1byte のデータを SPI から送信する
BUTTON1	未使用
BUTTON0	未使用

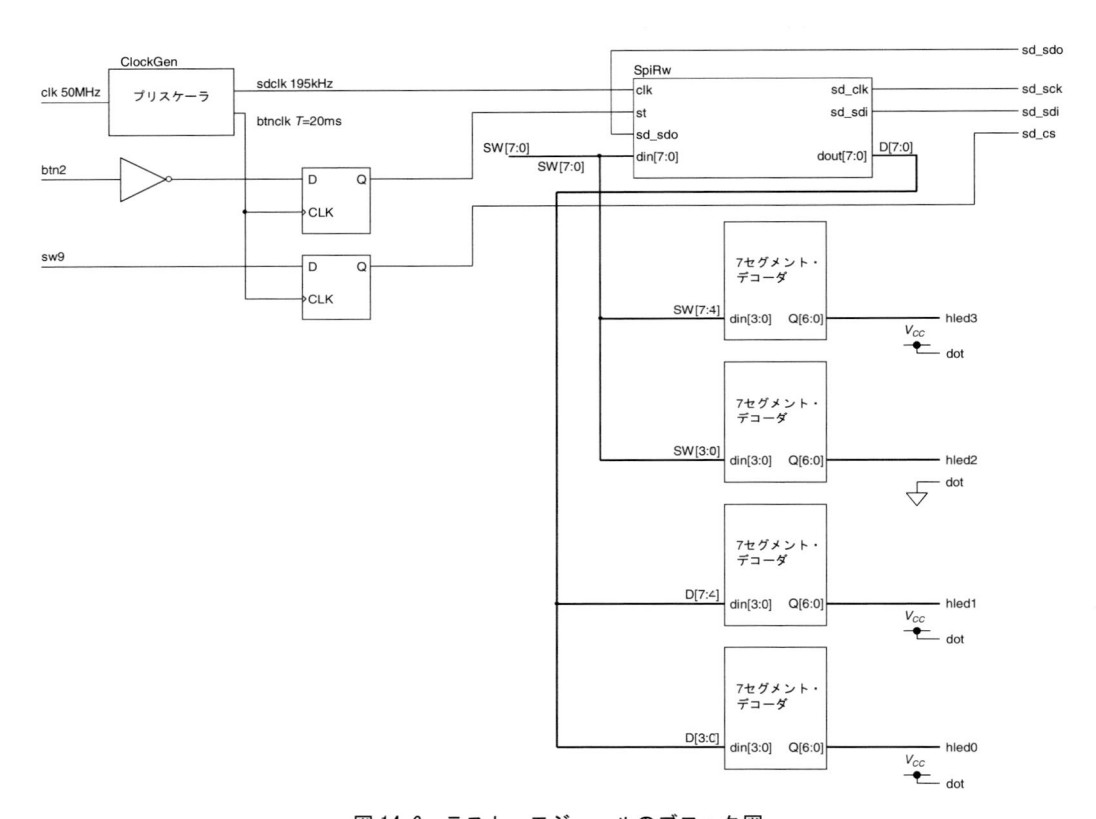

図 14-6　テスト・モジュールのブロック図

表 14-4 のように，SW0~SW7 で送信データ，SW9 で $\overline{CS}$ の値を設定することができます．BUTTON2 を押すと，設定されたデータが SPI インターフェースから送信されます．

SPI は，送信と同時にデータを受信するので，そのとき受信されたデータが 7 セグメント LED の下 2 けたと LED0~LED7 に表示されます．

7セグメントLEDの上位2けたは送信データ，LED9は$\overline{CS}$ビットの状態を示しています．LED9が点灯しているときは$\overline{CS}$=Highで，SW9をOFFにすると$\overline{CS}$=Lowとなり，LED9が消灯します．SPIインターフェースに入れるクロックはClockGenモジュールで，約200kHzのクロックを作成して使用しています．

動作確認

作成したモジュールを使って，実際にSDメモリーカードの読み出しを行ってみます．ここでは，16byteのCIDを読み出してみることにします．

SDメモリーカードの初期化

SDメモリーカードのテスト手順は，次のようになります．

1. $\overline{CS}$=High，DATA=FFhに設定する
2. DE0にSDメモリーカードを挿入する
3. SDメモリーカードをSPIモードにするため，BUTTON2を10回押す
4. $\overline{CS}$=Low（SW9をOFF）にして，FFhを送信する
5. GO IDLEコマンドの6byteを順に送信する
6. FFhを送信し受信データが01hになるまで繰り返す
7. 01hになったら$\overline{CS}$=Highとして，GO IDLEコマンドを完了する
8. 4〜7の手順でSEND OPコマンドを送信する
9. SEND OPコマンドの戻り値が00hになるまで，8の手順を繰り返す

以上の操作で，SDメモリーカードの初期化が完了します．

コマンド送信の前のFFhは，セットアップ・タイムのためのダミー・バイトです．SDメモリーカードのSPIコマンドは，MSBから2bitが必ず01というパターンになっているので，FFhはコマンドとは認識されず，ダミー・バイトとなります．カードによっては，このダミー・バイトがないと動作しないものもあるようなので必ずダミー・バイトを送信します．

CIDデータの読み出し

カードの初期化が終わったら，次にCIDデータを読み出してみることにします．CIDの読み出し手順は，次のようになります．

1. $\overline{CS}$=Low（SW9をOFF）にしてFFhを送信する
2. SEND CIDコマンドの6byteを順に送信する
3. FFhを送信し受信データが00hになるまで繰り返す
4. 受信データがFEhになるまで，FFhを送信する
5. FFhを16回送信して16byteのCIDを取得する
6. CRCと終了フラグ分の4byteを受信して，$\overline{CS}$をHighにする

第14章 SDメモリーカード・インターフェースの実装

表14-5 CIDのデータ・フォーマット

ビット位置	ビット幅	内容
127~120	8(1byte)	製造者ID
119~104	16(2byte)	OEM/アプリケーションID
103~56	48(6byte)	製品名
55~48	8(1byte)	製品リビジョン
47~16	32(4byte)	製品シリアル番号
15~8	8(1byte)	製造日
7~1	7	CRC
0	1	常に1

CIDデータは，ヘッダ・バイトのFEhに続く16byteです．CIDのデータ・フォーマットは，表14-5のようになります．

手元にあった2枚のSDメモリーカードのCIDは，次のようになりました．

- SDメモリーカード1（パナソニック 128Mbyteのmicro SD）
  01 50 41 53 31 32 38 42 - 58 4A 42 02 D5 00 7A 49
  ASCIIダンプ：.PAS128B-XJB.ユ.zI
- SDメモリーカード2（ビクター 8MbyteのSDメモリーカード）
  01 50 41 53 30 30 38 42 - 41 47 88 B9 F0 00 47 49
  ASCIIダンプ：.PAS008B-AG飴..GI

CIDの第1バイトは製造者IDで，パナソニック品は01hとなります．ビクター品は第1バイトも01hとなっているので，おそらくパナソニックのOEMのカードだということが分かります．第2バイト以下は，OEM/アプリケーションID，製品名，製品リビジョン…と続きます．

ASCIIダンプを見ると，第2バイト以下がPAS128BとかPAS008Bとなっており，カード容量に関係した製品名が格納されていることが分かります．

写真14-1 SDメモリーカードにアクセスしているところ

写真 14-1 は，作成したプログラムで，DE0 で SD メモリーカードにアクセスしているところです．

ロジックとマイコンの使い分け

　SD メモリーカード用に SPI インターフェースを作成しましたが，SD メモリーカードを読み書きするにはマイコンからの制御が必要になります．コマンドの発行や戻り値の判定など，すべてハードウェアでやることも不可能ではありませんが，PC とのデータの受け渡しをするためにはファイル・システムの搭載が不可欠ですし，何より，このような使い方をする場面では必然的にマイコン制御が必要になってくるので，あえてハードウェアだけでやる必要はないでしょう．

　ここはやはり適材適所で，速度が要求される部分はハードウェアで実現し，もう少し上位の制御部分は，マイコンのソフトウェアでやることが得策です．というわけで，後の章では Nios II を使って SD メモリーカードの制御を行って，実際にデータの読み書きを行います．

　なお，今回製作した SPI インターフェースは，クロック・スピードを約 200kHz に固定しています．これは，SPI モードに入れるために，100kHz～400kHz の範囲のクロックを必要とするためです．実際のデータの読み書きでは，もっと高速なクロックに切り替えた方が実用的なので，実用的なものを作る場合にはクロック切り替え回路を追加してください．

リスト 14-1　SD メモリーカード・インターフェースのソース・コード

```
/*
    SD - SPI IF Test Program.
    SW7-SW0: SPI Send Data
    SW8: reserved
    SW9: CS bit

    LED7-0:Read SPI Data
    LED8: reserved
    LED9:CS bit

    HEX3-2:Send Data
    HEX1-0:Read Data
*/
module SevenSegDec(dat,led);
    input wire [3:0] dat;
    output reg [6:0] led;
    always @*
      begin
        case (dat)
          4'h0:   led = 7'b1000000;  // 0
          4'h1:   led = 7'b1111001;  // 1
          4'h2:   led = 7'b0100100;  // 2
          4'h3:   led = 7'b0110000;  // 3
          4'h4:   led = 7'b0011001;  // 4
          4'h5:   led = 7'b0010010;  // 5
          4'h6:   led = 7'b0000010;  // 6
          4'h7:   led = 7'b1111000;  // 7
          4'h8:   led = 7'b0000000;  // 8
          4'h9:   led = 7'b0011000;  // 9
```

```verilog
            4'ha:    led = 7'b0001000;  // A
            4'hb:    led = 7'b0000011;  // B
            4'hc:    led = 7'b0100111;  // C
            4'hd:    led = 7'b0100001;  // D
            4'he:    led = 7'b0000110;  // E
            4'hf:    led = 7'b0001110;  // F
            default: led = 7'b1111111;  // LED OFF
        endcase
    end
endmodule

module ClockGen(clk,sdclk,btnclk);
    input clk;       //50MHz
    output sdclk;    //=200kHz(195kHz)
    output btnclk;   //20ms
    reg [19:0] cnt;

    always @(posedge clk)
        cnt=cnt+1;
    assign btnclk=cnt[19];
    assign sdclk=cnt[7];
endmodule

module SpiRw(clk,st,din,dout,sd_clk,sd_sdi,sd_sdo,busy);
    input clk,st,sd_sdo;
    input [7:0] din;
    output [7:0] dout;
    output sd_clk,sd_sdi,busy;
    reg [7:0] ireg;
    reg [7:0] oreg;
    reg [2:0] cnt;
    reg stff,r_st;
    wire [3:0] ncnt;
    wire ed;

    always @(posedge st or posedge ed) begin
        if(ed)
            r_st=0;
        else
            r_st=1;
    end

    always @(negedge clk) begin
        if(r_st) begin
            stff=1'b1;
        end
        else if(cnt==3'd7) begin
            stff=1'b0;
        end
    end

    always @(negedge clk) begin
        if(stff)
            cnt=cnt+1;
        else
            cnt=0;
    end

    always @(negedge clk) begin
        if(stff) begin
            ireg={ireg[6:0],sd_sdo};
        end
    end

    always @(posedge clk) begin
        if(ed) begin
```

```verilog
            oreg={ireg[6:0],sd_sdo};
        end
    end

    assign ncnt=~cnt;
    assign sd_sdi=din[ncnt];
    assign busy=stff;
    assign dout=oreg;
    assign sd_clk=stff & clk;
    assign ed=(cnt==3'h7) ? 1'b1 : 1'b0;
endmodule

module
SpiTest(clk,btn,sw,led,hled0,hled1,hled2,hled3,sd_cs,sd_sck,sd_sdo,sd_sdi,deb);
    input clk;
    input [2:0] btn;
    input [9:0] sw;
    output [9:0] led;
    output [7:0] hled0;
    output [7:0] hled1;
    output [7:0] hled2;
    output [7:0] hled3;
    output sd_cs,sd_sck,sd_sdi;
    input sd_sdo;
    output [3:0]deb;
    wire sdclk,btnclk,wsd_clk,wsd_sdi,w_busy;
    wire [7:0] sdout;
    reg wspi,rcs;

    //chattering off
    always @(posedge btnclk) wspi=~btn[2];
    always @(posedge btnclk) rcs=sw[9];

    ClockGen mClkGen(clk,sdclk,btnclk);
    SpiRw mSpiRw(sdclk,wspi,sw[7:0],sdout,wsd_clk,wsd_sdi,sd_sdo,w_busy);

    //SD memory card interface
    assign sd_cs=rcs;
    assign sd_sck=wsd_clk;
    assign sd_sdi=wsd_sdi;
    //debug signal
    assign deb={sd_sdo,wsd_sdi,wsd_clk,sd_cs};

    assign led={rcs,1'd0,sdout};
    SevenSegDec mSeg0(sdout[3:0],hled0[6:0]);
    SevenSegDec mSeg1(sdout[7:4],hled1[6:0]);
    SevenSegDec mSeg2(sw[3:0],hled2[6:0]);
    SevenSegDec mSeg3(sw[7:4],hled3[6:0]);
    assign hled0[7]=1'b1;
    assign hled1[7]=1'b1;
    assign hled2[7]=1'b0;
    assign hled3[7]=1'b1;

endmodule
```

第15章 Nios II/内蔵メモリでLCDモジュール制御

　DE0には16文字×2行のLCDモジュールTERASIC-DE-LCD，またはその互換品を取り付けることができます．DE0基板上にLCDモジュール取り付け用のスルーホールがあり，ここにLCDモジュールを接続します（第1章参照）．このLCDモジュールは，よく市販されているキャラクタ表示LCDモジュールと同様に，HD44780互換のコントローラを内蔵しています．

　写真15-1に，DE0に電源を入れたときに実行されるデモを示します．このように，DE0のデモではLCDの表示も行っているため，LCDモジュールの接続が正しいかどうかは電源を入れるとすぐに分かるようになっています．なお，LCDモジュールを利用する場合はできるだけ外部電源（ACアダプタ）を使用してください．USBから電源を供給する場合は，電圧のドロップによりLCDの表示が少し見づらくなります．

　LCDが利用できると，シリアル・ポートなどを使わずに簡単にデータ表示ができるので非常に便利です．ここでは，エンベデッド・プロセッサNios IIを使ってLCD表示を行ってみます．

DE0のLCDモジュール・インターフェース

　図15-1にDE0のLCDモジュール・インターフェース回路を，表15-1にLCDモジュールの信号線を示します．LCDモジュールはデータ・バスと数本の制御信号で動作するため，小型マイコンを使ったシステムで非常によく使われています．

LCDモジュールの制御方法

　LCDモジュールの制御信号のタイミングを図15-2に示します．

　図のように，書き込み時はE信号の立ち下がりでデータが書き込まれ，読み出し時もE信号の立

写真15-1　DE0に電源を入れたときに実行されるLCDモジュールのデモ

ハードウェアの構成と準備

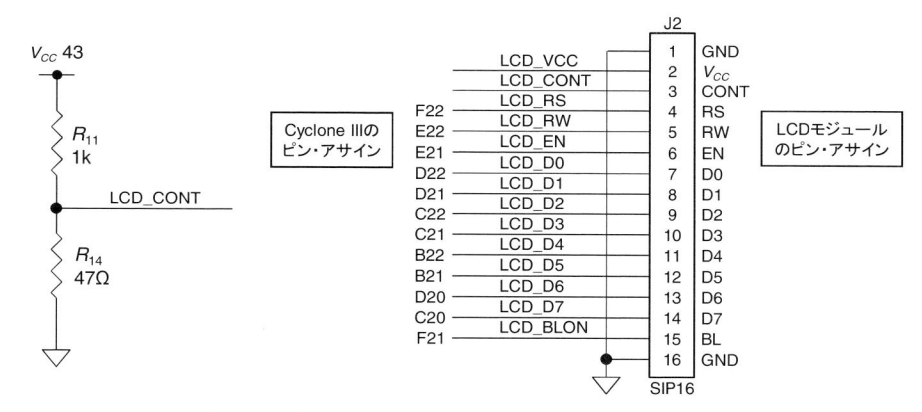

図15-1 DE0のLCDモジュール・インターフェース回路

表15-1 LCDモジュールの信号線

ピンNo	記号	図15-1	機能	ピンNo	記号	図15-1	機能
1	V_{SS}	GND	GND	8	DB1	D1	データ・ビット1
2	V_{DD}	V_{CC}	5V	9	DB2	D2	データ・ビット2
3	V_o	CONT	コントラスト調整	10	DB3	D3	データ・ビット3
4	RS	RS	レジスタ選択	11	DB4	D4	データ・ビット4
5	R/$\overline{W}$	RW	読み出し/書き込み	12	DB5	D5	データ・ビット5
6	E	E	信号イネーブル	13	DB6	D6	データ・ビット6
7	DB0	D0	データ・ビット0	14	DB7	D7	データ・ビット7

ち下がりでデータを読み出します．

制御信号はE，RS，R/$\overline{W}$の3本で，データ・バスは4本または8本を使います．制御信号の操作が簡単で，データ・バスも4本で動作可能なため，小型マイコンのGPIOを使って制御することも簡単です．

DE0でLCDモジュールを使う場合は，Nios IIから使用する場合がほとんどですが，Quartus IIのQsysにはLCDモジュール・インターフェースのコンポーネントがあります．これを使うと制御信号の操作をあまり意識せず，通常のI/Oのリード/ライトでLCDモジュール・インターフェースを操作することができます．

ハードウェアの構成と準備

ハードウェアの構成

作成するハードウェアの構成を図15-3に示します[1]．プロジェクト名は，LCD_DEMOとしました．

---

[1] このプロジェクトは，前著のNios IIの開発の学習で使用したCount Binaryというサンプルをベースにしている．LCDモジュールを制御するテスト用モジュールの構成はCount Binaryとほとんど同じである．違いは，トップ・モジュールにLCDモジュールのインターフェースを追加する点と，QsysでLCDモジュール・コンポーネントを追加する点である．ソースはCount Binaryのトップ・モジュールを流用し，LCDモジュールの信号の記述を加えたものである．

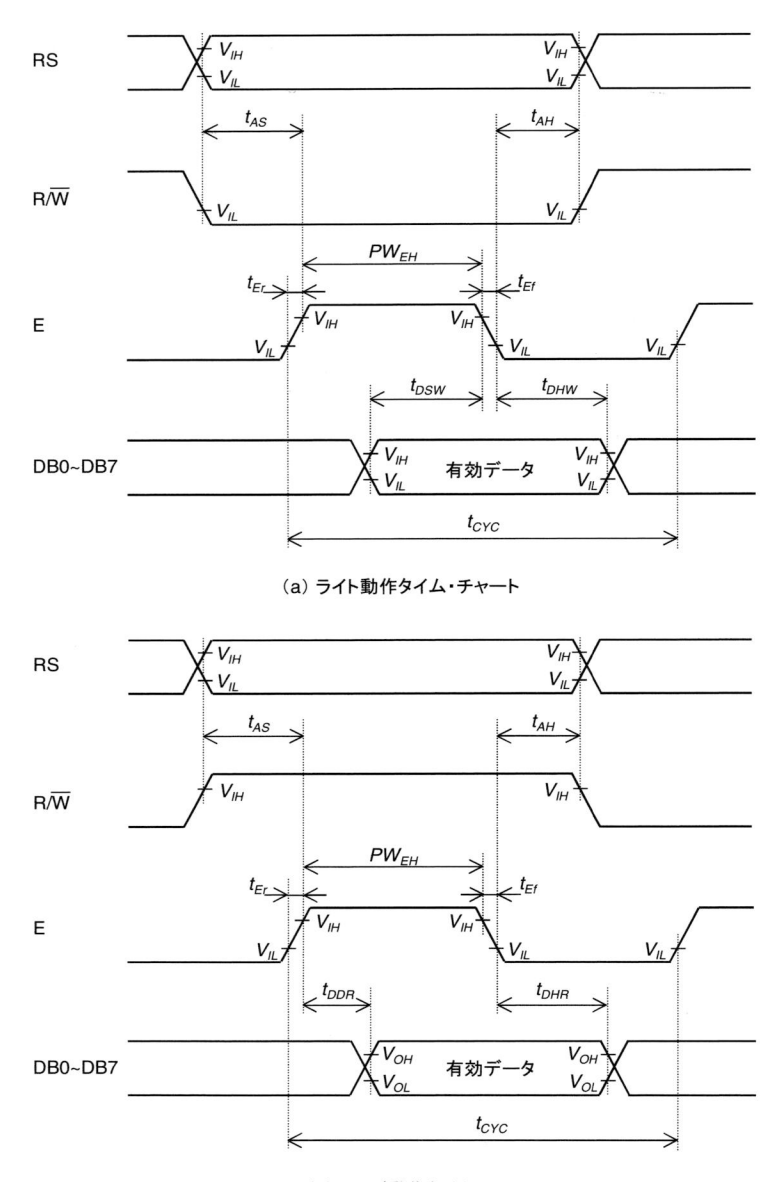

第15章 Nios II/内蔵メモリでLCDモジュール制御

(a) ライト動作タイム・チャート

(b) リード動作タイム・チャート

パラメータ	記号	条件	最小値	最大値	単位
イネーブル・サイクル時間	t_{CYC}	上図	500	—	ns
イネーブル・パルス幅	PW_{EH}		230	—	ns
イネーブル立ち上がり/立ち下がり時間	t_{Er}, t_{Ef}		—	20	ns
アドレス・セットアップ時間	t_{AS}		40	—	ns
アドレス・ホールド時間	t_{AH}		10	—	ns
ライト・データ・セットアップ時間	t_{DSW}		80	—	ns
ライト・データ・ホールド時間	t_{DHW}		10	—	ns
リード・データ・ディレイ時間	t_{DDR}		—	160	ns
リード・データ・ホールド時間	t_{DHR}		5	—	ns

図15-2 LCDモジュール・インターフェースの制御信号のタイミング

ハードウェアの構成と準備

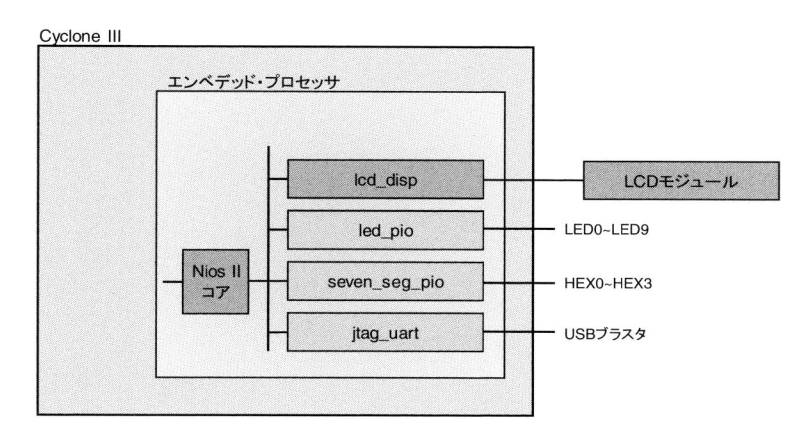

図 15-3　LCD モジュール・プロジェクトのハードウェア構成

トップ・モジュールのソース・コードを**リスト 15-1** に示します．

Qsys で作成するコア・モジュールは，"lcd_disp_core" という名称にしました．**図 15-4** に Qsys で追加したコンポーネントの一覧を，**図 15-5〜図 15-10** に設定内容を示します．

Qsys の使い方は，Qsys/Nios II の開発手順の章を参照してください．

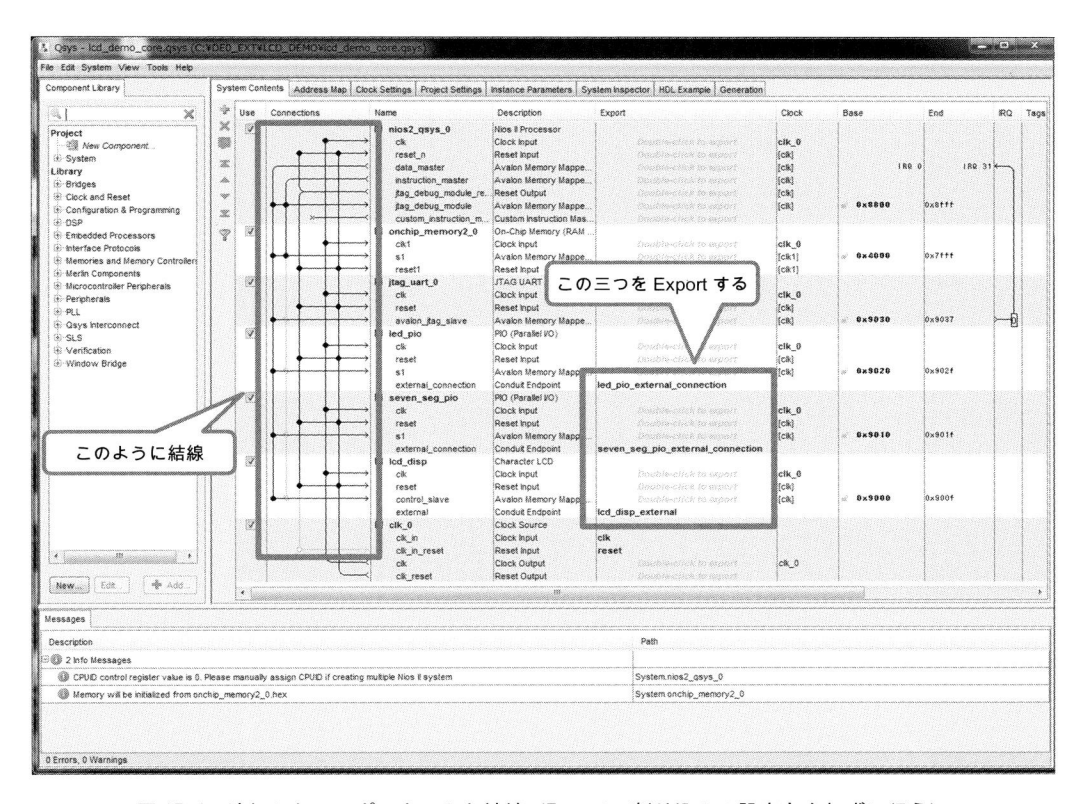

図 15-4　追加したコンポーネントと結線（Export，割り込みの設定も忘れずに行う）

LCDモジュール・インターフェースのコンポーネントは,「Peripherals」→「Display」→「Character LCD」になります.このコンポーネントに設定項目はないのでそのまま追加を行います(図15-10).LCDモジュール・インターフェースのモジュールの名称は "lcd_disp" としています."lcd_display" としてしまうと,後述する Count Binary のソースがLCDモジュールを認識して,フルバージョン

リスト15-1 lcd_demo のトップ・モジュール(網掛け部分はコア・モジュール作成後,追加する部分)

```verilog
module lcd_demo(clk,btn,sw,led,hled0,hled1,hled2,hled3,
                lcd_e,lcd_rs,lcd_rw,lcd_dat,lcd_blon);
    input clk;
    input [2:0] btn;
    input [9:0] sw;
    output [9:0] led;
    output [7:0] hled0;
    output [7:0] hled1;
    output [7:0] hled2;
    output [7:0] hled3;

    //LCD I/F
    output lcd_e;
    output lcd_rs;
    output lcd_rw;
    inout [7:0] lcd_dat;
    output lcd_blon;

    wire [3:0] btn_pio;
    wire [7:0] led_pio;
    wire [15:0] seven_seg;

    assign btn_pio={1'b1,btn};
    assign lcd_blon=sw[0];

    assign led={2'b0,led_pio[0],led_pio[1],led_pio[2],led_pio[3],
                led_pio[4],led_pio[5],led_pio[6],led_pio[7]};
    assign hled0={seven_seg[7],seven_seg[0],seven_seg[1],seven_seg[2],
                  seven_seg[3],seven_seg[4],seven_seg[5],seven_seg[6]};
    assign hled1={seven_seg[15],seven_seg[8],seven_seg[9],seven_seg[10],
                  seven_seg[11],seven_seg[12],seven_seg[13],seven_seg[14]};
    assign hled2=8'hff;
    assign hled3=8'hff;

    lcd_demo_core u0 (
        .clk_clk                              (clk),
                            // clk.clk
        .reset_reset_n                        (btn[0]),
                            // reset.reset_n
        .led_pio_external_connection_export   (led_pio),
                            // led_pio_external_connection.export
        .seven_seg_pio_external_connection_export (seven_seg),
                            // seven_seg_pio_external_connection.export
        .lcd_disp_external_data               (lcd_dat),
                            // lcd_disp_external.data
        .lcd_disp_external_E                  (lcd_e),
                            //                  .E
        .lcd_disp_external_RS                 (lcd_rs),
                            //                  .RS
        .lcd_disp_external_RW                 (lcd_rw)
                            //                  .RW
    );

endmodule
```

のライブラリを使えるようにしなければならなくなるので注意してください．Clock Source と JTAG UART の設定はデフォルトです．

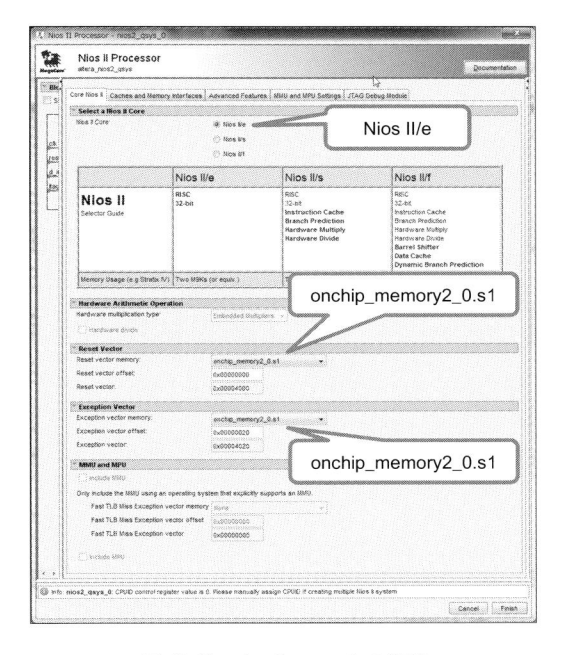

図 15-5　nios2_qsys_0 の設定
（「Core Nios II」タブ）

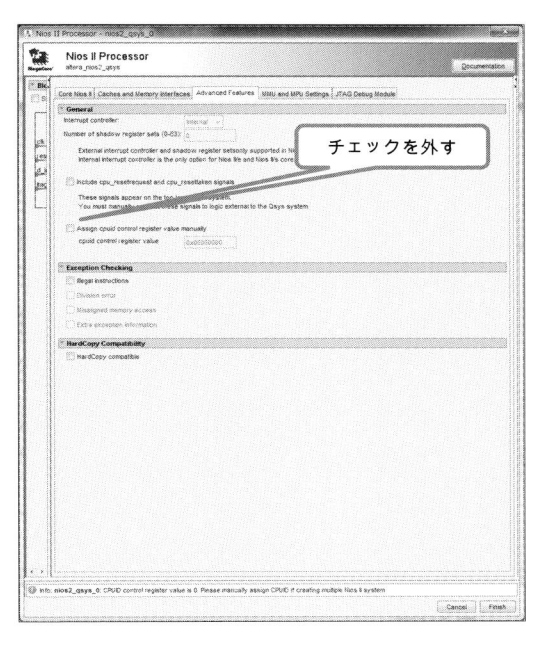

図 15-6　nios2_qsys_0 の設定
（「Advanced Features」タブ）

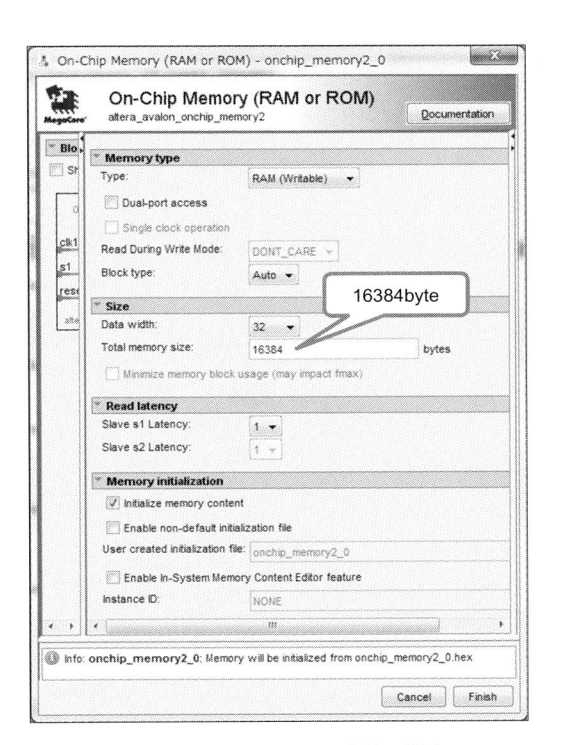

図 15-7　onchip-memory2_0 の設定

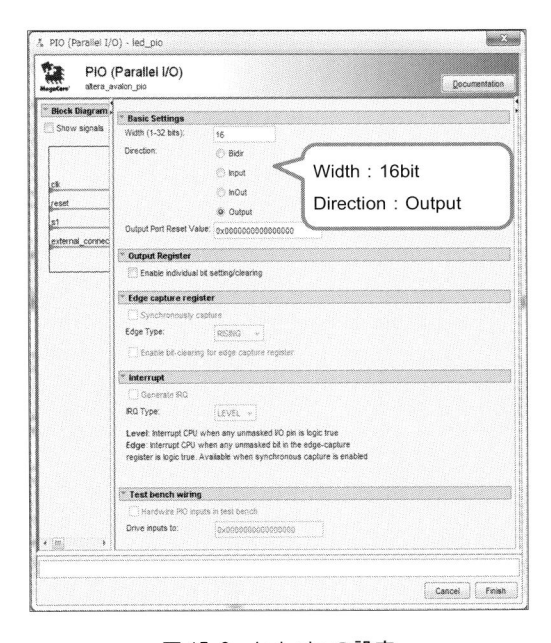

図 15-8　led_pio の設定

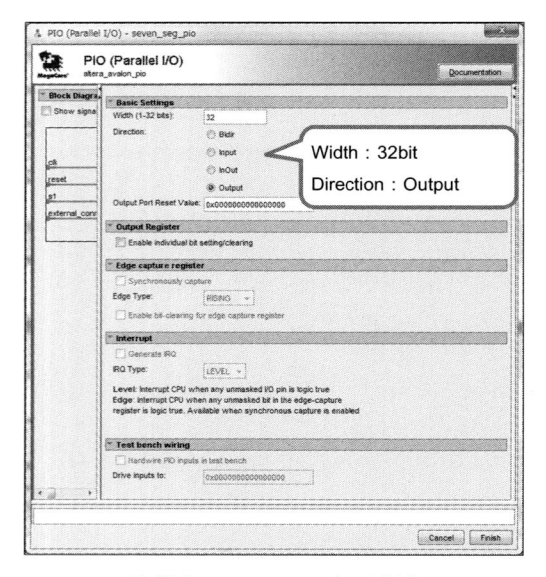

図15-9　seven_seg_pioの設定

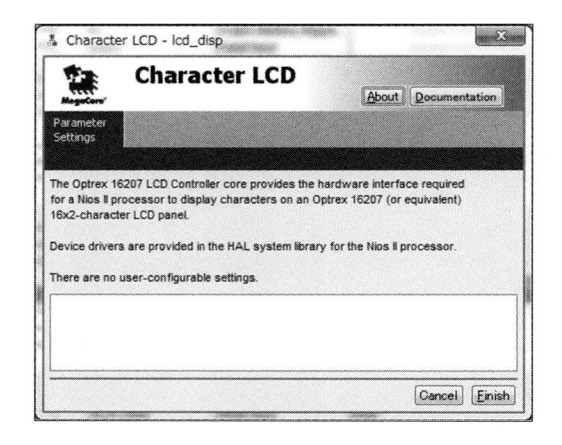

図15-10　lcd_dispは設定項目なし

led_pio，seven_seg_pio，lcd_dispは，外部と接続するのでExportします．割り込みも忘れずに設定します．

ハードウェアの準備

すべてのコンポーネントを追加したら，「System」メニューから「Assign Base Address」を実行してから［Generate］ボタンを押してモジュールを生成します．Generateの際には，ファイルの保存を促されますので，作成モジュール名の"lcd_demo_core"を指定します．

Qsysでモジュールの生成が終わったらQuartus IIに戻り，プロジェクトへのファイルの追加で作成したモジュールlcd_demo_core.qsysをプロジェクトに追加します．また，Qsysの「HDL Example」タブでコードをコピーしてlcd_demo.vにペーストし，さらにリスト15-1の網掛け部分のように書き換えます．

ピン・アサインの読み込み

続いてピン・アサインです．Quartus IIには，ほかのプロジェクトからピン・アサインを読み込む機能があるのでそれを使ってみましょう．

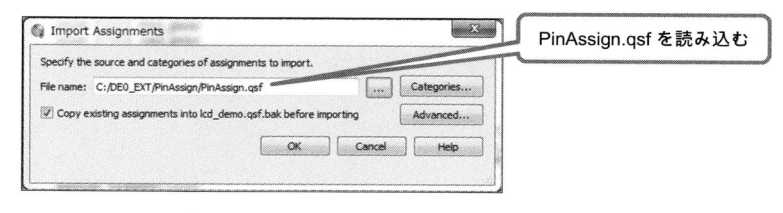

図15-11　ピン・アサインのインポート

Node Name	Direction	Location
lcd_blon	Output	PIN_F21
lcd_dat[7]	Bidir	PIN_C20
lcd_dat[6]	Bidir	PIN_D20
lcd_dat[5]	Bidir	PIN_B21
lcd_dat[4]	Bidir	PIN_B22
lcd_dat[3]	Bidir	PIN_C21
lcd_dat[2]	Bidir	PIN_C22
lcd_dat[1]	Bidir	PIN_D21
lcd_dat[0]	Bidir	PIN_D22
lcd_e	Output	PIN_E21
lcd_rs	Output	PIN_F22
lcd_rw	Output	PIN_E22

図 15-12　LCD モジュールのピン・アサイン

まず，「Processing」メニューから「Start」→「Start Analysis & elaboration」を実行します．

次に，「Assignment」メニューから「Import Assignments」を実行して，PinAssgin のピン・アサイン・ファイル PinAssign.qsf を読み込みます（図 15-11）．これで PinAssgin と同じピン・アサインが読み込まれるので，残った LCD モジュールのピンの設定を Pin Planner で設定します（図 15-12）．

ピンの設定が終わったら［Start］ボタンを押してコンパイルを行い，Programmer で DE0 にモジュールを書き込めばハードウェアの準備は終了です．

Nios II プログラムの作成

テンプレート Count Binary の LCD 関数の問題

次に，Nios II を使って LCD モジュールのテスト・プログラムを作ります．テスト・プログラムは，テンプレートの Count Binary を流用します．

テンプレート Count Binary のソースをよく見ると，LED や 7 セグメント LED のほか，LCD モジュールのアクセスに関するソースがあらかじめ記述されていることが分かります．

このアルテラの提供している LCD にアクセスするモジュールは，C 言語標準のファイル操作関数が利用できるようになっています．すなわち，fopen で LCD デバイスをオープンし，fprintf で LCD に文字を出力することができます．

この方法は大変便利なのですが，フル機能のライブラリをリンクしなければならないため，かなり大きなメモリ・サイズを要求されます．

Cyclone III の内部に構成できる RAM サイズはあまり大きくはないので，フル機能のライブラリは使用できません．そのため，機能を限定した縮小版のライブラリ（Small C library）を使用する必要があります．しかし，この縮小版のライブラリでは，残念ながら fopen 関数が使えません．

そこでここでは，LCD モジュール・インターフェース関数を別に作成することにします．

プロジェクトの作成

Nios II Software Build Tools for Eclipse を起動し，Count Binary のテンプレートを読み出します（図 15-13）．Nios II Software Build Tools for Eclipse の使い方は，Qsys/Nios II の開発手順の章を参照してください．

次に，lcd_demo_bsp のプロパティの「Nios II BSP Properties」で，「Support C++」のチェックを外し，「Reduced device drivers」と「Small C library」にチェックを入れます（図 15-14）．

プログラムをビルドします．プログラムを実行して Count Binary が正しく動作することを確認します（図 15-15）．動作が確認できたら，次に LCD モジュールのインターフェースを追加します．

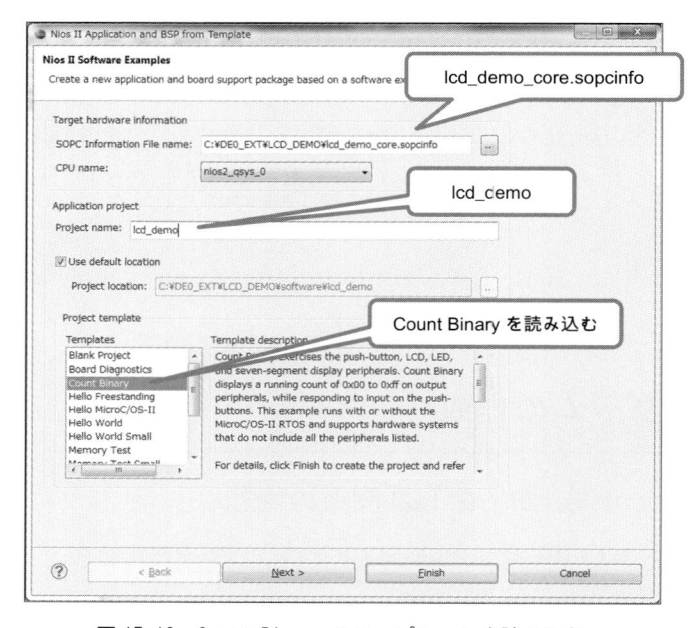

図 15-13　Count Binary のテンプレートを読み込む

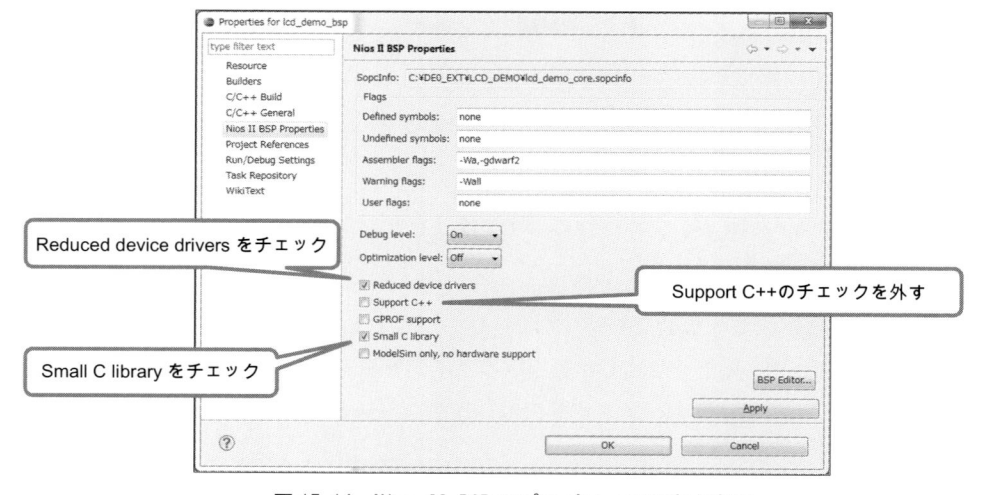

図 15-14　Nios II BSP のプロパティで設定を変更

Nios II プログラムの作成

```
***************************
* Hello from Nios II!     *
* Counting from 00 to ff  *
***************************
00, 01, 02, 03, 04, 05, 06, 07, 08, 09, 0a, 0b, 0c, 0d, 0e, 0f, 10, 11, 12, 13, 14, 15, 16, 17,
18, 19, 1a, 1b, 1c, 1d, 1e, 1f, 20, 21, 22, 23, 24, 25, 26, 27, 28, 29, 2a, 2b, 2c, 2d, 2e, 2f,
30, 31, 32, 33, 34, 35, 36, 37, 38, 39, 3a, 3b, 3c, 3d, 3e, 3f, 40, 41, 42, 43, 44, 45, 46, 47,
48, 49, 4a, 4b, 4c, 4d, 4e, 4f, 50, 51, 52, 53, 54, 55, 56, 57, 58, 59, 5a, 5b, 5c, 5d, 5e, 5f,
60, 61, 62, 63, 64, 65, 66, 67, 68, 69, 6a, 6b, 6c, 6d, 6e, 6f, 70, 71, 72, 73, 74, 75, 76, 77,
78, 79, 7a, 7b, 7c, 7d, 7e, 7f, 80, 81, 82, 83, 84, 85, 86, 87, 88, 89, 8a, 8b, 8c, 8d, 8e, 8f,
90, 91, 92, 93, 94, 95, 96, 97, 98, 99, 9a, 9b, 9c, 9d, 9e, 9f, a0, a1, a2, a3, a4, a5, a6, a7,
a8, a9, aa, ab, ac, ad, ae, af, b0, b1, b2, b3, b4, b5, b6, b7, b8, b9, ba, bb, bc, bd, be, bf,
c0, c1, c2, c3, c4, c5, c6, c7, c8, c9, ca, cb, cc, cd, ce, cf, d0, d1, d2, d3, d4, d5, d6, d7,
d8, d9, da, db, dc, dd, de, df, e0, e1, e2, e3, e4, e5, e6, e7, e8, e9, ea, eb, ec, ed, ee, ef,
f0, f1, f2, f3, f4, f5, f6, f7, f8, f9, fa, fb, fc, fd, fe, ff,
Waiting...........................................................
```

図 15-15　Count Binary の実行画面

テンプレート Count Binary ソースの修正

　LCD モジュールには，8bit のコマンド・レジスタと 8bit のデータ・レジスタがあります．操作方法は，コマンド・レジスタに必要なコマンドをセットして，データ・レジスタに表示したい文字コードを書き込むだけです．また，コマンドを連続して書き込む場合は，ビジー・フラグをチェックしてから書き込むか，一定時間待ってから次のコマンドを書き込むかのいずれかの方法で書き込みます．一定時間待つ方法にすると，LCD モジュールのアクセスが書き込み専用にできるので回路が簡単になり便利です．LCD モジュールで使用できるコマンドを表 15-2 に示します．

　LCD モジュールのコマンドは，Nios II からは LCD モジュールのベース・アドレスにデータを書き込めば発行することができます．また，LCD モジュールのデータ・レジスタは，ベース・アドレス＋2 となります．ちなみに，ベース・アドレス＋1 は，コマンドの読み出し用のアドレスで，ビジー・フラグのチェックなどに使用します．ベース・アドレス＋3 は，データ・レジスタの読み出し用で，独自キャラクタ用の CGRAM の読み出しに使用します．

　LCD モジュール・アクセス機能を追加した Count Binary のソースをリスト 15-2 に示します．LCD モジュール・アクセス関数として，次の関数を定義しています．

- LCD_Init()
  LCD モジュールの初期化を行う．LCD モジュールを 8bit モードにして，画面を消去し，表示を ON にする
- LCD_Putc(char c)
  引数で渡された文字を LCD に表示する
- LCD_Puts(char* s)
  引数で渡された文字列を LCD に表示する
- LCD_Line1()
  LCD のカーソル位置を 1 行目の先頭にする
- LCD_Line2()
  LCD のカーソル位置を 2 行目の先頭にする

表 15-2　LCD モジュールのコマンド一覧

コマンド	D7	D6	D5	D4	D3	D2	D1	D0	備考
表示クリア	0	0	0	0	0	0	0	1	画面のクリア
カーソル・ホーム	0	0	0	0	0	0	1	-	カーソルをホーム・ポジションに移動
エントリ・モード	0	0	0	0	0	1	I/D	SH	I/D=1：インクリメント I/D=0：デクリメント SH=1：DDRAM 書き込み後，カーソル・ブリンク停止
表示モード	0	0	0	0	1	DI	C	B	DI：文字表示，C：カーソル，B：ブリンク．それぞれ 1 で ON，0 で OFF
カーソル/表示移動	0	0	0	1	D/C	R/L	-	-	D/C=0：カーソル移動 D/C=1：表示全体を移動 R/L=0：左に移動 R/L=1：右に移動
イニシャル・セット	0	0	1	8B	N	F	-	-	8B=0：4bit モード 8B=1：8bit モード N=0：1 行表示 N=1：2 行表示 F=0：5×7 ドット・フォント F=1：5×10 ドット・フォント
CGRAM アドレス	0	1	C5	C4	C3	C2	C1	C0	C5~C0：CGRAM アドレスの設定
DDRAM アドレス	1	D6	D5	D4	D3	D2	D1	D0	D6~D0：DDRAM アドレスの設定

　main 関数では，LCD モジュールの初期化を行った後，LCD の 1 行目に，"DE0 LCD DEMO TEST" という文字列を表示しています．また，count_all 関数では，LED や 7 セグメント LED などにカウント値を表示した後に，LCD の 2 行目に同じカウント数を表示するようにしています．

動作確認

　プログラムをコンパイルして実行すると，写真 15-2 のように LED や 7 セグメント LED の表示と

写真 15-2　動作確認．LCD の 2 行目の数字もカウント・アップしている

ともに，LCDの2行目の数字もカウント・アップして表示されていることが分かります．

7セグメントLEDでは，4けたの数字しか表示できませんが，LCDモジュールでは16文字×2行の表示ができるため，表示できる情報量が格段に上がります．また，シリアル通信のようにPCやケーブルなど，外部に機器を必要としないので手軽に使えるところも便利です．

なお，このタイプのLCDは，半角のカタカタ表示ができるものとできないものがあるので注意してください．

リスト15-2 Nios II プログラムのソース・コード

```c
#include "count_binary.h"

/* A "loop counter" variable. */
static alt_u8 count;
/* A variable to hold the value of the button pio edge capture register. */
volatile int edge_capture;

/* LCD FUNCTIONS ======================================================= */
void LCD_Init();        //Initialize LCD
void LCD_Putc(char c);
void LCD_Puts(char* s);
void LCD_Line1();
void LCD_Line2();

void LCD_Init()
{
  IOWR(LCD_DISP_BASE,0,0x38);    //8bit Data mode
  usleep(2000);
  IOWR(LCD_DISP_BASE,0,0x0C);    //Display ON(Cursor OFF)
  usleep(2000);
  IOWR(LCD_DISP_BASE,0,0x01);    //Clear Display
  usleep(2000);
  IOWR(LCD_DISP_BASE,0,0x06);    //Address Increment mode
  usleep(2000);
  IOWR(LCD_DISP_BASE,0,0x80);    //Set Line1
  usleep(2000);
}
//---------------------------------------------------------------------------
void LCD_Putc(char c)
{
    IOWR(LCD_DISP_BASE,2,c);
    usleep(2000);
}
//---------------------------------------------------------------------------
void LCD_Puts(char* s)
{
    while(*s){
        LCD_Putc(*s);
        s++;
    }
}
//---------------------------------------------------------------------------
void LCD_Line1()
{
  IOWR(LCD_DISP_BASE,0,0x80);
  usleep(2000);
}
//---------------------------------------------------------------------------
void LCD_Line2()
{
  IOWR(LCD_DISP_BASE,0,0xC0);
  usleep(2000);
}
//---------------------------------------------------------------------------

/* LCD FUNCTIONS END =================================================== */

/* Button pio functions */

#ifdef BUTTON_PIO_BASE

#ifdef ALT_ENHANCED_INTERRUPT_API_PRESENT
static void handle_button_interrupts(void* context)
#else
static void handle_button_interrupts(void* context, alt_u32 id)
```

```c
#endif
{
    /* Cast context to edge_capture's type. It is important that this be
     * declared volatile to avoid unwanted compiler optimization.
     */
    volatile int* edge_capture_ptr = (volatile int*) context;
    /* Store the value in the Button's edge capture register in *context. */
    *edge_capture_ptr = IORD_ALTERA_AVALON_PIO_EDGE_CAP(BUTTON_PIO_BASE);
    /* Reset the Button's edge capture register. */
    IOWR_ALTERA_AVALON_PIO_EDGE_CAP(BUTTON_PIO_BASE, 0);

    /*
     * Read the PIO to delay ISR exit. This is done to prevent a spurious
     * interrupt in systems with high processor -> pio latency and fast
     * interrupts.
     */
    IORD_ALTERA_AVALON_PIO_EDGE_CAP(BUTTON_PIO_BASE);
}

/* Initialize the button_pio. */
static void init_button_pio()
{
    /* Recast the edge_capture pointer to match the alt_irq_register() function
     * prototype. */
    void* edge_capture_ptr = (void*) &edge_capture;
    /* Enable all 4 button interrupts. */
    IOWR_ALTERA_AVALON_PIO_IRQ_MASK(BUTTON_PIO_BASE, 0xf);
    /* Reset the edge capture register. */
    IOWR_ALTERA_AVALON_PIO_EDGE_CAP(BUTTON_PIO_BASE, 0x0);
    /* Register the interrupt handler. */
#ifdef ALT_ENHANCED_INTERRUPT_API_PRESENT
    alt_ic_isr_register(BUTTON_PIO_IRQ_INTERRUPT_CONTROLLER_ID, BUTTON_PIO_IRQ,
      handle_button_interrupts, edge_capture_ptr, 0x0);
#else
    alt_irq_register( BUTTON_PIO_IRQ, edge_capture_ptr,
      handle_button_interrupts);
#endif
}
#endif /* BUTTON_PIO_BASE */

#ifdef SEVEN_SEG_PIO_BASE
static void sevenseg_set_hex(int hex)
{
    static alt_u8 segments[16] = {
        0x81, 0xCF, 0x92, 0x86, 0xCC, 0xA4, 0xA0, 0x8F, 0x80, 0x84, /* 0-9 */
        0x88, 0xE0, 0xF2, 0xC2, 0xB0, 0xB8 };                      /* a-f */

    unsigned int data = segments[hex & 15] | (segments[(hex >> 4) & 15] << 8);

    IOWR_ALTERA_AVALON_PIO_DATA(SEVEN_SEG_PIO_BASE, data);
}
#endif

static void lcd_init( FILE *lcd )
{
    /* If the LCD Display exists, write a simple message on the first line. */
    LCD_PRINTF(lcd, "%c%s Counting will be displayed below...", ESC,
            ESC_TOP_LEFT);
}

static void initial_message()
{
    printf("\n\n*************************\n");
    printf("* Hello from Nios II!   *\n");
    printf("* Counting from 00 to ff *\n");
    printf("*************************\n");
```

```c
}
/////
static void count_led()
{
    alt_u8 b = count;
#ifdef LED_PIO_BASE
    /* Logic to make the LEDs count from right-to-left,
     LSB on the right. */
    IOWR_ALTERA_AVALON_PIO_DATA(
        LED_PIO_BASE,
        ((b * 0x0802LU & 0x22110LU) |
         (b * 0x8020LU & 0x88440LU)) * 0x10101LU >> 16
        );
#endif
}

static void count_sevenseg()
{
#ifdef SEVEN_SEG_PIO_BASE
    sevenseg_set_hex(count);
#endif
}

static void count_lcd( void* arg )
{
#ifdef LCD_DISPLAY_NAME
    FILE *lcd = (FILE*) arg;
    LCD_PRINTF(lcd, "%c%s 0x%x\n", ESC, ESC_COL2_INDENT5, count);
#endif
}

/* count_all merely combines all three peripherals counting */

static void count_all( void* arg )
{
    char buff[4];
    count_led();
    count_sevenseg();
    count_lcd( arg );
    printf("%02x,  ", count);
    sprintf(buff,"%02X",count);
    LCD_Line2();
    LCD_Puts(buff);
}


static void handle_button_press(alt_u8 type, FILE *lcd)
{
    /* Button press actions while counting. */
    if (type == 'c')
    {
        switch (edge_capture)
        {
            /* Button 1: Output counting to LED only. */
        case 0x1:
            count_led();
            break;
            /* Button 2: Output counting to SEVEN SEG only. */
        case 0x2:
            count_sevenseg();
            break;
            /* Button 3: Output counting to D only. */
        case 0x4:
            count_lcd( lcd );
            break;
            /* Button 4: Output counting to LED, SEVEN_SEG, and D. */
```

```c
            case 0x8:
                count_all( lcd );
                break;
                /* If value ends up being something different (shouldn't) do
                   same as 8. */
            default:
                count_all( lcd );
                break;
            }
        }
        /* If 'type' is anything else, assume we're "waiting"...*/
        else
        {
            switch (edge_capture)
            {
            case 0x1:
                printf( "Button 1\n");
                edge_capture = 0;
                break;
            case 0x2:
                printf( "Button 2\n");
                edge_capture = 0;
                break;
            case 0x4:
                printf( "Button 3\n");
                edge_capture = 0;
                break;
            case 0x8:
                printf( "Button 4\n");
                edge_capture = 0;
                break;
            default:
                printf( "Button press UNKNOWN!!\n");
            }
        }
}
int main(void)
{
    int i;
    int wait_time;
    FILE * lcd;

    count = 0;

    /* Initialize the LCD, if there is one.
     */
    lcd = LCD_OPEN();
    if(lcd != NULL) {lcd_init( lcd );}

    /* Initialize the button pio. */
#ifdef BUTTON_PIO_BASE
    init_button_pio();
#endif

/* Initial message to output. */

    initial_message();
    //Initialize LCD
    LCD_Init();
    LCD_Puts("DE0 LCD DEMO TEST");
/* Continue 0-ff counting loop. */

    while( 1 )
    {
```

```c
        usleep(100000);
        if (edge_capture != 0)
        {
            /* Handle button presses while counting... */
            handle_button_press('c', lcd);
        }
        /* If no button presses, try to output counting to all. */
        else
        {
            count_all( lcd );
        }
        /*
         * If done counting, wait about 7 seconds...
         * detect button presses while waiting.
         */
        if( count == 0xff )
        {
            LCD_PRINTF(lcd, "%c%s %c%s %c%s Waiting...\n", ESC, ESC_TOP_LEFT,
                    ESC, ESC_CLEAR, ESC, ESC_COL1_INDENT5);
            printf("\nWaiting...");
            edge_capture = 0; /* Reset to 0 during wait/pause period. */

            /* Clear the 2nd. line of the LCD screen. */
            LCD_PRINTF(lcd, "%c%s, %c%s", ESC, ESC_COL2_INDENT5, ESC,
                    ESC_CLEAR);
            wait_time = 0;
            for (i = 0; i<70; ++i)
            {
                printf(".");
                wait_time = i/10;
                LCD_PRINTF(lcd, "%c%s %ds\n", ESC, ESC_COL2_INDENT5,
                    wait_time+1);

                if (edge_capture != 0)
                {
                    printf( "\nYou pushed:  " );
                    handle_button_press('w', lcd);
                }
                usleep(100000); /* Sleep for 0.1s. */
            }
            /*  Output the "loop start" messages before looping, again.
             */
            initial_message();
            lcd_init( lcd );
        }
        count++;
    }
    LCD_CLOSE(lcd);
    return 0;
}
```

補足：Nios II プロジェクトをインポートする方法

Quartus II のプロジェクトは，プロジェクトを任意のフォルダにコピーして使用することができますが，Nios II のプロジェクトは，フォルダのコピーだけでは使用することができません．

Nios II EDS で，現在のプロジェクト・ワークスペースに別のプロジェクトをインポートするには次のような手順で行います．

Nios II EDS を起動すると，通常，画面の左側に Project Explorer が表示されています．ここには，登録されているプロジェクトの一覧が表示されています．この Project Explorer の画面でマウスを右クリックすると，図 15-16 のようなメニューが表示されます．

このメニューから，「Import...」を選択すると，図 15-17 のようなプロジェクトのインポート画面

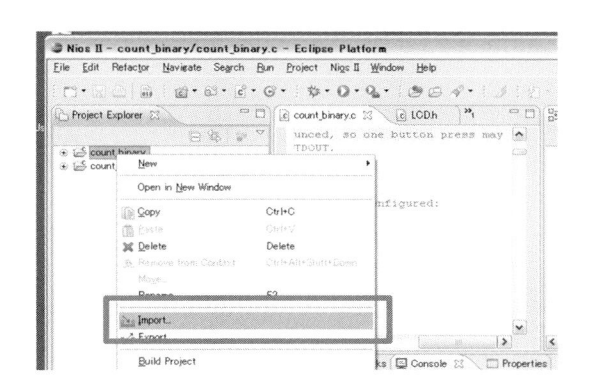

図 15-16　Project Explorer のメニュー

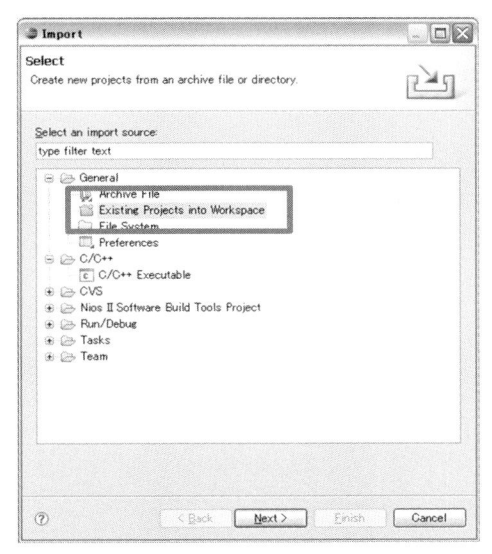

図 15-17　プロジェクト・インポート画面

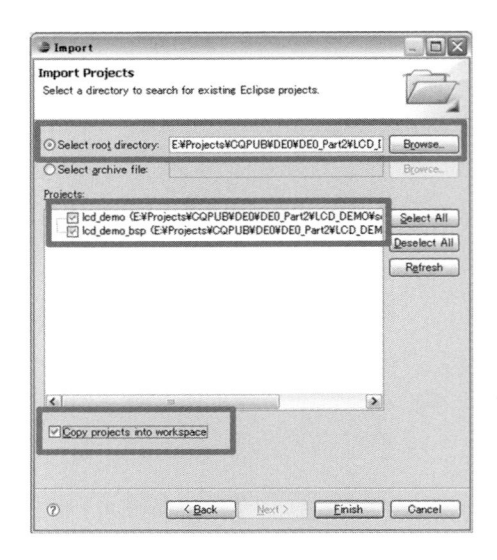

第15章 Nios II/内蔵メモリでLCDモジュール制御

図15-18 インポート可能なプロジェクトの一覧

が表示されます．

ここで，図のように，「General」の中の「Existing Projects into Workspace」を選択して，［Next］ボタンを押します．

Nios II EDS で使用するソース・ファイルは，通常 Quartus II のプロジェクト・フォルダの中の Software というフォルダに関連ファイルが格納されています．

「Select root directory」の［Browse］ボタンを押してインポートするプロジェクトのルート・フォルダ（ここでは software フォルダ）を指定すると，**図15-18** のように，インポート可能なプロジェクトの一覧が表示されます．インポートするプロジェクトと「Copy projects into workspace」にチェックを入れて［Finish］ボタンを押せばプロジェクトをインポートすることができます．

プロジェクトのインポートは，BSP（Board Support Packages）のプロジェクトも忘れずにインポートしてください．

プロジェクトをインポートしたら，まず BSP プロジェクトのプロパティで，「Reduced devie drivers」と「Small C Library」にチェックが入っていることを確認しましょう．また，BSP プロジェクトでマウスを右クリックし，「Nios II」→「Generate BSP」を実行して，BSP を作り直しておく必要があります．

あとは，通常通りプロジェクトをビルドすれば実行が可能になります．

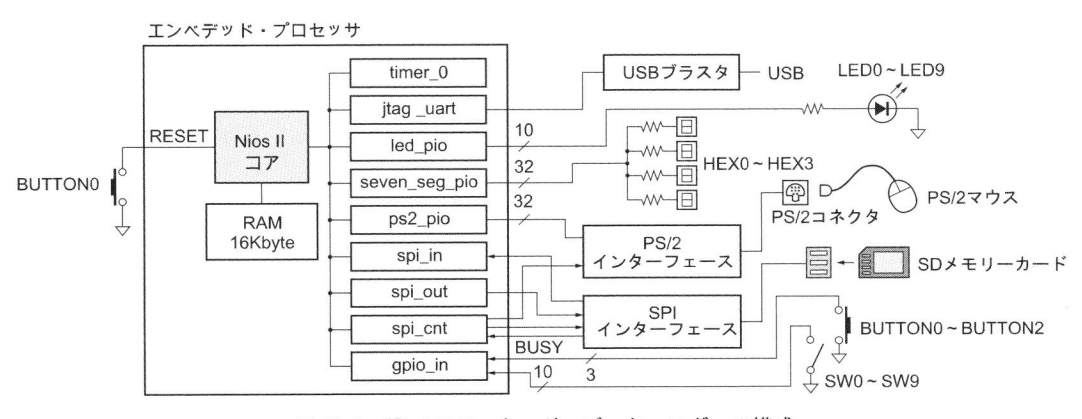

第16章　SDメモリーカード・データ・ロガーの製作

　DE0には，PS/2コネクタとSDメモリーカード・ソケットが搭載されています．これらを組み合わせて，PS/2マウスから128個のマウス・データを読み出して，SDメモリーカードに保存するデータ・ロガーを作成します．

　PS/2マウス・インターフェースとSDメモリーカード・インターフェースの実装については，前の章で説明しました．SDメモリーカードのファイルの読み書きは，エンベデッド・プロセッサNios IIを使って行います．

SDメモリーカード・データ・ロガーの仕様

　表16-1に，SDメモリーカード・データ・ロガーで設定しているDE0の周辺デバイスを示します．図16-1に，作成したSDメモリーカード・データ・ロガーの構成を示します．このブロック図の中でエンベデッド・プロセッサと記載されたブロックは，SOPC Builderを使ってNios IIのコアに周

表16-1　SDメモリーカード・データ・ロガーで設定しているDE0の周辺デバイス

デバイス名	機能
PS/2インターフェース	PS/2マウスを接続
SDメモリーカード・インターフェース	SDメモリーカードを接続（SPIインターフェース）
7セグメントLED	PS/2マウスのX-Yデータの表示
LED	読み出したPS/2マウス・データの個数の表示
BUTTON2	SDメモリーカードの初期化と書き込みの開始ボタン
BUTTON0	Nios IIのリセット

図16-1　SDメモリーカード・データ・ロガーの構成

辺デバイスを組み込みます．

　周辺デバイスには，SOPC Builderに標準で組み込まれているデバイスのほかに，PS/2マウス・インターフェースとSDメモリーカード・インターフェースがあります．これらのデバイスは，SOPC BuilderではGPIOとして組み込み，そのGPIOにPS/2マウス・インターフェースとSDメモリーカード・インターフェースを接続するようにしています．

使用するSDメモリーカード

　作成するプロジェクトでは，SDメモリーカードのフォーマットをFAT12（File Allocation Table 12bit）に制限しています．SDメモリーカードのファイルの読み書きにはファイル・システムが必要になりますが，簡単な実験を行うためにこの部分を簡易なものにしています．このため，FAT12以外のフォーマットのSDメモリーカードでは正しく動作しないので注意してください．

　ここでは，第14章で使用した古い8Mbyteのメディアを使用しました．FAT12以外のメディアを使用する場合は，FATに関する資料などを参考に，FATの読み書きの部分を適宜修正してください．

　また，FATを直接操作するため，コーディング・ミスなどによりメディアが壊れてしまう可能性もあります．実験する場合は，壊れてもかまわないSDメモリーカードを使用してください．

SOPC Builderを使用

　エンベデッド・プロセッサの構築ツールはSOPC Builderを使用します．その理由は，SOPC Builderで生成されるVerilog HDLファイルを修正して使うテクニックを利用しているためです．このテクニックはQsysでは使用できないようなので，SOPC Builderを利用しました．Qsysで同様のことを行うためには独自モジュールの作成が必要です．

　なお，SOPC Builderでのコンポーネントの追加・設定の方法はQsysとほぼ同様なので，基本的な操作は第4章を参照してください．

ハードウェアの構成

コンポーネントの設定と周辺デバイスのビット・アサイン

　図16-2は，SOPC Builderで作成したモジュールです．また，それぞれのコンポーネントの設定を図16-3～図16-13に示します．

　図16-14に，それぞれの周辺デバイスのビット・アサインを示します．spi_cntは，双方向のGPIOです．入力時と出力時でビット・アサインが異なるので注意してください．出力時には，SPIの制御のほか，PS/2マウス用の制御信号も含まれています．

　SOPC Builderで周辺デバイスの設定が終わったら，［Generate］ボタンを押して，モジュールの生成を行います．

ハードウェアの構成

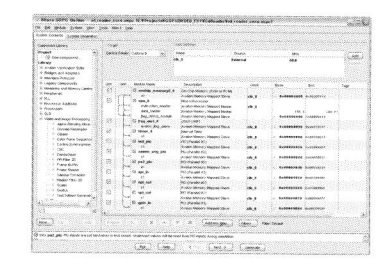

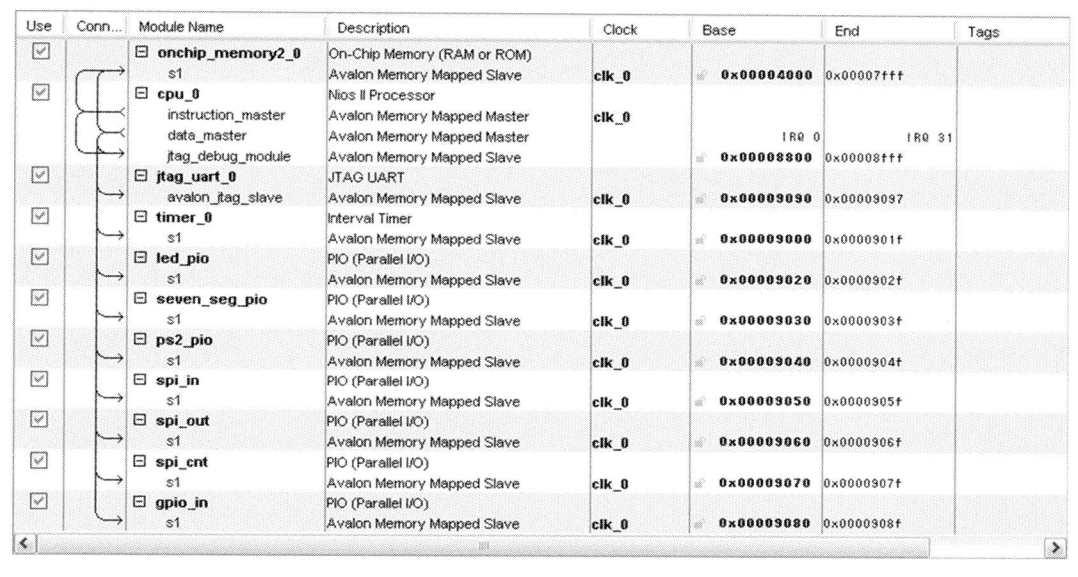

図16-2 SOPC Builder で作成したモジュール

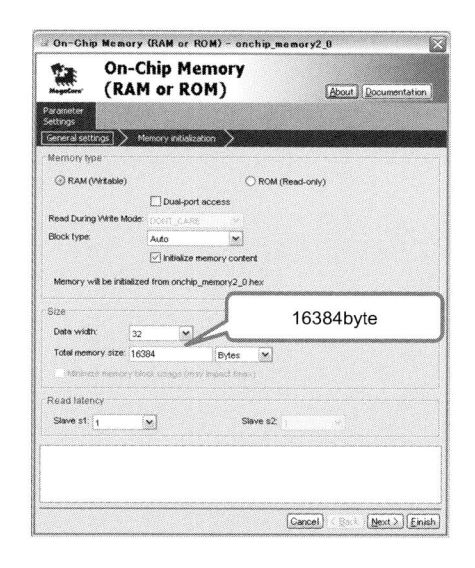

図16-3 onchip_memory2_0 (RAM) の設定

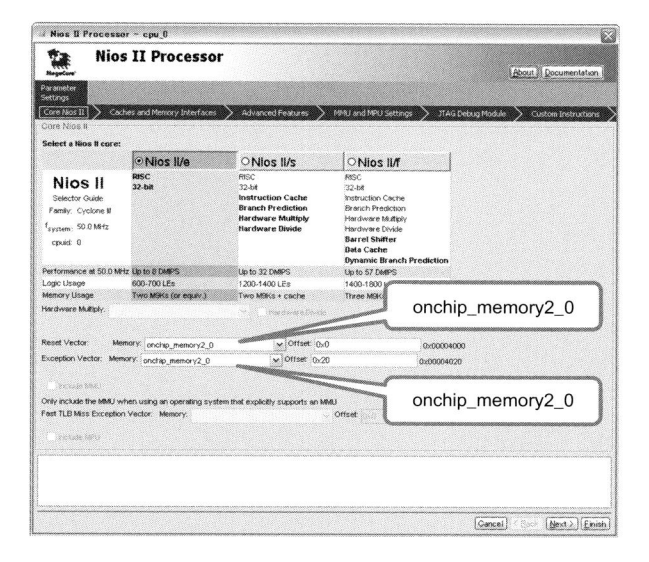

図16-4 cpu_0 (Nios II) の設定

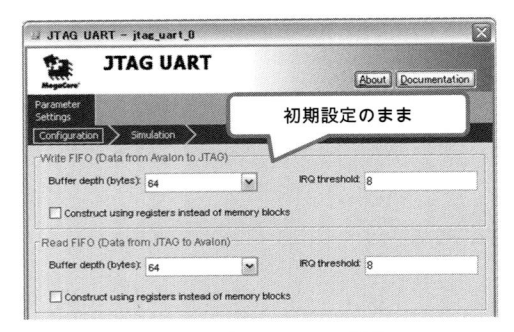

第16章 SDメモリーカード・データ・ロガーの製作

図16-5 jtag_uart の設定

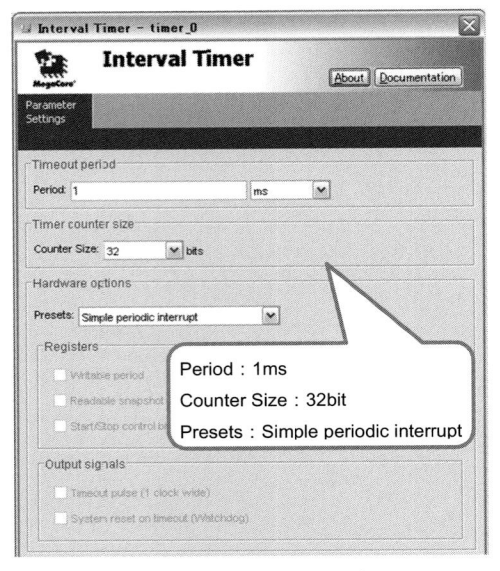

図16-6 timer_0 の設定

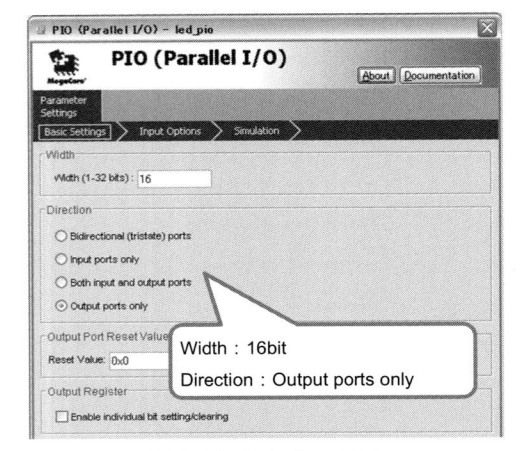

図16-7 led_pio の設定

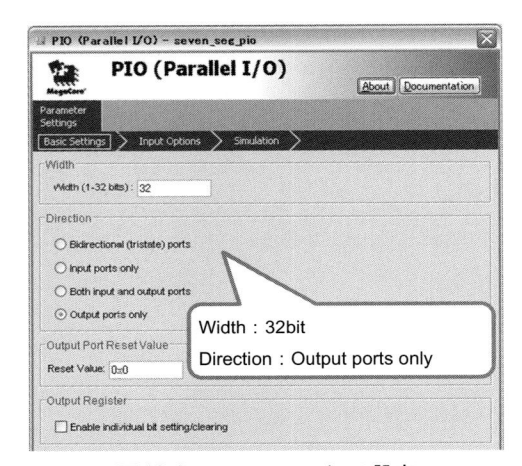

図16-8 seven_seg_pio の設定

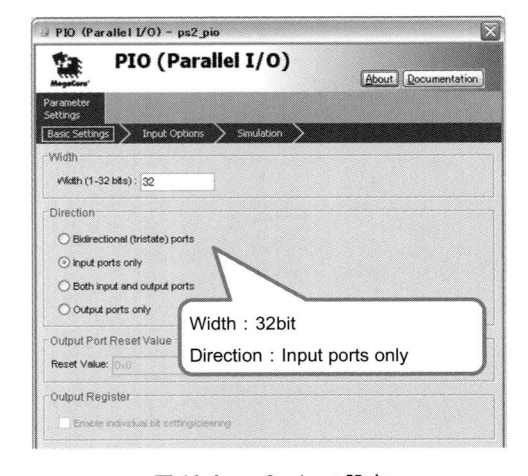

図16-9 ps2_pio の設定

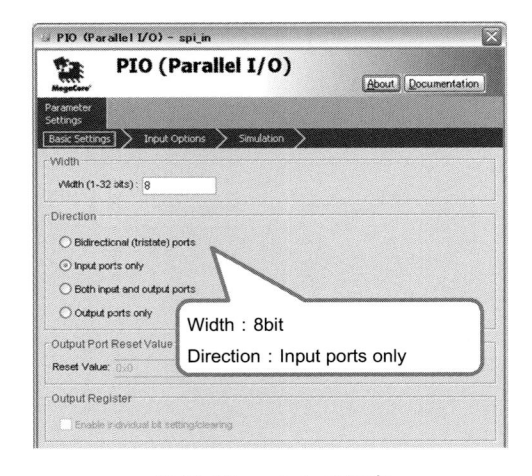

図16-10 spi_in の設定

154

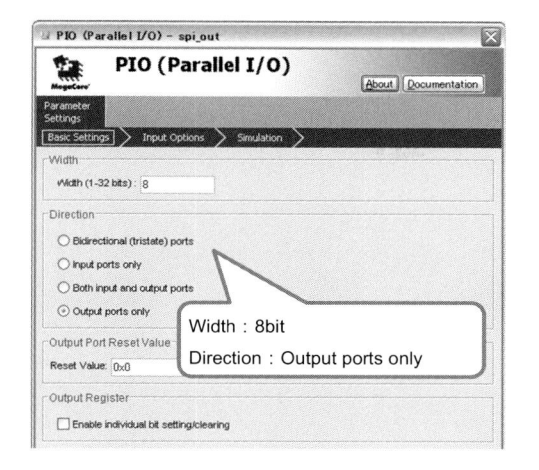

ハードウェアの構成

図 16-11 spi_out の設定

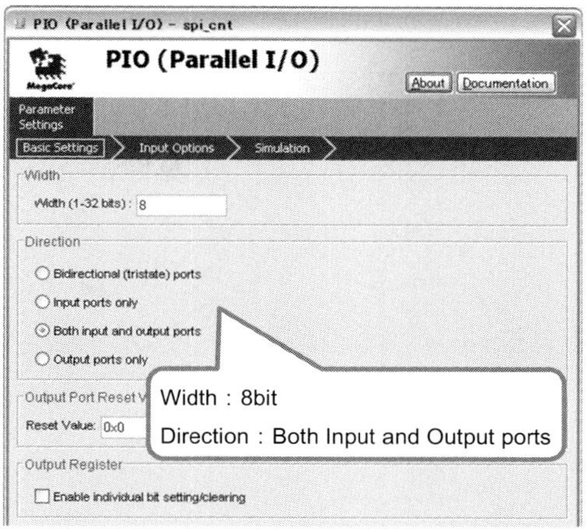

図 16-12 spi_cnt の設定

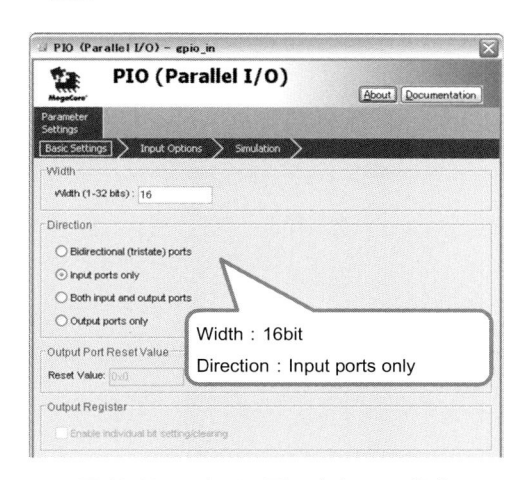

Width：8bit
Direction：Output ports only

Width：8bit
Direction：Both Input and Output ports

Width：16bit
Direction：Input ports only

図 16-13 gpio_in 周辺デバイスの設定

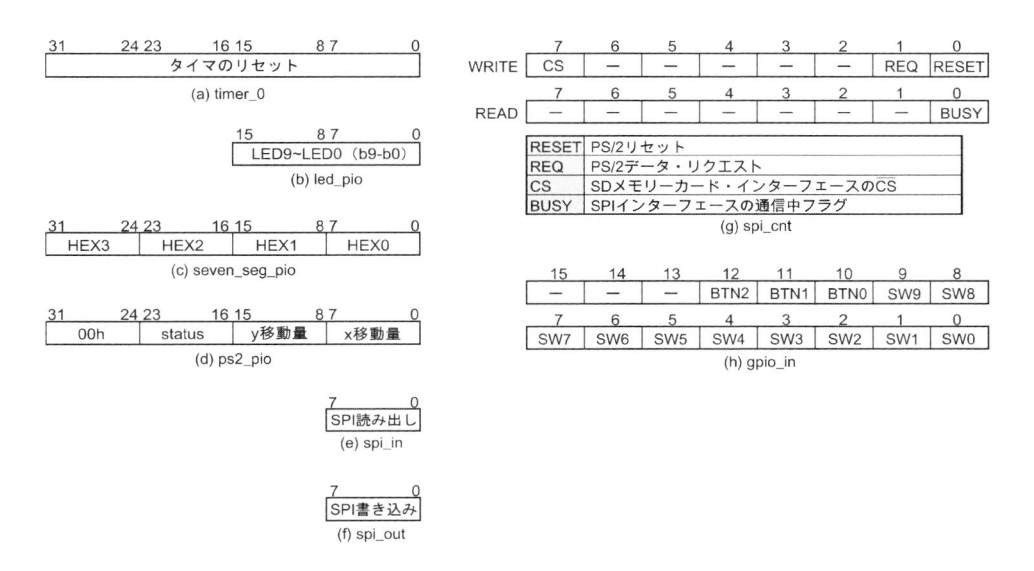

31	24 23	16 15	8 7	0
		タイマのリセット		

(a) timer_0

15	8 7	0
	LED9〜LED0 (b9-b0)	

(b) led_pio

31	24 23	16 15	8 7	0
HEX3	HEX2	HEX1	HEX0	

(c) seven_seg_pio

31	24 23	16 15	8 7	0
00h	status	y移動量	x移動量	

(d) ps2_pio

7	0
SPI読み出し	

(e) spi_in

7	0
SPI書き込み	

(f) spi_out

	7	6	5	4	3	2	1	0
WRITE	CS	—	—	—	—	—	REQ	RESET
READ	—	—	—	—	—	—	—	BUSY

RESET	PS/2リセット
REQ	PS/2データ・リクエスト
CS	SDメモリーカード・インターフェースのCS
BUSY	SPIインターフェースの通信中フラグ

(g) spi_cnt

15	14	13	12	11	10	9	8
—	—	—	BTN2	BTN1	BTN0	SW9	SW8
7	6	5	4	3	2	1	0
SW7	SW6	SW5	SW4	SW3	SW2	SW1	SW0

(h) gpio_in

図 16-14 周辺デバイスのビット・アサイン（BTN=BUTTON）

155

モジュールの生成を行うと，設定したモジュールのVerilog HDLファイルが作成され，プロジェクトに組み込まれます．あとは，トップ・モジュールに作成したNios IIのコアを組み込めば，作成したエンベデッド・プロセッサがシステムに組み込まれます．

PS/2マウス・インターフェースの組み込み

PS/2マウス・インターフェースの章で作成したモジュールは，ボタン操作でリセットやデータ・リクエストを発行し，読み込んだデータをLEDに表示していましたが，ここでは，エンベデッド・プロセッサからモジュールを制御する必要があるため若干の修正が必要になります．

SOPC Builderで作成したエンベデッド・プロセッサからは，GPIOはそれぞれバスとして接続されます．そこで，PS/2マウスのモジュールを少し修正して，SDメモリーカード・データ・ロガーのモジュールに組み込めるようにします．リスト16-1（章末）は，修正したPS/2マウスのモジュールです．PS/2マウスからのデータは，ステータス，X方向移動量，Y方向移動量がそれぞれ1byteの合計3byteなので，32bitの入力ポートとしてエンベデッド・プロセッサから読み出すようにします．

SDメモリーカード・インターフェースの組み込み

次にSDメモリーカード・インターフェースを組み込みます．SDメモリーカード・インターフェースも，PS/2マウス・インターフェースと同様に，エンベデッド・プロセッサからアクセスできるように修正します．

SDメモリーカード・インターフェースの章で作成したモジュールは，ボタン操作でデータの書き込みタイミングを生成していました．このインターフェースをそのまま取り込むと，プログラムで操作する場合，8bitのデータを送るために次のような操作が必要になります．

1. 書き込みデータをSPIデータ・ポートに出力する
2. 送信開始ビットを1にする
3. 送信開始ビットを0に戻す

そこで，もう少し簡単にSPIを操作できるように，書き込みデータをSPIデータ・ポートに出力すると自動でSPIからデータを送信するようにモジュールを少々変更しました．

この変更は非常に簡単で，SOPC Builderで作成されたspi_outのモジュール（spi_out.v）から，データのラッチ・タイミングでspi_wrという信号を取り出し，これをSPIの送信開始信号とします．リスト16-2（章末）に修正したspi_out.vを，リスト16-3に修正したsd_reader_core.vを示します．spi_wr信号に関連した部分にはコメントを付しました．

なお，このようにSOPC Builderで生成されたモジュールを手動で修正した場合に，再度SOPC Builderでモジュールを変更すると修正個所が上書きされて消えてしまうので注意してください．

SDメモリーカード・データ・ロガーのトップ・モジュール

PS/2マウス・インターフェースとSDメモリーカード・インターフェースのモジュールができれば，あとはこれをトップ・モジュールに組み込んでハードウェアは完成です．リスト16-4（章末）

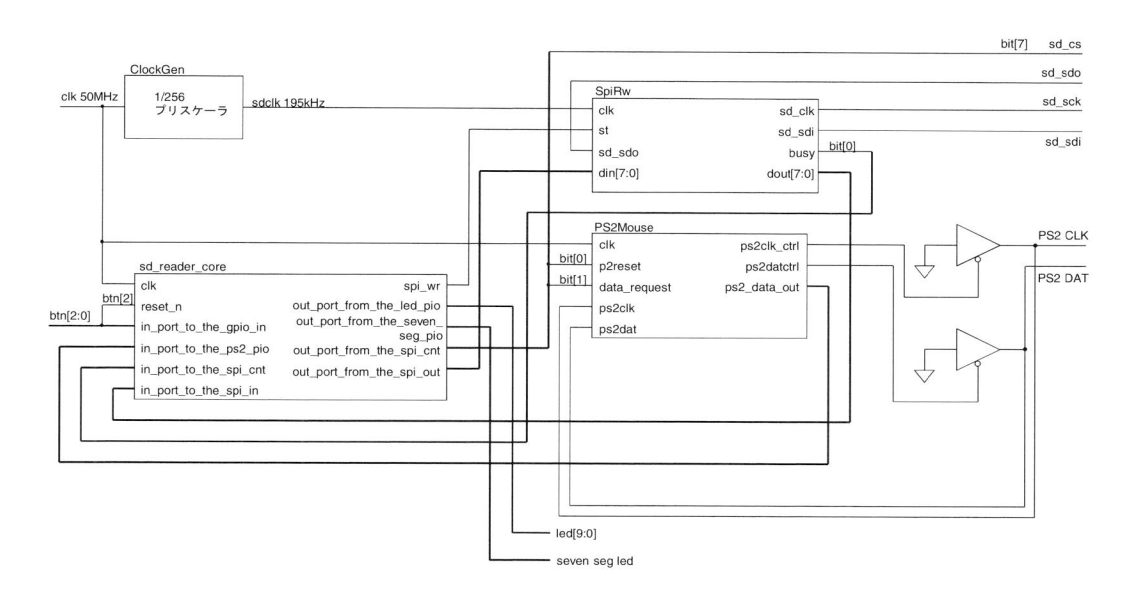

図 16-15 SD メモリーカード・データ・ロガーのハードウェア・ブロック図

に，作成した SD メモリーカード・インターフェースのトップ・モジュールを示します．HDL だけでシステムを構成する場合は 7 セグメントのデコーダが必要になりましたが，ここではエンベデッド・プロセッサを使用するため，7 セグメント LED への配線は 32bit の出力ポートをそのまま配線するだけになり非常にシンプルな回路になります．ブロック図を図 16-15 に示します．

モジュールが完成したらコンパイルを行い，DE0 にダウンロードすればハードウェアの準備は終了です．

Nios II プログラムの作成

作成した Nios II プログラムのフローチャートを，図 16-16 に示します．また，作成したプログラムをリスト 16-5（章末）に示します．

SD メモリーカードが挿入されたらカードの初期化を行い，その後 PS/2 マウスからのデータを取します．PS/2 マウスのデータは 3byte ですが，1byte の 00h を加えて 4byte で一つのデータ・セットとします．SD メモリーカードはセクタ単位で読み書きを行う必要があります．1 セクタは 512byte です．従って，データ・セットが 128 個で 1 セクタ分のデータとなります（4byte × 128 = 512byte）．ここでは，1 セクタ分のデータを書き込むようにしています．

FAT ファイル・システムの概要

SD メモリーカードでは，FAT ファイル・システムが使用されています．これは，主に MS-DOS や Windows で利用されているファイル・システムで，ファイルの情報を FAT（File Allocation Table）で管理しています．

第16章 SDメモリーカード・データ・ロガーの製作

図16-16 Nios II プログラムのフローチャート

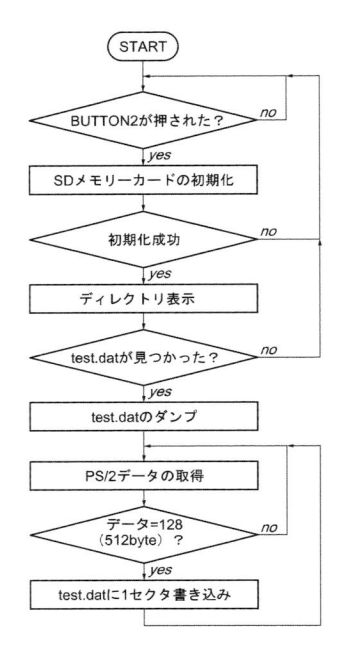

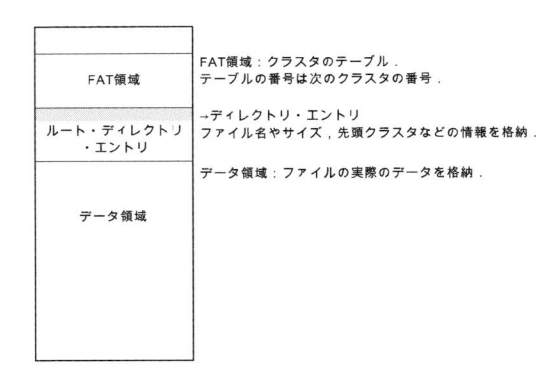

図16-17 FATファイル・システムの概念図

FATファイル・システムの概念図を**図16-17**に示します．FATファイル・システムには，FAT領域，ルート・ディレクトリ・エントリ，データ領域があります．FATファイル・システムでは，ファイルのデータをクラスタと呼ばれるデータの単位で管理しています．クラスタ・サイズはセクタ・サイズの整数倍で，一つ以上のセクタで構成されています．

ルート・ディレクトリ領域には，ルート・ディレクトリに配置されたファイルの情報が書き込まれており，ファイル名や日付，ファイル・サイズなどの基本情報のほか，ファイルの先頭のクラスタ番号が書き込まれています．一つのファイルの情報は，**32byte**のディレクトリ・エントリとなります．

ディレクトリ・エントリの情報を，**表16-2**に示します．ファイルのサイズが大きい場合，データが一つのクラスタに収まらなくなりますが，ディレクトリ・エントリには，最初のクラスタ番号しか書き込まれていません．次のクラスタ番号を調べるには，FAT領域を調べる必要があります．FATは，名前の通りファイル・アロケーションのテーブルになっています．このテーブルは，データ領域の全クラスタ分のテーブルがあり，N番目のテーブルにはN番目のクラスタの次のクラスタ番号が書き込まれています．例えば，ファイルの先頭クラスタの番号が2であれば，次のクラスタ番号はFATのテーブルの2番の値になります．

表16-2 ディレクトリ・エントリの情報

アドレス	オフセット															
	0h	1h	2h	3h	4h	5h	6h	7h	8h	9h	Ah	Bh	Ch	Dh	Eh	Fh
00h	ファイル名								拡張子			属性	予約		作成時間	
01h	作成日		予約		予約		最終書き込み時間		最終書き込み日		先頭クラスタ		ファイル・サイズ			

このように，FAT のアクセスはさほど難しいものではないのですが，FAT には FAT12，FAT16，FAT32 とさまざまなバリエーションがあり，すべてを網羅するプログラムを作るのはかなり大変です．

通常はこの部分はミドルウェアなどを利用することになるのですが，ここでは冒頭に述べた通り 8Mbyte の SD メモリーカードに合わせて FAT12 専用とし，書き込む領域もファイルの先頭クラスタの中の先頭セクタのみとしています．

動作確認

プログラムの実行前に SD メモリーカードの準備を行います．このプログラムでは test.dat というファイルを探して，その先頭のセクタを書き換えるようにしています．先頭セクタの番号は GetFileSector.exe ツールを使って調べることができるので，このセクタ番号をプログラム中で指定します．また，SectorRead.exe ツールを使うと，特定のセクタ番号のデータを読み出すことができます．GetFileSector.exe と SectorRead.exe は，ダウンロード・サービスで提供します．

あらかじめ，SD メモリーカードには"test.dat"というファイルを用意しておきます．test.dat の内容は書き換えてしまうので何でもよいのですが，必ず 512byte 以上のデータを書き込んでおきます．例えば，"AAAAA…"という文字を 512 個並べるだけでも OK です．

GetFileSector.exe を使ってこのファイルの先頭セクタ番号を調べ，ソース・プログラムのセクタ番号の指定を変更して再コンパイルします．

DE0 の PS/2 コネクタに PS/2 マウスを接続してプログラムを実行します．図 16-18 にプログラム

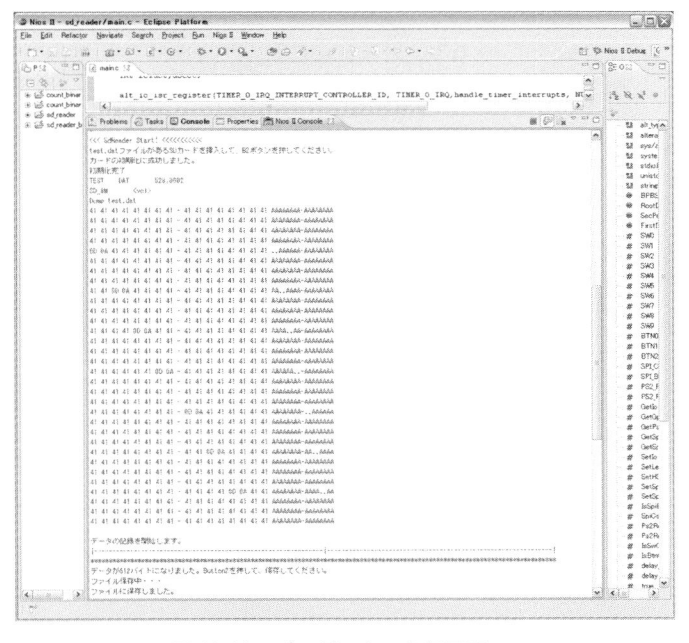

図 16-18　プログラムの実行画面

第 16 章　SD メモリーカード・データ・ロガーの製作

写真 16-1　動作確認．プログラム実行のようす

の実行画面を示します．図 16-18 のように，プログラムを実行すると，最初に SD メモリーカードの挿入が促されるので，test.dat を書き込んだ SD メモリーカードを挿入して BUTTON2 を押します．

　SD メモリーカードの初期化に成功すると，挿入した SD メモリーカードのルート・ディレクトリの情報を表示します．また，test.dat があればそのダンプ表示を行います．

　次に，プログラムはマウスのデータ入力モードになります．マウスを動かしたりマウスのボタンを押したりすると，データが蓄積され 512byte 分（128 個のデータ・セット）たまると BUTTON 2 を押すように促されます．

　ここで，BUTTON2 を押すと，1 セクタ分のデータが書き込まれます．書き込んだデータを確認するには，いったん SD メモリーカードを抜いてから，BUTTON0 を押し，ハードウェア・リセットを行います．

　上記の手順で，SD メモリーカードを挿入して BUTTON2 を押すと，test.dat のダンプ表示が出ますが，これが書き込まれたデータとなります．書き込まれたデータは，4byte ごとに 00h が書き込まれているのですぐに分かると思います．**写真 16-1** は，プログラムを実行しているようすです．

リスト16-1　PS/2マウス・インターフェースのソース・コード

```verilog
//分周器モジュール
module m_counter(iclk,oclk);
    parameter maxcnt=2500;    //デフォルトは1/2500
    input iclk;               //入力クロック
    output oclk;              //出力クック
    reg [11:0] cnt;           //master clock counter
    reg o_clk;

    assign oclk=o_clk;

    always @(posedge iclk) begin
        if(cnt==maxcnt)
            cnt=0;
        else
            cnt=cnt+1;
    end

    always @(posedge iclk) begin
        if(cnt==0)
            o_clk=1;
        else
            o_clk=0;
    end
endmodule

//ホスト・コントロール・モジュール
//入力信号
//clk:入力クロック
//stflg:送信開始フラグ
//mode:モード(0:リード,1:リセット)
//devclk:PS/2デバイスからのクロック
//出力信号
//oclk:PS/2デバイスへのクロック
//odat:PS/2デバイスへのデータ
//cmode:現在の動作モード(mode入力のラッチ済み信号)
//cmdmode:送信中を示すフラグ(1:送信中)
module host_ctrl(clk,devclk,stflg,mode,oclk,odat,cmode,cmdmode,deb);
    input clk,stflg,mode,devclk;
    output oclk,odat,cmode,cmdmode;
    output [7:0] deb;
    reg [2:0] cnt;
    reg [3:0] datcnt;
    reg ostflg,trg,hclk,hdat,iclkinh,rmode,icmdmode;
    wire wtrg,idevclk,iodat;
    wire [8:0] cmd_reset;
    wire [8:0] cmd_stream;
    wire [8:0] cmd_bus;

    assign deb={hclk,hdat,iodat,1'h0,datcnt}; //cmd_bus;

    assign oclk=hclk;
    assign odat=hdat & iodat;
    assign wtrg=((stflg==1'b1) && ( ostflg==1'b0)) ? 1'b1 : 1'b0;
    assign cmode=rmode;
    assign idevclk=iclkinh | devclk;
    assign cmdmode=icmdmode;

    assign cmd_reset={1'b1,8'hff};    //bit8=Parity
    assign cmd_stream={1'b1,8'heb};   //read data
    assign cmd_bus=rmode ? cmd_reset : cmd_stream;
    assign iodat=((datcnt>0) &&(datcnt<=9)) ? cmd_bus[datcnt-1] : 1'b1;
```

```verilog
    always @(posedge clk) begin
        ostflg=stflg;
    end
    always @(posedge clk) begin
        if(wtrg) begin
            trg=1'b1;
            rmode=mode;
        end
        else begin
            trg=1'b0;
        end
    end

    //iclkinh
    always @(posedge clk or posedge trg) begin
        if(trg) begin
            iclkinh=1'b1;
        end
        else if(cnt==6) begin
            iclkinh=1'b0;
        end
    end

    //data counter
    always @(negedge idevclk or negedge hclk) begin
        if(!hclk) begin
            datcnt=0;
        end
        else if(datcnt<11) begin
            datcnt=datcnt+1;
        end
    end

    //cmdmode
    always @(posedge idevclk or posedge trg) begin
        if(trg)
            icmdmode=1;
        else if(datcnt==11)
            icmdmode=0;
    end

    //status
    always @(posedge clk) begin
        if(cnt>=1)
            cnt=cnt+1;
        else if(trg==1'b1)
            cnt=1;
    end

    //h_clk
    always @(posedge clk) begin
        if((cnt>0)&&(cnt<5))
            hclk=0;
        else
            hclk=1;
    end
    //h_dat
    always @(posedge clk) begin
        if((cnt>3)&&(cnt<7))
            hdat=0;
        else
            hdat=1;
    end

endmodule
```

```verilog
//デコーダ・モジュール（PS/2マウスの読み出しパケットをデコード）
module ps2dec(reset,clk,mode,dat,stat,xdat,ydat);
    input reset,clk,dat,mode;      //リセット，PS/2クロック，PS/2データ，モード入力
    output [7:0] stat;       //8bitのステータス
    output [7:0] xdat;       //X方向の移動量
    output [7:0] ydat;       //Y方向の移動量
    reg [5:0] cnt;           //クロックのカウンタ（全パケットを読み終わるまでカウントする）
    reg [7:0] rstat;
    reg [7:0] rxdat;
    reg [7:0] rydat;

    assign stat=rstat;
    assign xdat=rxdat;
    assign ydat=rydat;

    //bit counter
    always @(negedge clk or posedge reset) begin
        if(reset) begin
            cnt=0;
        end
        else begin
            if(cnt<44)
                cnt=cnt+1;
        end
    end
    //load data
    always @(negedge clk or posedge reset) begin
        if(reset) begin
            rstat=8'h00;
            rxdat=8'h00;
            rydat=8'h00;
        end
        else if(mode==1'b0) begin
            if((cnt>=12) && (cnt<=19))
                rstat[cnt-12]=dat;
            else if((cnt>=23)&&(cnt<=30))
                rxdat[cnt-23]=dat;
            else if((cnt>=34)&&(cnt<=41))
                rydat[cnt-34]=dat;
        end
    end
endmodule

//PS2Mouseモジュール
module PS2Mouse(clk,ps2reset,data_request,ps2clk,ps2dat,ps2clk_ctrl,ps2dat_ctrl,ps2_data_out);
    input clk;                    //50MHzのクロック入力
    input ps2reset;               //send reset command
    input data_request;           //send data request command
    input   ps2clk;               //PS/2デバイスのクロック
    input   ps2dat;               //PS/2デバイスのデータ
    output  ps2clk_ctrl;          //PS/2デバイスのクロックcontrol
    output  ps2dat_ctrl;          //PS/2デバイスのデータcontrol
    output [31:0] ps2_data_out;   //32bit output(reserve(8bit),status(8bit),
                                  //              ydata(8bit),xdata(8bit))
    wire mclk;
    wire h_clk,h_dat,wcmd,mode,cmode,cmdmode;
    wire [7:0] stat;
    wire [7:0] xdat;
    wire [7:0] ydat;
    wire dclk;
    reg ps2dclk;
```

```
        assign wcmd=ps2reset | data_request;        //送信開始フラグ
        assign mode=ps2reset;                       //送信モード（0:リード，1:リセット）

        m_counter #(50) dc(clk,dclk);
        //PS2 clock latch
        always @(posedge dclk) begin
            ps2dclk=ps2clk;
        end

        m_counter mc(clk,mclk);      //50usのクロックを生成(host_ctrl用)
        host_ctrl hc(mclk,ps2dclk,wcmd,mode,h_clk,h_dat,cmode,cmdmode,wdeb);  //コマンド送信
        ps2dec ps2dc(cmdmode,ps2dclk,cmode,ps2dat,stat,xdat,ydat);    //受信パケットの解析

        assign ps2clk_ctrl=h_clk;    //PS/2クロック信号（オープン・コレクタ制御）
        assign ps2dat_ctrl=h_dat;    //PS/2データ信号（オープン・コレクタ制御）
        assign ps2_data_out={8'h00,stat,ydat,xdat};
endmodule
```

リスト 16-2　修正した spi_out モジュールのソース・コード

```
module spi_out (
                // inputs:
                 address,
                 chipselect,
                 clk,
                 reset_n,
                 write_n,
                 writedata,

                // outputs:
                 out_port,
                 readdata
                 ,spi_wr   //add spi_wr (*)
              )
;
  output  [  7: 0] out_port;
  output  [ 31: 0] readdata;
  input   [  1: 0] address;
  input            chipselect;
  input            clk;
  input            reset_n;
  input            write_n;
  input   [ 31: 0] writedata;
  output  spi_wr;             //add spi_wr (*)

  wire             clk_en;
  reg     [  7: 0] data_out;
  wire    [  7: 0] out_port;
  wire    [  7: 0] read_mux_out;
  wire    [ 31: 0] readdata;
  assign clk_en = 1;
  //s1, which is an e_avalon_slave
  assign read_mux_out = {8 {(address == 0)}} & data_out;
  assign spi_wr=(chipselect && ~write_n && (address == 0)) ? 1'b1 :1'b0;
                                                             //add spi_wr signal (*)
  always @(posedge clk or negedge reset_n)
    begin
      if (reset_n == 0)
          data_out <= 0;
      else if (chipselect && ~write_n && (address == 0))
          data_out <= writedata[7 : 0];
    end

  assign readdata = {32'b0 | read_mux_out};
  assign out_port = data_out;

endmodule
```

リスト 16-3　修正した sd_reader_core モジュールのソース・コード

```verilog
module sd_reader_core (
                // 1) global signals:
                 clk_0,
                 reset_n,

                // the_gpio_in
                 in_port_to_the_gpio_in,

                // the_led_pio
                 out_port_from_the_led_pio,

                // the_ps2_pio
                 in_port_to_the_ps2_pio,

                // the_seven_seg_pio
                 out_port_from_the_seven_seg_pio,

                // the_spi_cnt
                 in_port_to_the_spi_cnt,
                 out_port_from_the_spi_cnt,

                // the_spi_in
                 in_port_to_the_spi_in,

                // the_spi_out
                 out_port_from_the_spi_out

                 //spi_wr
                 , spi_wr      //Add spi_wr signal(*)
                )
;
  output  [ 15: 0] out_port_from_the_led_pio;
  output  [ 31: 0] out_port_from_the_seven_seg_pio;
  output  [  7: 0] out_port_from_the_spi_cnt;
  output  [  7: 0] out_port_from_the_spi_out;
  output  spi_wr;        //Add spi_wr signal(*)
  wire  wspi_wr;         //Add wspi_wr wire(*)
  input           clk_0;
  input   [ 15: 0] in_port_to_the_gpio_in;
  input   [ 31: 0] in_port_to_the_ps2_pio;
  input   [  7: 0] in_port_to_the_spi_cnt;
  input   [  7: 0] in_port_to_the_spi_in;
  input           reset_n;

     中略

  assign spi_wr=wspi_wr;            //assign spi_wr signal(*)

     中略

  spi_out the_spi_out
    (
      .address    (spi_out_s1_address),
      .chipselect (spi_out_s1_chipselect),
      .clk        (clk_0),
      .out_port   (out_port_from_the_spi_out),
      .readdata   (spi_out_s1_readdata),
      .reset_n    (spi_out_s1_reset_n),
      .write_n    (spi_out_s1_write_n),
      .writedata  (spi_out_s1_writedata)
      , .spi_wr (wspi_wr)           //Add wspi_wr wire(*)
    );
     後略
```

第16章 SDメモリーカード・データ・ロガーの製作

リスト16-4 トップ・モジュールのソース・コード

```verilog
module SdReader(clk,btn,sw,led,hled0,hled1,hled2,hled3,sd_cs,sd_sck,
        sd_sdo,sd_sdi,ps2clk,ps2dat,deb);
    input clk;
    input [2:0] btn;
    input [9:0] sw;
    output [9:0] led;
    output [7:0] hled0;
    output [7:0] hled1;
    output [7:0] hled2;
    output [7:0] hled3;
    output sd_cs,sd_sck,sd_sdi;
    input sd_sdo;
    inout    ps2clk;          //PS/2デバイスのクロック
    inout    ps2dat;          //PS/2デバイスのデータ

    output [3:0]deb;
    wire sdclk,btnclk,wsd_clk,wsd_sdi,w_busy;
    wire [7:0] sdout;
    //core interface
    wire [9:0] led_pio;
    wire [31:0] seven_seg;
    wire [31:0] ps2_pio;
    wire [7:0] spi_cnt_in;
    wire [7:0] spi_cnt_out;
    wire [7:0] spi_in;
    wire [7:0] spi_out;
    wire [15:0] gpio_in;
    wire spi_wr;
    //ps2 interface
    wire ps2reset,data_request,h_clk,h_dat;
    wire [31:0] ps2_data_out;

    ClockGen mClkGen(clk,sdclk,btnclk);
    SpiRw mSpiRw(sdclk,spi_wr,spi_out,spi_in,wsd_clk,wsd_sdi,sd_sdo,w_busy);

    //ps2 interface
    PS2Mouse mPs2Mouse(clk,ps2reset,data_request,ps2clk,ps2dat,
                                  h_clk,h_dat,ps2_data_out);
    //core
    sd_reader_core mCore(clk,btn[0],gpio_in,led_pio,ps2_pio,seven_seg,
                    spi_cnt_in,spi_cnt_out,spi_in,spi_out,spi_wr);

    //SD card interface
    assign sd_cs=spi_cnt_out[7];
    assign sd_sck=wsd_clk;
    assign sd_sdi=wsd_sdi;
    //debug signal
    assign deb={w_busy,/*sd_sdo*/,wsd_sdi,wsd_clk,sd_cs};

    assign spi_cnt_in={7'h0,w_busy};

    assign led=led_pio;
    assign hled0=seven_seg[7:0];
    assign hled1=seven_seg[15:8];
    assign hled2=seven_seg[23:16];
    assign hled3=seven_seg[31:24];

    assign gpio_in={2'h0,btn,sw};

    //PS2 interface
    assign ps2reset=spi_cnt_out[0];
    assign data_request=spi_cnt_out[1];

    assign ps2clk=h_clk ? 1'bz : 1'b0;  //PS/2クロック信号（オープン・コレクタ制御）
    assign ps2dat=h_dat ? 1'bz : 1'b0;  //PS/2データ信号（オープン・コレクタ制御）
    assign ps2_pio=ps2_data_out;

endmodule
```

リスト16-5 Nios II プログラムのソース・コード

```c
#include "alt_types.h"
#include "altera_avalon_pio_regs.h"
#include "sys/alt_irq.h"
#include "system.h"
#include <stdio.h>
#include <unistd.h>
#include <string.h>

//for File systems
int BPBSect=0;
int RootDirSect=0x18;        //ルート・ディレクトリのセクタ番号
int SecPerClust=0x4;         //クラスタ当たりのセクタ数
int FirstDataSector=0x38;    //最初のデータセクタ

//SW and Buttons
#define SW0     0x0001
#define SW1     0x0002
#define SW2     0x0004
#define SW3     0x0008
#define SW4     0x0010
#define SW5     0x0020
#define SW6     0x0040
#define SW7     0x0080
#define SW8     0x0100
#define SW9     0x0200
#define BTN0 0x0400
#define BTN1 0x0800
#define BTN2 0x1000

//I/O Control
#define SPI_CS      0x80
#define SPI_BUSY    0x01
#define PS2_RESET   0x81
#define PS2_REQUEST 0x82

#define GetIo(x)    IORD_ALTERA_AVALON_PIO_DATA(x)
#define GetGpio()   GetIo(GPIO_IN_Base)
#define GetPs2()    GetIo(PS2_PIO_Base)
#define GetSpi()    GetIo(SPI_IN_Base)
#define GetSpiCnt()     GetIo(SPI_CNT_Base)
#define SetIo(x,d) IOWR_ALTERA_AVALON_PIO_DATA(x,d)
#define SetLed(x)   SetIo(LED_PIO_Base,x)
#define SetHSeg(x)  SetIo(SEVEN_SEG_PIO_Base,x)
#define SetSpi(x)   SetIo(SPI_OUT_Base,x)
#define SetSpiCnt(x) SetIo(SPI_CNT_Base,x)

#define IsSpiBusy()     (GetSpiCnt() & SPI_BUSY)
#define SpiCs(x)    (x) ? SetSpiCnt(SPI_CS) : SetSpiCnt(0)

#define Ps2Reset(x)     (x) ? SetSpiCnt(PS2_RESET) : SetSpiCnt(SPI_CS)
#define Ps2Request(x)(x) ? SetSpiCnt(PS2_REQUEST) : SetSpiCnt(SPI_CS)

#define IsSwOn(x)   (GetGpio() & x)
#define IsBtnOn(x) !(GetGpio() & x)

#define delay_us(x)     usleep(x)
#define delay_ms(x)     usleep(x*1000)
#define true   1
#define false  0
#define   CMD(n)    (0x40 | (n))

//functions prototypes=========================
int SpiRw(int dat);
void WaitButton(char *msg);
```

```c
volatile int timer_count=0;
volatile int sect_count=0;

unsigned char SectBuff[512];

//--------------------------------------------------------------------------
// SD Card Commands
//--------------------------------------------------------------------------
const char CmdGoIdle[6]={CMD(0),0x00,0x00,0x00,0x00,0x95};
const char CmdSendOp[6]={CMD(1),0x00,0x00,0x00,0x00,0x01};
const char CmdReadScd[6]={CMD(9),0x00,0x00,0x00,0x00,0x01};
const char CmdReadBl[6]={CMD(17),0x00,0x00,0x00,0x00,0x01};
const char CmdWriteBl[6]={CMD(24),0x00,0x00,0x00,0x00,0x01};

//--------------------------------------------------------------------------
static void handle_timer_interrupts(void* context)
{
    timer_count++;
    if(timer_count>=1000){
        sect_count++;
        timer_count=0;
    }
    IOWR(TIMER_0_Base, 0, 0x0);
}
//--------------------------------------------------------------------------
void SetSevenSeg(int val)
{
    unsigned char SevenSeg[16]={ 0x40,0x79,0x24,0x30,0x19,0x12,0x02,0x78,
                                 0x00,0x18,0x08,0x03,0x27,0x21,0x06,0x0e};
    unsigned char dotMask=0x80;
    unsigned char hdat;
    int i;
    unsigned int dat;
    dat=0;
    for(i=0;i<4;i++){
        hdat=(val & 0x0f);
        val>>=4;
        dat|=(SevenSeg[hdat] | dotMask)<<(8*i);
    }
    SetHSeg(dat);

}
//--------------------------------------------------------------------------
int SpiRw(int dat)
{
    while(IsSpiBusy());
    SetSpi(dat);
    while(IsSpiBusy());
    return GetSpi();
}
//--------------------------------------------------------------------------
void WaitButton(char *msg)
{
    if(msg) {
        printf(msg);
    }
    while(!IsBtnOn(BTN2));
    while(IsBtnOn(BTN2));

}
//--------------------------------------------------------------------------
int SendCmd(char *cmd,int cscont)
{
    unsigned char i,ret;

    if (cscont)
```

```c
            SpiCs(0);
        SpiRw(0xff);
        for (i=0;i<6;i++) {
            SpiRw(cmd[i]);
        }
        for (i=0;i<10;i++) {
            ret=SpiRw(0xff);
            if (ret!=0xff)
                break;
        }
        if (cscont)
            SpiCs(1);

        return ret;
}
//--------------------------------------------------------------------------
// セクタの読み出し
//--------------------------------------------------------------------------
void DataDump16(unsigned char *buff)
{
    //16byteのデータ・ダンプ
    unsigned char ascdump[18];
    unsigned char ch;
    int i;

    for(i=0;i<16;i++){
        ch=buff[i];
        printf("%02X ",ch);
        if(i==7)
            printf("- ");
        if((ch<0x20)||(ch>=0xe0))
            ch='.';
        if(i<8)
            ascdump[i]=ch;
        else
            ascdump[i+1]=ch;
    }
    ascdump[8]='-';
    ascdump[17]=0;
    printf(ascdump);
    printf("\n");
}
//--------------------------------------------------------------------------
void SectDump()
{
    int i;
    for(i=0;i<512;i+=16){
        DataDump16(&SectBuff[i]);
    }

}
//--------------------------------------------------------------------------
int ReadSect(int sect)
{
    int ret,i,adr;
    char cmRead[6]={CMD(17),0x00,0x00,0x00,0x00,0x01};


    //printf("---- セクタダンプ開始 ----\n");
    //アドレスの展開
    adr=sect*512;
    for(i=4;i>=1;i--){
        cmRead[i]=adr & 0xff;
        adr >>=8;
    }
    //リード・コマンド発行
```

```c
        SpiCs(0);
        ret=SendCmd(cmRead,false);
        if(ret!=0){
            printf("リードコマンドが失敗しました(1)．ボードをリセットしてやり直してください．\n");
            SpiCs(1);
            return 0;
        }
        //データ準備待ち
        do{
            ret=SpiRw(0xff);
        }while(ret==0xff);
        if(ret!=0xfe){
            printf("リードコマンドが失敗しました(2)．ボードをリセットしてやり直してください．\n");
            printf("Err=%d\n",ret);
            SpiCs(1);
            return 0;
        }
        //1セクタ=512byte(16x32)の読み出しとダンプ
        for(i=0;i<512;i++){
            SectBuff[i]=SpiRw(0xff);
        }
        //CRCの読み込み（ダミー・リード）
        SpiRw(0xff);
        SpiRw(0xff);
        SpiCs(1);
        return 1;
}
//--------------------------------------------------------------------------
void WriteSect(int sect)
{
    int i,ret,adr;
    char cmWrite[6]={CMD(24),0x00,0x00,0x00,0x00,0x01};

    //アドレスの展開
    adr=sect*512;
    for(i=4;i>=1;i--){
        cmWrite[i]=adr & 0xff;
        adr >>=8;
    }
    //printf("---- セクタ書き込み開始 ----\n\r");
    //書き込みコマンド発行
    SpiCs(0);
    ret=SendCmd(cmWrite,0);
    if (ret!=0) {
      printf("Writeコマンドが失敗しました．ボードをリセットしてやり直してください．\n");
      SpiCs(1);
      return;
    }
    //send header
    SpiRw(0xff);
    SpiRw(0xfe);
    for(i=0;i<512;i++){
        SpiRw(SectBuff[i]);
    }
    //CRC
    SpiRw(0);
    SpiRw(0);
    //データ完了待ち
    ret=SpiRw(0xff);
    while(ret==0xff){
        ret=SpiRw(0xff);
    }
    if ((ret& 0x0f)!=0x05) {
      printf("Writeコマンドが失敗しました．ボードをリセットしてやり直してください．\n");
      printf("Err=%d\n",ret);
```

```c
            SpiCs(1);
            return;
        }
        ret=SpiRw(0xff);
        while(ret!=0xff){
            ret=SpiRw(0xff);
        }
        SpiCs(1);
        //printf("---- セクタ書き込み終了 ----¥n");
}
//---------------------------------------------------------------------------
int SdMount()
{
        int RootEntCnt,RootDirSectors,RsvdSecCnt,NumFat,FatSectors,BytePerSect;
        //FAT情報の取得
        ReadSect(0);
        //MBRの確認
        //先頭の3byteを確認
        if((SectBuff[0]==0xe9)||((SectBuff[0]==0xeb)&&(SectBuff[2]==0x90))){
            //MBRなし
            BPBSect=0;
        }else{
            //最初のパーティション・テーブルの取得
            BPBSect=(SectBuff[0x1C9]<<24)+(SectBuff[0x1C8]<<16)
                        +(SectBuff[0x1C7]<<8)+SectBuff[0x1C6];
            ReadSect(BPBSect);
        }
        SecPerClust=SectBuff[13];
        RsvdSecCnt=(SectBuff[15]<<8)+SectBuff[14];
        RootEntCnt=(SectBuff[18]<<8)+SectBuff[17];
        FatSectors=(SectBuff[23]<<8)+SectBuff[22];
        NumFat=2;
        BytePerSect=512;
        RootDirSectors=((RootEntCnt<<5)+(BytePerSect-1))/BytePerSect;
        FirstDataSector=RsvdSecCnt+(NumFat*FatSectors)+RootDirSectors;
        RootDirSect=BPBSect+(FatSectors*NumFat)+RsvdSecCnt;

        return 1;
}
//---------------------------------------------------------------------------
int ShowDir()
{
        int i;
        unsigned char *dp;
        unsigned char c,attr;
        int size,clust;
        int fclust=0;

        if(!SdMount())
            return 0;
        if(!ReadSect(RootDirSect))
            return 0;
        for(i=0;i<512;i+=32){
            dp=&SectBuff[i];
            c=*dp;
            if(c==0xe5)
                continue;      //deleted file
            if(c==0)
                break;         //no more data
            attr=dp[11];
            if(attr==0x0f)
                continue;      //long file name entry
            dp[11]=0;
            printf("%s ",dp);
            if(attr & 0x10){
```

```c
                printf("<dir> ");
            }else if(attr & 0x08){
                printf("<vol> ");
            }else{
                printf("      ");
                //file size & clust
                size=(dp[31]<<24)+(dp[30]<<16)+(dp[29]<<8)+dp[28];
                clust=(dp[27]<<8)+dp[26];
                printf("%d,%04X",size,clust);
                if(strcmpi(dp,"TEST    DAT")==0){
                    fclust=clust;
                }
            }
            printf("¥n");
        }
        return fclust;
}

int main(void)
{
    int i,InitDone,ret,loop,ps2dat,ops2dat;
    int count;
    int fclust,dsect;

    alt_ic_isr_register(TIMER_0_IRQ_INTERRUPT_CONTROLLER_ID,
                        TIMER_0_IRQ,handle_timer_interrupts, NULL, 0x0);

    printf("¥n<<< SdReader Start! <<<<<<<<<<¥n");
    SetSpiCnt(SPI_CS);
    InitDone=0;
    loop=1;

    Ps2Reset(1);
    usleep(100000);     //100ms delay
    Ps2Reset(0);

    //test.datファイルがあるSDメモリーカードが挿入されるまでループ
    dsect=0;
    while(loop){
      WaitButton("test.datファイルがあるSDメモリーカードを挿入して,B2ボタンを押してください.¥n");
        for(i=0;i<8;i++){
            SpiRw(0xff);
        }
        ret=SendCmd(CmdGoIdle,true);
        if(ret!=1){
            printf("カードの初期化に失敗しました. (%02X)¥n",ret);
        }else{
            printf("カードの初期化に成功しました. ¥n");
            for(i=0;i<100;i++){
                ret=SendCmd(CmdSendOp,true);
                if((ret==0xff)||(ret==0)){
                    break;
                }
                delay_ms(100);
            }
            if(ret==0)
                printf("初期化完了¥n");
            else
                printf("初期化失敗¥n");
            InitDone=1;
        }
        if(InitDone){
            fclust=ShowDir();
            if(fclust){
                if(fclust>1)
                    fclust-=2;
```

```c
                        else
                            fclust=0;
                        dsect=FirstDataSector+(fclust*SecPerClust+BPBSect);
                        if(!ReadSect(dsect)){
                            printf("test.datが開けませんでした．!\n");
                        }else{
                            printf("Dump test.dat\n");
                            SectDump();
                            printf("\n");
                            loop=0;
                        }
                    }else{
                        printf("ファイルが見つかりませんでした．\n");
                        InitDone=0;
                    }
                }
            }
            //カードOK
            ops2dat=-1;
            count=0;
            SetLed(count);
            printf("データの記録を開始します．\n");
            printf("|-------------------------------------------------------------|-------------------------------------------------------------|\n");
            while( 1 ){
                Ps2Request(1);
                usleep(1000);
                Ps2Request(0);
                usleep(100000);
                ps2dat=GetPs2();
                if(ps2dat==ops2dat)
                    continue;
                ops2dat=ps2dat;
                SetSevenSeg(ps2dat & 0xffff);
                if(count<512){
                    SectBuff[count]=ps2dat & 0xff;
                    count++;
                    SectBuff[count]=(ps2dat >>8) & 0xff;
                    count++;
                    SectBuff[count]=(ps2dat >>16) & 0xff;
                    count++;
                    SectBuff[count]=0x00;
                    count++;
                    SetLed(count);
                    printf("*");
                    if(count==512){
                       WaitButton("\nデータが512バイトになりました．Button2を押して，保存してください．\n");
                            printf("ファイル保存中・・・\n");
                            WriteSect(dsect);
                            count=0;
                            SetLed(count);
                            printf("ファイルに保存しました．\n");
                    }
                }
            }
    return 0;
}
```

第17章 Cyclone III 内蔵 PLL の使い方

　DE0 には，50MHz の水晶発振器が搭載されています．異なる周波数のクロックが必要な場合は，通常カウンタを使って分周器（プリスケーラ）を構成します．しかし，この方法では多くのロジック・エレメントを消費しますし，基準となるクロック周期の整数倍のクロックしか得られません．

　Cyclone III には PLL（Phase Locked Loop）が内蔵されています．PLL を使うと，基準となるクロックをもとに異なる周波数のクロックを得ることができます．Cyclone III 内蔵の PLL を使用すると，PLL のパラメータを設定するだけで必要なクロックを得ることができます．

　Cyclone III の内蔵 PLL は，基準クロックのN/M倍の周波数のクロックを得ることができるので，基準クロックよりも高い周波数のクロックを得ることも可能です．例えば，$N=3, M=2$とすると，75MHz のクロックを得ることができます．Cyclone III には 4 個の PLL が搭載されているので，最大で 4 種類のクロックを得ることが可能です．

　ここでは，MegaWizard Plug-In Manager を使って内蔵 PLL を構成し，四つの異なる周波数を生成してみます．

内蔵 PLL のテスト回路

　図 17-1 に，内蔵 PLL のテスト回路のブロック図を示します．このテスト回路では，PLL から得ら

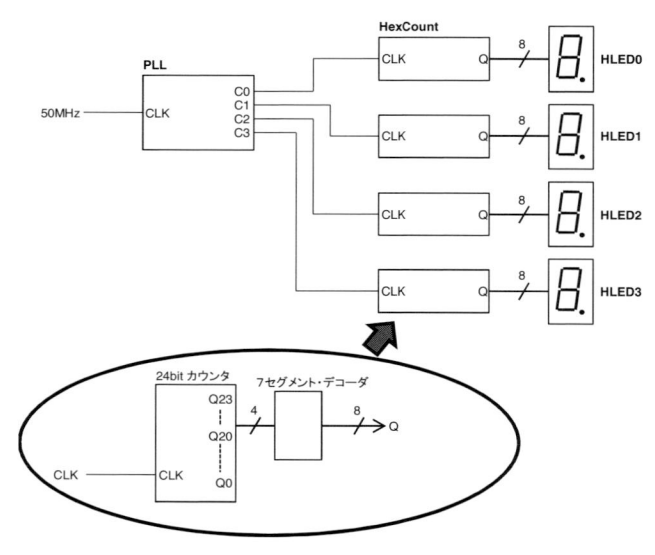

図 17-1　内蔵 PLL の実験回路のブロック図

れた四つのクロックをさらに分周して低速なクロックを得ています．この低速なクロックを使ってカウンタを動作させ，そのカウンタの値を4個の7セグメントLEDに表示しています．

Cyclone IIIのPLLでは，あまり遅いクロックは得ることができないため，カウンタの動作のようすが目で見て分かるように，得られたクロックをさらに分周しています．分周器は，四つとも同じものなので，PLLの周波数の違いがそのまま7セグメントLEDで確認することができます．

プログラムの作成手順

トップ・モジュールの作成

最初に，Quartus IIのプロジェクト・ウィザードを使って新規のプロジェクトを作成し，トップ・モジュールを作成します．

トップ・モジュールは，とりあえずPinAssignのソース・コード（リスト5-1）をコピーして，モジュール名を"PLL_Test"に変えておきます．この状態で，「Processing」メニューから「Start」→「Start Analysis & Elaboration」を実行します．

そして，「Assignments」メニューから「Import Assignments」を実行して，PinAssignのプロジェクトのピン・アサインを読み込んでおきます．

MegaWizard Plug-in Managerで内蔵PLLを構成

次に，Quartus IIの「Tools」メニューから「MegaWizard Plug-in Manager」を起動します．図17-2~図17-6にMegaWizard Plug-in Managerの主要画面を示します．

page 1（図17-2）では，新規にメガファンクションを作成するかどうかを聞いてきます．初めて作成する場合は，「Create a new custom megafunction variation」を選択します．すでに作成済みのものを編集する場合は，「Edit an existing custom megafunction variation」を選択すると，あとからパラメータを変更することができます．ここでは，新規に作成するので「Create a new custom

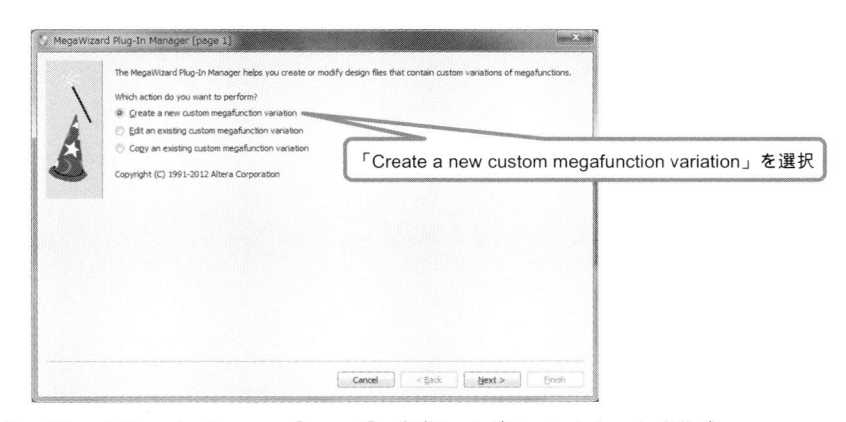

図17-2 MegaWizard Plug-in Manager [page 1]．新規にメガファンクションを作成

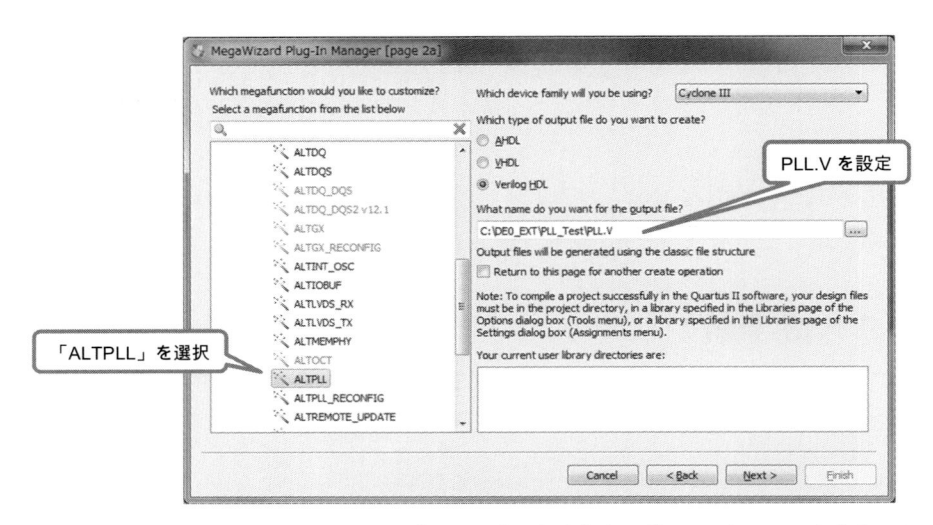

図17-3　MegaWizard Plug-in Manager［page 2a］．作成するメガファンクションと出力ファイル名を設定

megafunction variation」を選択して［Next］ボタンを押します．

次に，page 2（図17-3）では，作成するメガファンクションと出力するファイル名を設定します．ここではPLLを使用するので，メガファンクションの選択ツリーから「ALTPLL」を選択します．また，出力ファイルには，自動生成されるインターフェース・モジュールのファイル名を設定します．ここでは，出力ファイルの形式に「Verilog HDL」を選択して，出力ファイルには作成したプロジェクトのフォルダの中に"PLL.V"というファイルが作成されるように設定します．

page 3（図17-4）では，デバイスのスピード・グレードとクロック周波数を設定します．DE0のCyclone III（EP3C16F484）は，スピード・グレードが6，クロック周波数は50MHzとなります．

page 4（図17-5）では，「Lock output」の中の「Create 'locked' output」のチェックを外します．

page 5～page 7はデフォルト設定のまま［Next］ボタンを押します．

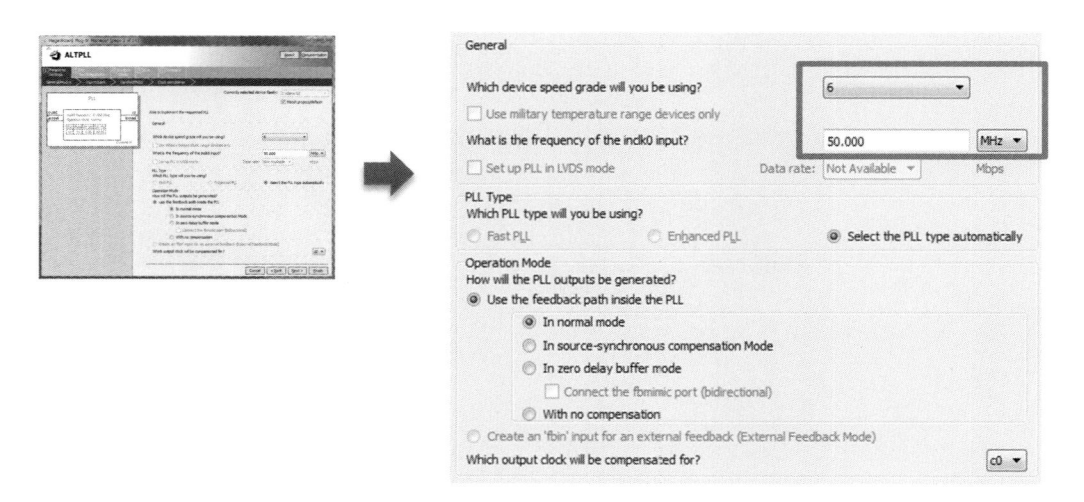

図17-4　MegaWizard Plug-in Manager［page 3 of 14］．スピード・グレードとクロック周波数を設定

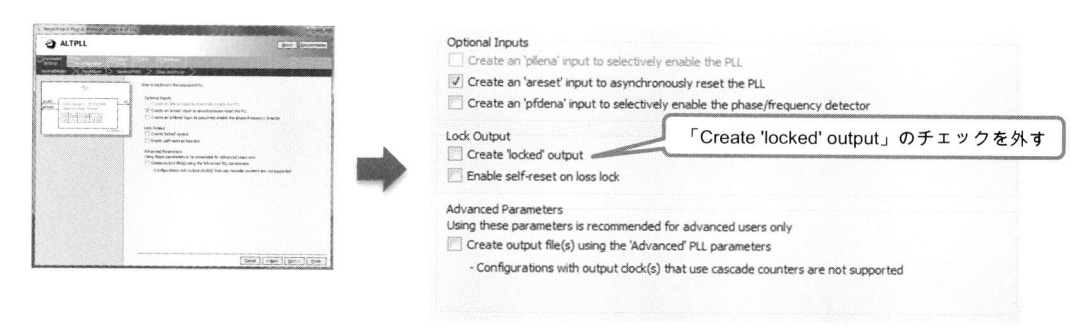

図 17-5　MegaWizard Plug-in Manager [page 4 of 14]

　page 8（図 17-6）~page 11 は，C0~C3 までの出力クロックの設定となります．クロックを使用する場合は，それぞれのページで「Use this clock」にチェックを入れます．クロック周波数の設定は，直接周波数を指定する方法と倍率を設定する方法がありますが，ここでは倍率で設定するようにしています．

　倍率は，図 17-6 のように，「Clock multiplication factor」と「Clock division factor」の二つのパラメータで設定します．ここでは，「Clock multiplication factor」に 1 を設定し，「Clock division factor」に 100 を設定しているので，C0 出力は基準クロックの 1/100 となり，500kHz の周波数が出力されます．「Clock phase shift」と「Clock duty cycle」は，それぞれクロックの位相とデューティー比ですが，デフォルトのままにしておきます．

　C0 と同様に C1~C3 を設定します．C1 では「Clock multiplication factor」を 2 に設定にして 1MHz のクロックにします．C2 では「Clock multiplication factor」を 4 に設定して 2MHz，C3 ではこれを 8 に設定して 4MHz のクロックを出力するようにしています．C4 は使用しないため，「Use this clock」のチェックを外しておきます．

　page 13 は，シミュレーション・ライブラリに関する設定ですが，デフォルトのままにしておきます．

　最後に，page 14 で生成されるファイルの設定になります．このページもデフォルトのままにして，[Finish] ボタンを押します．これで，内蔵の PLL のモジュールが自動で生成されます．このモジ

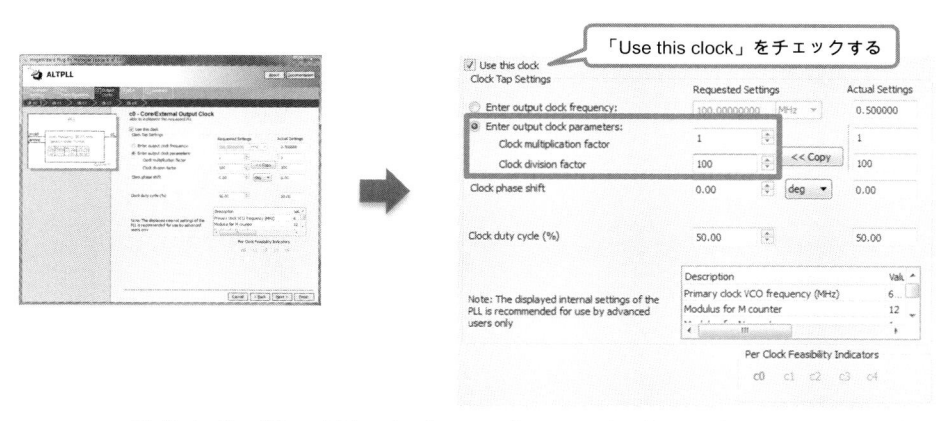

図 17-6　MegaWizard Plug-in Manager [page 8 of 14]．出力クロック C0 の設定

第17章 Cyclone III 内蔵 PLL の使い方

写真 17-1 動作確認．写真では分からないが上位のけたほど高速にカウントする

ュールをトップ・モジュールに組み込めば，PLL を使用することができるようになります．

内蔵 PLL テスト回路のプログラム

リスト 17-1 に，PLL を組み込んだ内蔵 PLL テスト回路のソース・コードを示します．PLL のモジュールとして pll1 を作成し，基準クロックを clk，C0~C3 を clk1~clk4 として取り出しています．

取り出したクロックは，カウンタを内蔵した 7 セグメント・デコーダ HexCount の u1~u4 にそれぞれ接続し，四つの 7 セグメント LED がそれぞれのクロックでカウントするようにしています．

動作確認

このプログラムをコンパイルして書き込むと，PLL のクロックのようすを四つの 7 セグメント LED で確認することができます（**写真 17-1**）．

クロックは，下位のけたから上位のけたに向かってより高速なクロックになっているため，7 セグメント LED の表示は上位のけたほど高速にカウントしていることが分かります．

また，クロックの分周比に従って，カウント・アップの速度が変化していることも確認できます．

リスト 17-1　PLL テスト回路のソース・コード

```verilog
module HexCount(clk,q);
    input clk;
    output [7:0] q;
    reg [23:0] cnt;
    //7segment decoder
  function [7:0] LedDec;
    input [3:0] num;
    begin
      case (num)
        4'h0:       LedDec = 8'b11000000;   // 0
        4'h1:       LedDec = 8'b11111001;   // 1
        4'h2:       LedDec = 8'b10100100;   // 2
        4'h3:       LedDec = 8'b10110000;   // 3
        4'h4:       LedDec = 8'b10011001;   // 4
        4'h5:       LedDec = 8'b10010010;   // 5
        4'h6:       LedDec = 8'b10000010;   // 6
        4'h7:       LedDec = 8'b11111000;   // 7
        4'h8:       LedDec = 8'b10000000;   // 8
        4'h9:       LedDec = 8'b10011000;   // 9
        4'ha:       LedDec = 8'b10001000;   // A
        4'hb:       LedDec = 8'b10000011;   // B
        4'hc:       LedDec = 8'b10100111;   // C
        4'hd:       LedDec = 8'b10100001;   // D
        4'he:       LedDec = 8'b10000110;   // E
        4'hf:       LedDec = 8'b10001110;   // F
        default:    LedDec = 8'b11111111;   // LED OFF
      endcase
    end
  endfunction

    assign q=LedDec(cnt[23:20]);
    always @(posedge clk) begin
        cnt=cnt+1;
    end
endmodule

module PLL_Test(clk,btn,sw,led,hled0,hled1,hled2,hled3);
    input clk;
    input [2:0] btn;
    input [9:0] sw;
    output [9:0] led;
    output [7:0] hled0;
    output [7:0] hled1;
    output [7:0] hled2;
    output [7:0] hled3;
    wire clk1,clk2,clk3,clk4;

    PLL pll1(clk,clk1,clk2,clk3,clk4);

    assign led=10'h0;
//    assign hled0=8'hff;
//    assign hled1=8'hff;
//    assign hled2=8'hff;
//    assign hled3=8'hff;
    HexCount u1(clk1,hled0);
    HexCount u2(clk2,hled1);
    HexCount u3(clk3,hled2);
    HexCount u4(clk4,hled3);
endmodule
```

第18章　外付けSDRAMの使い方

　Cyclone III には RAM が内蔵されています．今までのサンプルでは，この内蔵 RAM を Nios II のプログラム・メモリに割り当てていました．このため，プログラム・メモリ・サイズの容量は 16Kbyte 程度となるため，あまり大きなプログラムは実行できませんでした．

　Nios II のプログラム・メモリを DE0 に搭載されている SDRAM に割り当てると，RAM 容量が 8Mbyte に増えるので複雑なプログラムでも動作させることができるようになり，さらに内蔵 RAM をほかの用途に使用することができます．

　内蔵 RAM は，MegaWizard Plug-In Manager を使って，FIFO やデュアル・ポート RAM（DPRAM）に割り当てることも可能です．第 20 章では，内蔵 RAM を VRAM として使用したグラフィック・ディスプレイを作成します．

　Nios II を使った開発を行う場合，On-Chip Memory を使ってプログラム・メモリを構成するとあまり大きなメモリが作成できないため，Small C ライブラリでないとプログラム・メモリに収まりません．Small C ライブラリでは標準ライブラリの機能に制限があるため，使いたい機能が使えない場合があります．また，内蔵 RAM をほかの用途に使いたい場合は，プログラム・メモリを別に用意する必要があります．

　DE0 には 8Mbyte の SDRAM A3V64S40ETP-G6（Zentel 社）が搭載されているため，これを使えば上記の問題を一気に解決することができます．SDRAM のアクセスは，クロック同期によるデータ通信のためインターフェースは比較的複雑になりますが，Nios II には SDRAM のアクセス・コンポーネントがあるため，これを使うと簡単に SDRAM を使用できるようになります．

　ここでは，Nios II の Hello World サンプルを SDRAM を使って動作させてみることにします．

トップ・モジュールの作成

　SDRAM テスト回路のトップ・モジュールは，PinAssign のトップ・モジュール（リスト 5-1）に，SDRAM インターフェース信号を追加します．SDRAM の信号線とピン・アサインは，付録の SDRAM インターフェースの項目を参照してください．

　リスト 18-1 に，作成した SDRAM モジュールのソース・コードを示します．sdram_core モジュールが Qsys で作成するコア・モジュールです．SDRAM の制御信号はすべて Qsys で作成したモジュールから出力されます．

リスト 18-1　SDRAM モジュールのトップ・モジュールのソース・コード

```verilog
module sdram(clk,btn,sw,led,hled0,hled1,hled2,hled3,
    DRAM_DQ,DRAM_ADDR,DRAM_DQM,DRAM_WE_N,DRAM_CAS_N,DRAM_RAS_N,DRAM_CS_N,
    DRAM_BA,DRAM_CLK,DRAM_CKE    //SDRAM I/F
        );
    input clk;
    input [2:0] btn;
    input [9:0] sw;
    output [9:0] led;
    output [7:0] hled0;
    output [7:0] hled1;
    output [7:0] hled2;
    output [7:0] hled3;
    //////////////////////         SDRAM Interface       //////////////////////
    inout     [15:0]     DRAM_DQ;         //   SDRAM Data bus 16 Bits
    output    [12:0]     DRAM_ADDR;       //   SDRAM Address bus 13 Bits
    output    [1:0]      DRAM_DQM;        //   SDRAM Low-byte/High-byte Data Mask
    output               DRAM_WE_N;       //   SDRAM Write Enable
    output               DRAM_CAS_N;      //   SDRAM Column Address Strobe
    output               DRAM_RAS_N;      //   SDRAM Row Address Strobe
    output               DRAM_CS_N;       //   SDRAM Chip Select
    output    [1:0]      DRAM_BA;         //   SDRAM Bank Address
    output               DRAM_CLK;        //   SDRAM Clock
    output               DRAM_CKE;        //   SDRAM Clock Enable
    wire cpu_clk,sdram_clk;

    sdram_core core(
                .clk_0(clk),
                .cpu_clk(cpu),
                .reset_n(btn[0]),
                .sdram_clk(sdram_clk),

               // the_sdram_0
                .zs_addr_from_the_sdram_0(DRAM_ADDR),
                .zs_ba_from_the_sdram_0(DRAM_BA),
                .zs_cas_n_from_the_sdram_0(DRAM_CAS_N),
                .zs_cke_from_the_sdram_0(DRAM_CKE),
                .zs_cs_n_from_the_sdram_0(DRAM_CS_N),
                .zs_dq_to_and_from_the_sdram_0(DRAM_DQ),
                .zs_dqm_from_the_sdram_0(DRAM_DQM),
                .zs_ras_n_from_the_sdram_0(DRAM_RAS_N),
                .zs_we_n_from_the_sdram_0(DRAM_WE_N)
    );
    assign led=10'h0;
    assign hled0=8'hff;
    assign hled1=8'hff;
    assign hled2=8'hff;
    assign hled3=8'hff;
    assign DRAM_CLK=sdram_clk;
endmodule
```

コア・モジュールの作成

　トップ・モジュールができたら，Qsys でコア・モジュールを作成します．作成するコア・モジュール名は"sdram_core"とします．

第 18 章　外付け SDRAM の使い方

　今までは，ここで On-Chip Memory を追加していましたが，今回は，On-Chip Memory の代わりに SDRAM Controller を追加します（**図 18-1**）．

　SDRAM Controller を追加すると SDRAM Controller のパラメータ設定画面が表示されるので，**図 18-2** のように，「Presets」を Custom にして，「Data Width」を 16bit に設定します．

　他のパラメータはデフォルトのままです．画面下側に，メモリ・サイズが 8Mbyte と表示されていることを確認します．メモリ・サイズが異なっている場合は，ほかのパラメータが**図 18-2** の通りに

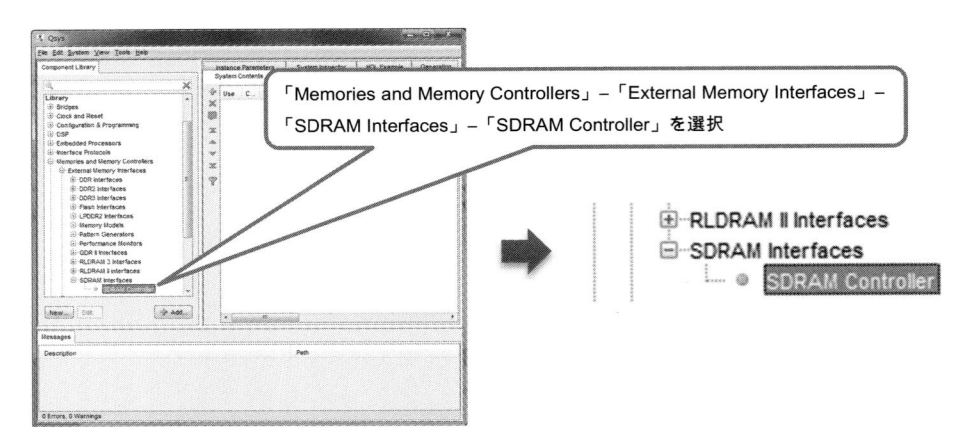

図 18-1　SDRAM Controller を追加

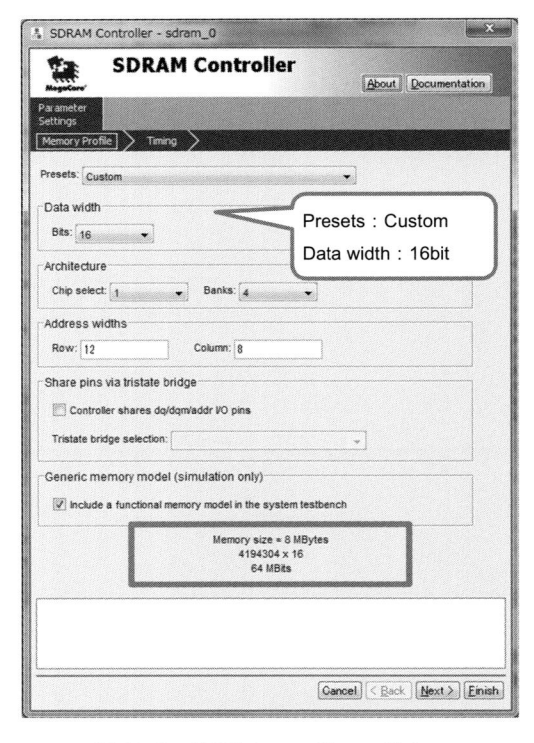

図 18-2　SDRAM Controller の設定 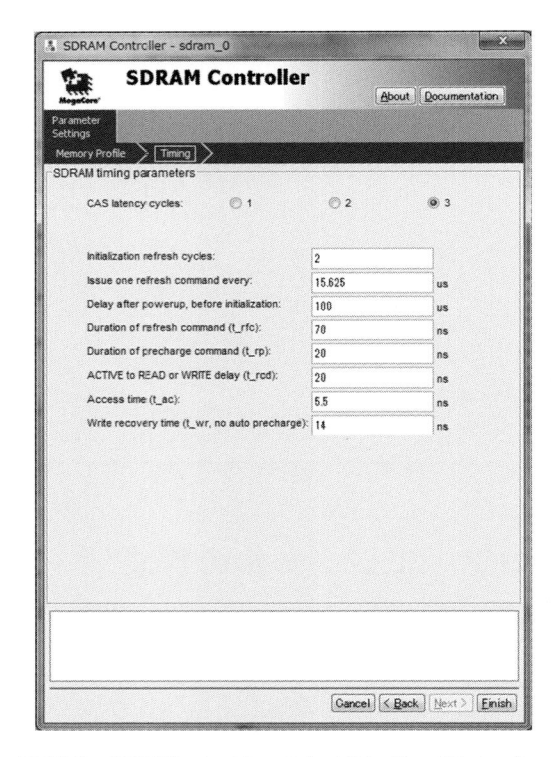　　　　図 18-3　SDRAM Controller のタイミング・パラメータ

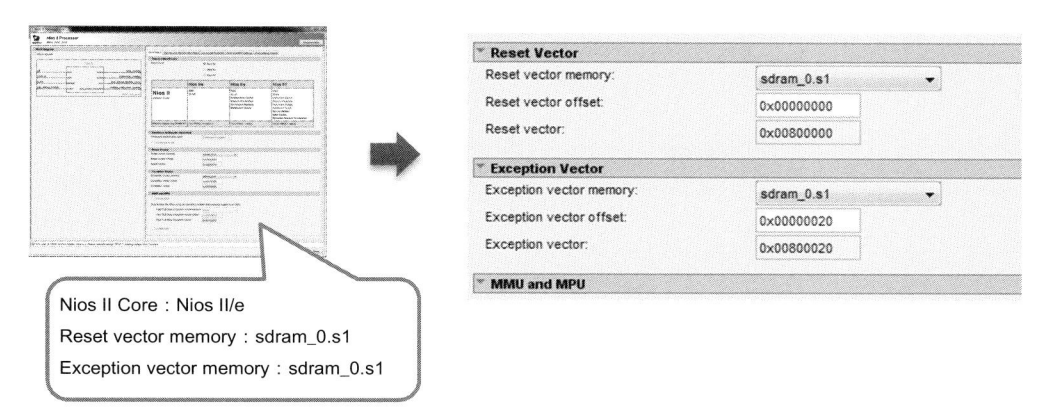

図18-4　Nios II Processor の設定

なっているかどうか確認してください．ここで［Next］ボタンを押すとタイミング・パラメータの設定画面となります．このパラメータは，図18-3のようにデフォルトのまま変更しません．最後に［Finish］ボタンを押して，SDRAM Controller の追加は終了です．

次に，Nios II Processor を追加します．図18-4のように，リセット・ベクタと例外ベクタに，先ほど追加した sdram_0.s1 を指定します．

次に，JTAG UART を追加します．JTAG UART は他章のサンプルと同様，パラメータはデフォルトのままです．

位相の合ったクロックを供給するために内蔵 PLL を使用

SDRAM はクロック同期で動作するので，CPU の信号線に遅延があると正しく動作しなくなります．そこで，PLL を使用して CPU と SDRAM のクロックの位相が正しく合うように調整します．

PLL は，前章では MegaWizard Plug-In Manager を使って作成しましたが，Qsys からも登録することができます．

PLL は，図18-5のように PLL ライブラリの Avalon ALTPLL を使用します．

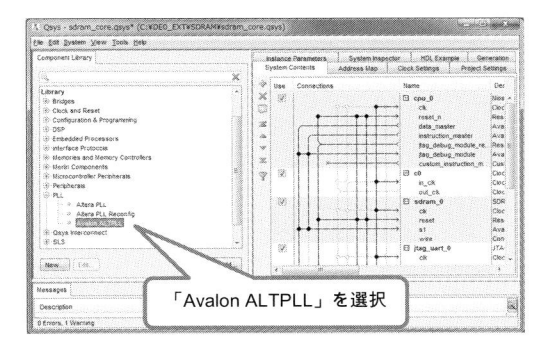

図18-5　PLL ライブラリの PLL コンポーネント 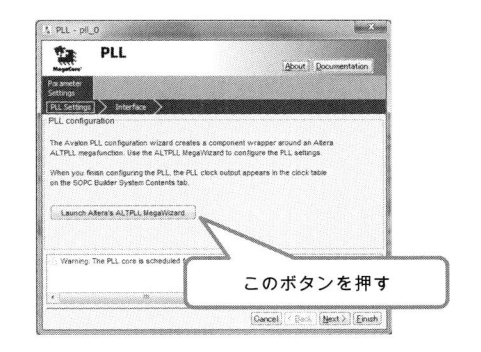　　　図18-6　PLL コンポーネントの設定画面

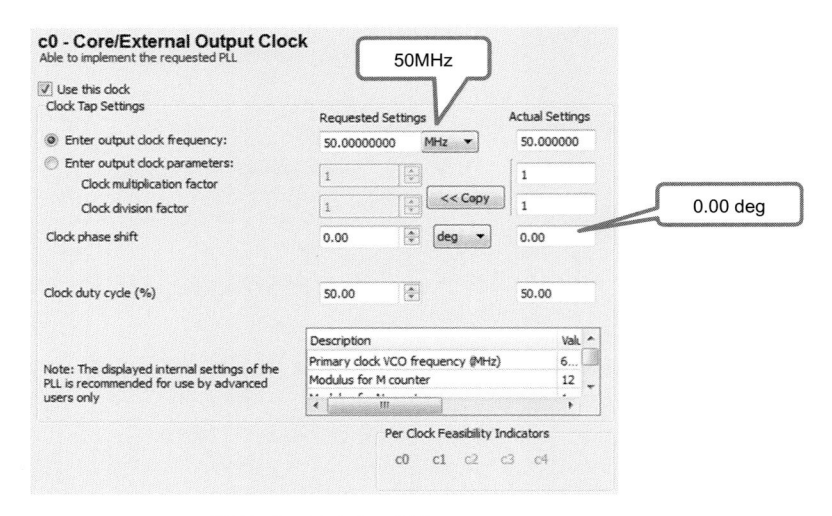

第 18 章　外付け SDRAM の使い方

図 18-7　C0 出力の設定

Avalon ALTPLL を追加し図 18-6 のような画面が表示されたら，［Launch Altera's ALTPLL MegaWiard］ボタン押して PLL のパラメータ設定画面を起動します．PLL のパラメータ設定画面は，前章と同じように MegaWizard Plug-In Manager が起動されます．

page 1 では，クロック周波数とデバイスのスピード・グレードを設定します．ここでは，スピード・グレードに 6，クロック周波数に 50MHz を設定します（前章参照）．

page2 では，Lock output の「Create 'locked' output」のチェックを外します．

page 3~page 5 まではデフォルトのままなので，そのまま [Next] ボタンを押して画面を進めます．

page 6 は，C0 出力の設定です．C0 は CPU 用のクロックです．ここでは，図 18-7 のように，クロック周波数を 50MHz，Clock phase shift を 0.00deg に設定します．

次に，C1 出力の設定です．C1 は SDRAM 用のクロックで CPU と同じ 50MHz ですが，図 18-8

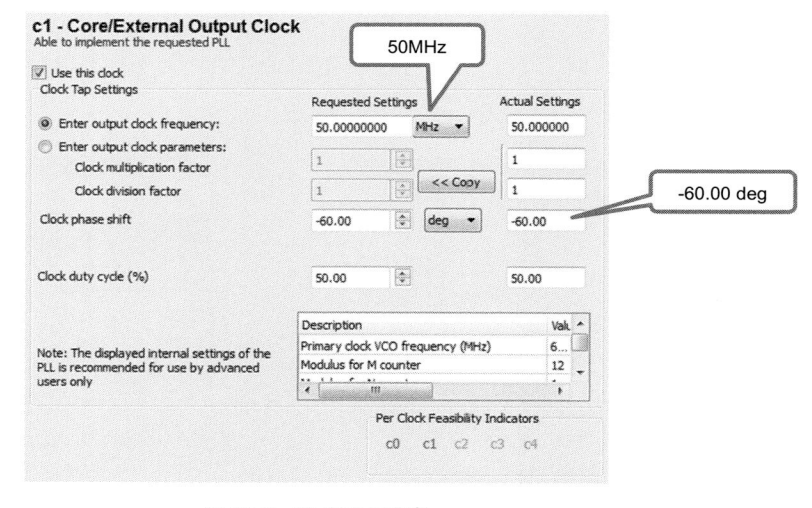

図 18-8　C1 出力の設定

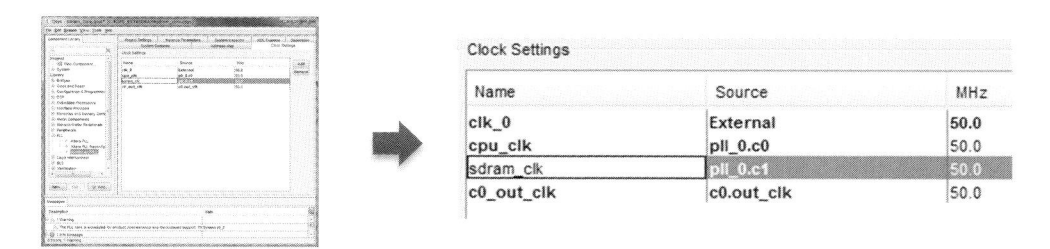

図 18-9　PLL のクロック名の設定

のように，位相差の Clock phase shift の設定を，-60.0deg に設定します．

「Clock duty cycle」は，どちらもデフォルトの 50%のままに設定します．

C2～C4 出力は使用しないので「Use this clock」のチェックを外しておきます．そのほかはデフォルトのままなので，そのまま［Finish］ボタンを押してウィザードを終了します．

クロックの設定

PLL を登録すると，画面上の「Clock Settings」に PLL のクロックが表示されます．クロックの種類が分かるように，pll_0.c0 と pll_0.c1 の名前を，図 18-9 のようにそれぞれ"cpu_clk"と"sdram_clk"に変更します．

クロックの Name 欄の名前をダブルクリックすると，名前の入力モードになるので，そこで新しい名前を設定します．

クロック・ソースの変更

最後にクロック・ソースの変更を行います．Qsys の各コンポーネントには，クロック・ソースが表示されています．デフォルトでは，外部クロックの clk_0 が設定されていますが，pll_0 以外のクロックをすべて cpu_clk に変更します．

クロック名をクリックすると，ドロップダウン・リストが表示され，上で設定したクロック名でクロックが選択できるようになっています．ここで cpu_clk を選択すればクロック・ソースが cpu_clk に変更されます．

コンポーネントがすべて設定されたら，System メニューから「Auto-Assign Base Address」を実行してベース・アドレスを設定します．最後に［Generate］ボタンを押してコア・モジュールを生成します．コア・モジュールの生成が完了したら，［Exit］ボタンを押して Quartus II に戻ります．

コア・モジュールの呼び出し

作成したモジュールは，sdram_core モジュールとして呼び出すことができます．リスト 18-1 では，

第 18 章　外付け SDRAM の使い方

すでに sdram_core の記述をしていますが，新規に作る場合は，Qsys でコア・モジュールを生成してから，トップ・モジュールにモジュールを追加する順序になります．

リスト 18-1 では，モジュールの信号接続に信号名による接続方法を使用しています．信号名による接続は，次のような記述になります．

.**モジュールの信号名（接続する信号）**

例えば，最初の

.clk_0(clk)

という記述は，sdram_core の clk_0 信号にトップ・モジュールの clk という信号を接続していることになります．

Qsys では，インターフェース用のモジュールを自動生成しますが，あとから Qsys でコンポーネントを追加したり，PLL の信号を追加したりすると接続信号の順番が変わってしまいます．信号名による接続にしておくと，順番が入れ替わっても，接続信号が変わってしまうようなトラブルが発生しません．

sdram_core には，PLL で設定した sdram_clk が出てきています．sdram_clk は，コア・モジュール内部では使用していませんが，このクロックはそのまま SDRAM のクロックとして使用します．このようにすることで，SDRAM と CPU のクロックの位相をそろえることができます．

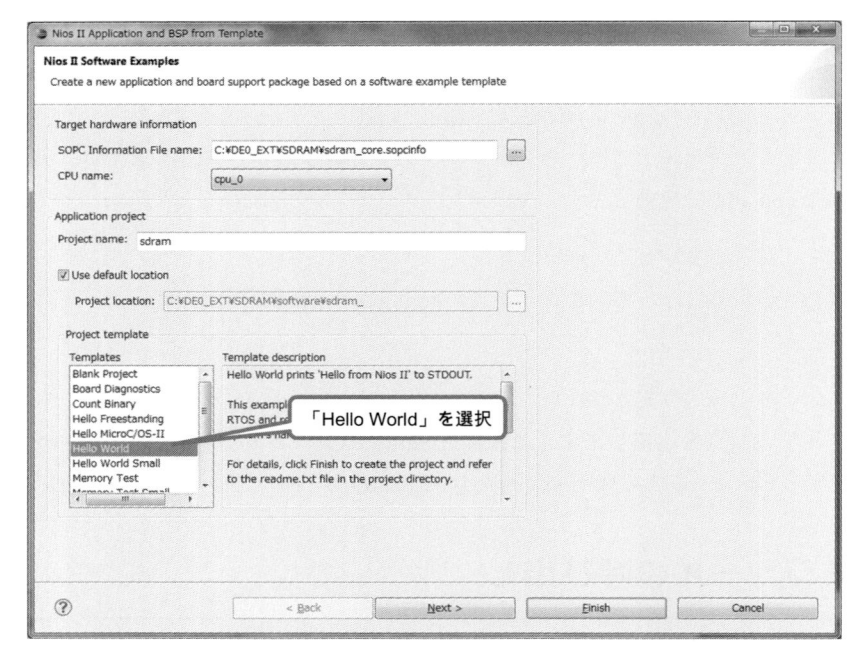

図 18-10　テンプレートの選択画面

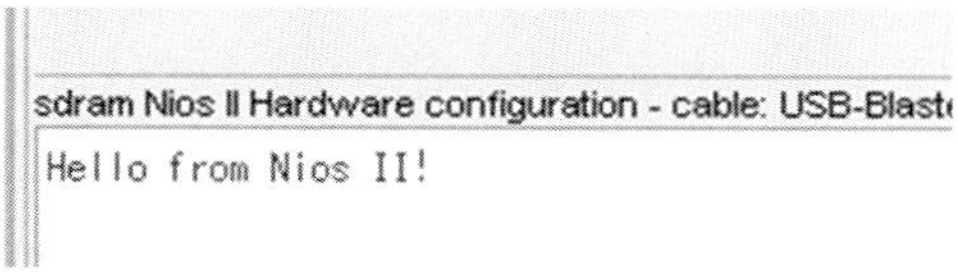

図 18-11 動作確認．SDRAM で動作していることが確認できる

ピン・アサインとコンパイル

トップ・モジュールが正しく記述できたら，「Processing」メニューから，「Start」→「Start Analysis & Elaboration」を実行します．

次に，Pin Planner を起動してピンの設定を行いますが，その前に Assignments メニューから，「Import Assignments」を起動して，PinAssign プロジェクトのピン・アサインを読み込んでおくと，SDRAM の信号線以外のピン・アサインは PinAssign プロジェクトから読み込むことができます．SDRAM の信号線のピン番号は，付録の表を参照してください．

ピン・アサインの設定が終わったら，「Processing」メニューから「Start Compilation」を実行してコンパイルを行い，プログラマで DE0 に書き込めばハードウェアの準備は完了です．

動作確認

ハードウェアの準備が終わったら，Nios II EDS を起動します．ほかのサンプルと同様，「File」メニューから，「New」→「Nios II Application & BSP from Template」を実行すると，テンプレートの選択画面が表示されるので，図 18-10 のように，SOPC Information File に，Quartus II で作成した "sdram_core.sopcinfo" を選択し，Project name は "sdram" とします．

Project template では，「Hello World」を選択します．「Hello World Small」を選択すると，サイズの小さい Small C ライブラリが設定されます．「Hello World」を選択して，プロジェクトのプロパティで Small C ライブラリを選択しても同じ動作となります．

ここでは，SDRAM を使うことで RAM サイズに余裕ができ，Small C ではなく標準の C ライブラリが使えるようになったことを確認するため，「Hello World」を選択してライブラリの変更は行いません．最後に [Finish] ボタンを押すと，プロジェクトが作成されます．

「Hello World」プロジェクトは，コンソールに「Hello from Nios II!」と表示するだけの簡単なプログラムですが，SDRAM が正しく動作していないと動作しないので動作確認には最適です．

sdram プロジェクトを右クリックで選択して，「Run As」→「Nios II hardware」を実行して，コンソールに "Hello from Nios II!" が表示されれば成功です（図 18-11）．

第19章 独自デバイスを Nios II に追加する方法

グラフィック・ディスプレイの VRAM（Video RAM）は，CPU からのデータ書き込みと VGA の表示タイミングに合わせたデータ読み出しができるデュアル・ポート・メモリである必要があります．内蔵メモリを使ったデュアル・ポート・メモリのモジュールは，Nios II からもアクセスしなければならないので，Nios II のメモリ・マップ上にマッピングする必要があります．

このような機能は，独自に作成したデバイスを Nios II に追加することで実現できます．そこで，独自デバイスの作成方法を学ぶために，図 19-1 の回路を Nios II の独自デバイスとして追加を行ってみることにします．グラフィック・ディスプレイへの応用は次章で説明します．

図 19-1 には 8bit のデータ入力と 2bit のアドレス入力があります．内部には 4word のレジスタがあり，writedata が有効な状態でクロックが入力されると，そのときのアドレスで指定されたレジスタにデータ入力から入力された値が書き込まれます．レジスタの値は dat0~dat3 までの四つのバスから出力されます．

Nios II で独自のデバイスを追加する場合は，そのモジュールだけを記述した Verilog HDL のソースを用意します．リスト 19-1 は，led_module を記述した Verilog HDL のソース・コードです．

独自デバイスのモジュールの記述では，Nios II からアクセスされる信号は，このリストの通りにしておいてください．外部信号の dat0~dat3 は，ほかの名前でも問題ありません．

この実験では，Nios II の周辺デバイスとして led_module を追加して，Nios II からこのレジスタにデータを書き込む実験を行います．dat0~dat3 には，書き込まれたデータが出力されるので，それをデコードして四つの 7 セグメント LED に表示するようにします．

リスト 19-2 は，トップ・モジュールのソース・コードです．このソース・コードにはすでに Nios II コアの記述がありますが，実際には，Qsys でコアを作成してから，コア・モジュールを追加します．

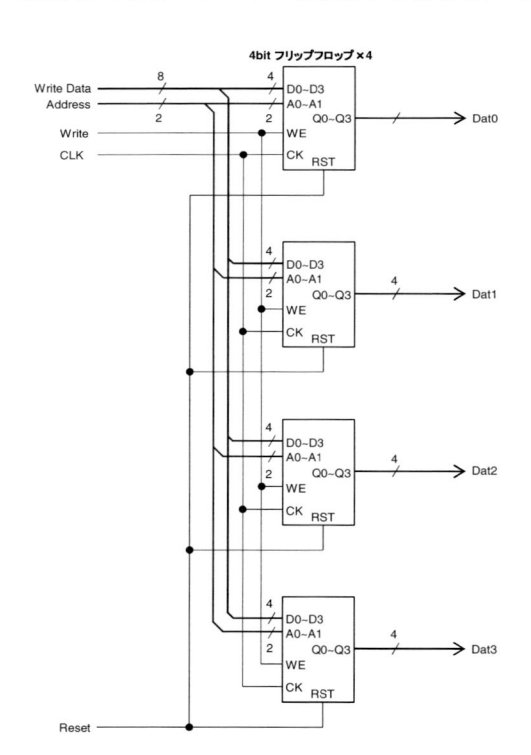

図 19-1 独自デバイス実験回路のブロック図

リスト 19-1　独自デバイスのソース・コード（led_module.v）

```verilog
module led_module(clk,reset,address,write,writedata,dat0,dat1,dat2,dat3);
    input clk,reset;
    input [1:0] address;
    input write;
    input [7:0] writedata;
    output [3:0] dat0;
    output [3:0] dat1;
    output [3:0] dat2;
    output [3:0] dat3;
    reg [3:0] rdat0;
    reg [3:0] rdat1;
    reg [3:0] rdat2;
    reg [3:0] rdat3;

    always@(posedge clk or posedge reset) begin
        if(reset) begin
            rdat0=0;
            rdat1=0;
            rdat2=0;
            rdat3=0;
        end else if(write) begin
            if(address==2'b00) begin
                rdat0=writedata[3:0];
            end else if(address==2'b01) begin
                rdat1=writedata[3:0];
            end else if(address==2'b10) begin
                rdat2=writedata[3:0];
            end else begin
                rdat3=writedata[3:0];
            end
        end
    end

    assign dat0=rdat0;
    assign dat1=rdat1;
    assign dat2=rdat2;
    assign dat3=rdat3;
endmodule
```

リスト 19-2　トップ・モジュールのソース・コード

```verilog
module HexSegDec(dat,q);
    input [3:0] dat;
    output [7:0] q;
    //7segment decorder
  function [7:0] LedDec;
    input [3:0] num;
    begin
      case (num)
        4'h0:      LedDec = 8'b11000000;  // 0
        4'h1:      LedDec = 8'b11111001;  // 1
        4'h2:      LedDec = 8'b10100100;  // 2
        4'h3:      LedDec = 8'b10110000;  // 3
        4'h4:      LedDec = 8'b10011001;  // 4
        4'h5:      LedDec = 8'b10010010;  // 5
        4'h6:      LedDec = 8'b10000010;  // 6
        4'h7:      LedDec = 8'b11111000;  // 7
        4'h8:      LedDec = 8'b10000000;  // 8
```

```verilog
            4'h9:       LedDec = 8'b10011000;  // 9
            4'ha:       LedDec = 8'b10001000;  // A
            4'hb:       LedDec = 8'b10000011;  // B
            4'hc:       LedDec = 8'b10100111;  // C
            4'hd:       LedDec = 8'b10100001;  // D
            4'he:       LedDec = 8'b10000110;  // E
            4'hf:       LedDec = 8'b10001110;  // F
            default:    LedDec = 8'b11111111;  // LED OFF
        endcase
    end
    endfunction

    assign q=LedDec(dat);
endmodule

module orgdev(clk,btn,sw,led,hled0,hled1,hled2,hled3);
    input clk;
    input [2:0] btn;
    input [9:0] sw;
    output [9:0] led;
    output [7:0] hled0;
    output [7:0] hled1;
    output [7:0] hled2;
    output [7:0] hled3;
    reg creg;
    wire iclk;
    wire reset;
    wire [3:0] dat0;
    wire [3:0] dat1;
    wire [3:0] dat2;
    wire [3:0] dat3;

    //create clk
    always @(posedge clk) begin
        if(creg==1'b0) begin
            if(btn[1]==1'b0)
                creg=1'b1;
        end else begin
            if(btn[2]==1'b0)
                creg=1'b0;
        end
    end
    assign iclk=creg;
    assign reset=btn[0];

    core u0 (
        .dat0_from_the_led_module_0     (dat0),   // dat0.export
        .clk_0                          (clk),    // clk_0_clk_in.clk
        .dat1_from_the_led_module_0     (dat1),   // dat1.export
        .dat2_from_the_led_module_0     (dat2),   // dat2.export
        .reset_n                        (reset),  // clk_0_clk_in_reset.reset_n
        .dat3_from_the_led_module_0     (dat3)    // dat3.export
    );

    HexSegDec hs0(dat0,hled0);
    HexSegDec hs1(dat1,hled1);
    HexSegDec hs2(dat2,hled2);
    HexSegDec hs3(dat3,hled3);

endmodule
```

Qsys で独自デバイスを追加する方法

　Qsys を起動して，On-Chip Memory，Nios II Processor，JTAG UART の各コンポーネントを追加します．設定内容は第 4 章と同じです．図 19-2 は，On-Chip Memory，Nios II Processor，JTAG UART を追加した画面です．

　次に，独自デバイスの追加を行います．「Component Library」の「Project」から「New Component」をダブルクリックすると，Component Editor が起動します（図 19-3）．Component Editor の起動画面は，「Component Type」のタブとなっています．ここでは，「Name」と「Display name」を"led_module"と入力します．

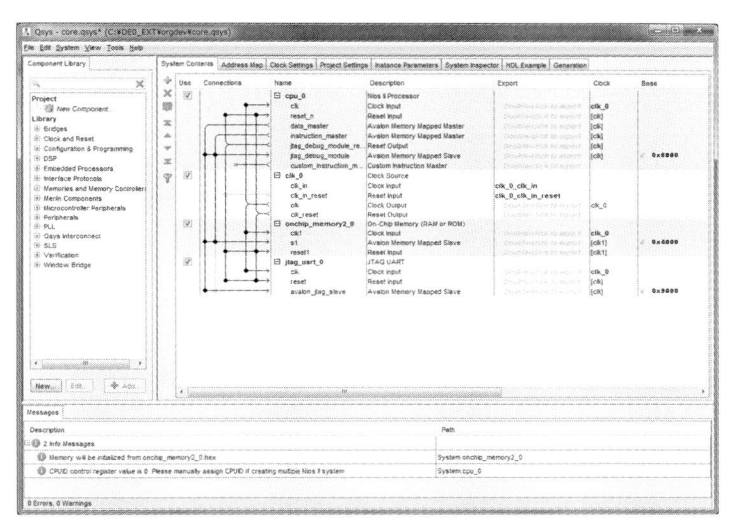

図 19-2　On-Chip Memory，Nios II コア，JTAG インターフェースを追加したところ

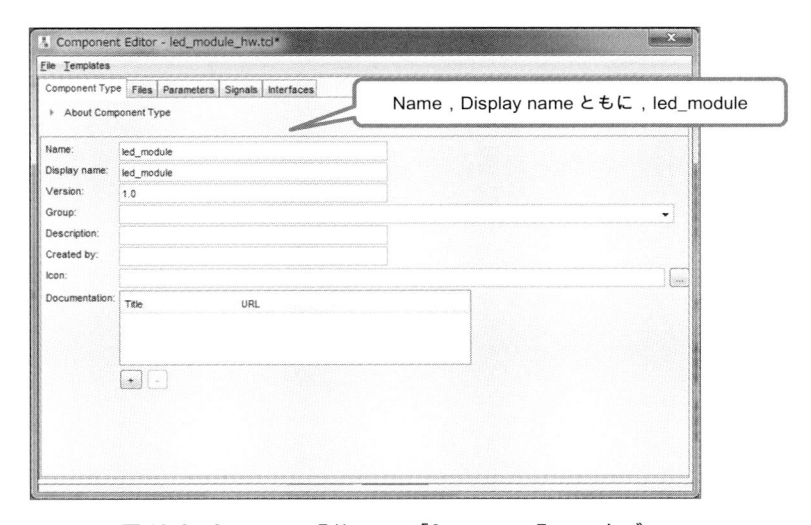

図 19-3　Component Editor の「Component Type」タブ

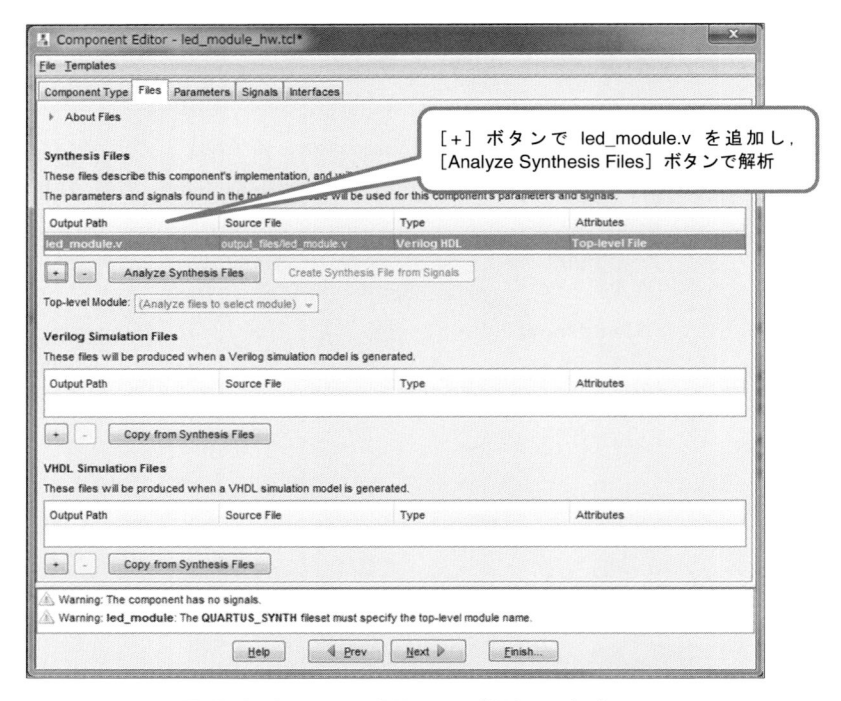

第 19 章　独自デバイスを Nios II に追加する方法

図 19-4　Component Editor の「Files」タブ

次に「Files」タブを開きます（**図 19-4**）．「Files」タブでは，モジュールに登録する HDL ファイルを指定します．「Synthesis Files」の下側にある［+］ボタンを押して，登録するファイルを選択します．ここでは，先に作成した"led_module.v"を追加します．ファイルを追加したら［Analyze Synthesis Files］ボタンを押します．解析が正常に終了したら（**図 19-5**），［Close］ボタンでダイアログを閉じます．

「Parameters」タブはそのままで，次に「Signals」タブを開きます（**図 19-6**）．ここでは，信号線のタイプを指定しますが，led_module.v では入出力信号にあらかじめ決められた名前で信号名を割り当てているため，ほとんどの信号の属性がそのまま正しく設定されます．設定が必要なのは，7 セグメント LED 表示用の四つの 4bit バス dat0~dat3 です．

dat0~dat3 の「Interface」欄を「Conduit…」と設定すると，図のように，conduit_end, conduit_end_1,

図 19-5　解析が正常に終了

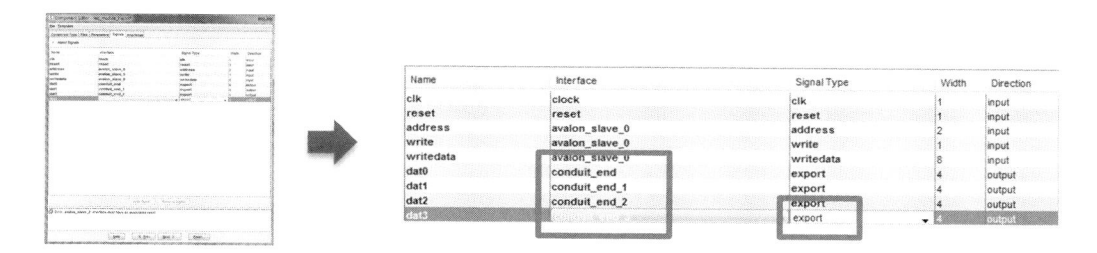

図 19-6 Component Editor の「Signals」タブ

conduit_end_2, conduit_end_3 と，順に番号が割り当てられます．また，「Signal Type」の欄は export とします．これで，「Signals」タブの設定は終了です．

最後に「Interfaces」タブの設定をします（**図 19-7**）．ここでは，右のスクロール・バーを操作して，「"avalon_slave_0"」を探し，「Associated Reset」の欄を reset にします．

このタブをさらに下にスクロールすると，このモジュールのタイム・チャートを見ることができます（**図 19-8**）．

最後に［Finish］ボタンを押すと，ファイルの保存の確認画面が出るので［Yes,Save］ボタンを押して保存します．

独自デバイスの登録が終わると，Component Library の Library に，登録した「led_module」が表示され，Nios II のデバイスとして追加することができるようになります．そこで，この「led_module」をダブルクリックして led_module の追加を行います．led_module には設定項目はないため，**図 19-9** のような画面が表示されます．

［Finish］ボタンを押すと，**図 19-10** のように，led_module_0 という名前で led_module が Nios II

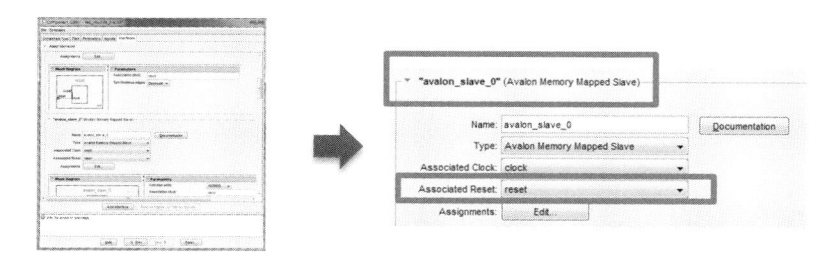

図 19-7 Component Editor の「Interfaces」タブ

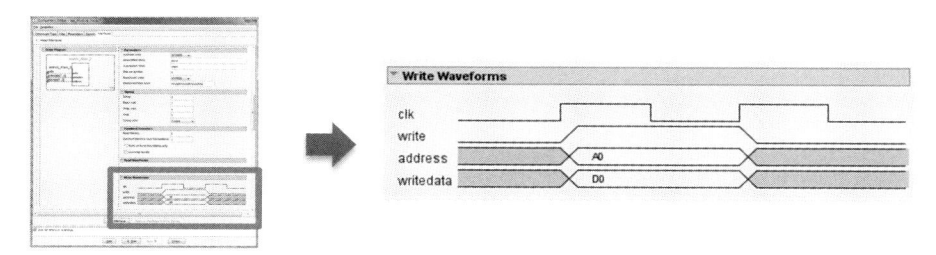

図 19-8 モジュールのタイム・チャート

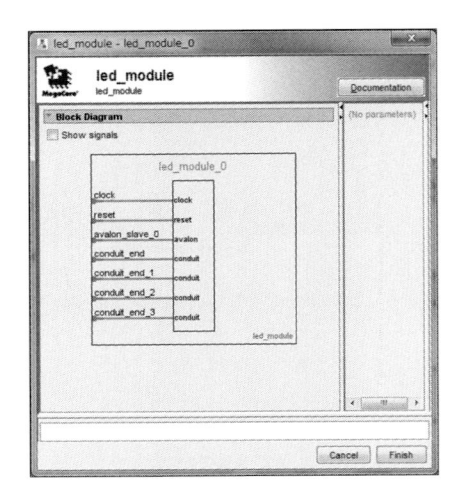

第19章 独自デバイスをNios IIに追加する方法

図19-9 led_moduleの追加画面

のデバイスとして登録されます．

そこで，led_module_0の「Connection」の設定を，図19-10のように設定し，さらに「conduit_end」〜「conduit_end_3」までの「Export」の欄をダブルクリックして，名前を「dat0」〜「dat3」とします．

最後に，「System」メニューから「Assign Base Address」を実行してベース・アドレスを設定し，

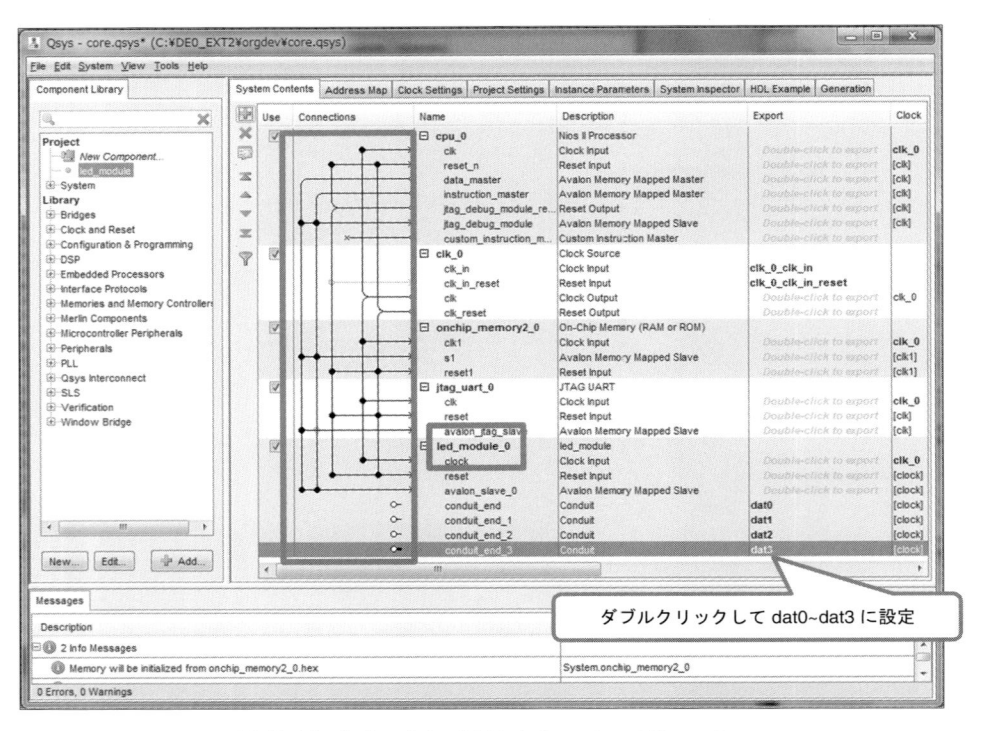

図19-10 led_moduleを追加したコア・モジュール

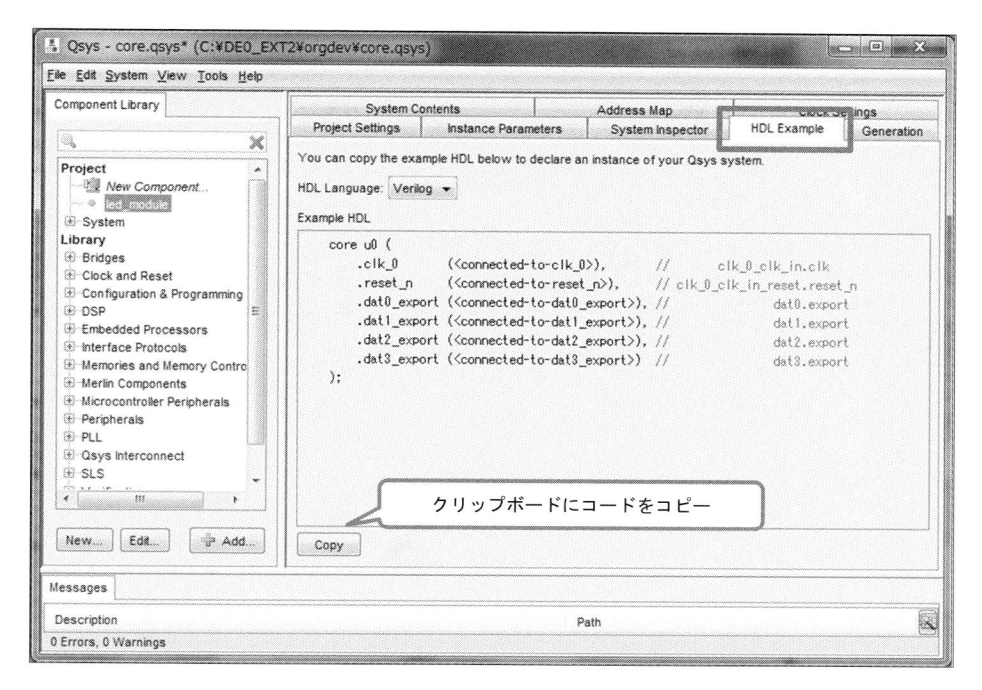

図19-11 「HDL Example」タブでコード例をコピー

「Generate」タブを開いて［Generate］ボタンを押してコア・モジュールを生成すれば終了です．

Quartus IIに戻ったら，トップ・モジュールに**リスト19-3**のようにコア・モジュールの記述を追加しますが，コア・モジュールの書式は，Qsysの「HDL Example」タブを開くと，Verilog HDL形式のコード例を見ることができます（**図19-11**）．

「Copy」ボタンを押すと画面のソース・コードがクリップボードにコピーされるので，それぞれの信号のかっこ内を実際の信号名に書き換えれば，コア・モジュールのソースは完成となります．

これで，ハードウェアの準備は完了なので，コンパイルを行ってDE0に書き込みます．

リスト19-3 トップ・モジュールのソース・コード

```
module HexSegDec(dat,q);
    input [3:0] dat;
    output [7:0] q;
    //7segment decoder
    function [7:0] LedDec;
      input [3:0] num;
      begin
        case (num)
          4'h0:     LedDec = 8'b11000000;  // 0
          4'h1:     LedDec = 8'b11111001;  // 1
          4'h2:     LedDec = 8'b10100100;  // 2
          4'h3:     LedDec = 8'b10110000;  // 3
          4'h4:     LedDec = 8'b10011001;  // 4
          4'h5:     LedDec = 8'b10010010;  // 5
          4'h6:     LedDec = 8'b10000010;  // 6
          4'h7:     LedDec = 8'b11111000;  // 7
```

```verilog
            4'h8:       LedDec = 8'b10000000;  // 8
            4'h9:       LedDec = 8'b10011000;  // 9
            4'ha:       LedDec = 8'b10001000;  // A
            4'hb:       LedDec = 8'b10000011;  // B
            4'hc:       LedDec = 8'b10100111;  // C
            4'hd:       LedDec = 8'b10100001;  // D
            4'he:       LedDec = 8'b10000110;  // E
            4'hf:       LedDec = 8'b10001110;  // F
            default:    LedDec = 8'b11111111;  // LED OFF
        endcase
     end
  endfunction

  assign q=LedDec(dat);
endmodule

module orgdev(clk,btn,sw,led,hled0,hled1,hled2,hled3);
    input clk;
    input [2:0] btn;
    input [9:0] sw;
    output [9:0] led;
    output [7:0] hled0;
    output [7:0] hled1;
    output [7:0] hled2;
    output [7:0] hled3;
    reg creg;
    wire iclk;
    wire reset;
    wire [3:0] dat0;
    wire [3:0] dat1;
    wire [3:0] dat2;
    wire [3:0] dat3;

    //create clk
    always @(posedge clk) begin
        if(creg==1'b0) begin
            if(btn[1]==1'b0)
                creg=1'b1;
        end else begin
            if(btn[2]==1'b0)
                creg=1'b0;
        end
    end
    assign iclk=creg;
    assign reset=btn[0];

    core u0 (
       .dat0_from_the_led_module_0    (dat0),   // dat0.export
       .clk_0                         (clk),    // clk_0_clk_in.clk
       .dat1_from_the_led_module_0    (dat1),   // dat1.export
       .dat2_from_the_led_module_0    (dat2),   // dat2.export
       .reset_n                       (reset),  // clk_0_clk_in_reset.reset_n
       .dat3_from_the_led_module_0    (dat3)    // dat3.export
    );

    HexSegDec hs0(dat0,hled0);
    HexSegDec hs1(dat1,hled1);
    HexSegDec hs2(dat2,hled2);
    HexSegDec hs3(dat3,hled3);

endmodule
```

リスト 19-4　orgdev のテスト・プログラム

```
#include "sys/alt_stdio.h"
#include "system.h"      //add for hardware

int main()
{
    char *cp;

    alt_putstr("Hello from Nios II!¥n");
    cp=(char *)LED_MODULE_0_BASE;
    cp[3]=0xa;
    cp[2]=0xb;
    cp[1]=0xc;
    cp[0]=0xd;

  /* Event loop never exits. */
  while (1);

  return 0;
}
```

独自デバイス・テスト・プログラムの作成

　ハードウェアの準備が完了したら，Nios II EDS を起動してテスト・プログラムを作成します．

　テスト・プログラムは，ほかのサンプルと同様にテンプレートを使って作成します．ここでは，テンプレートに「Hello World Small」を選択して"orgdev"というプロジェクトを作成します．

　Project Explorer で，作成された orgdev プロジェクトを開き"hellow_world_small.c"を**リスト 19-4** のように修正します．このプログラムでは，char 型ポインタを一つ用意し，アドレスを LED_MODULE_0_Base に設定します．これは，Qsys が led_module_0 に割り当てたベース・アドレスになります．このアドレスから連続する四つのアドレスが，led_module の内部レジスタのアドレスになります．ここでは，7 セグメント LED の表示が"Abcd"となるように値を設定しています．

　このプログラムを実行し，7 セグメント LED に"Abcd"と表示されることで独自デバイスが正しく動作していることを確認できます（**写真 19-1**）．

写真 19-1　動作確認．"Abcd"と表示されれば独自デバイスが正しく動作している

第20章　内蔵メモリとSDRAMでVGAグラフィック表示

　本章では，表示用のVRAM（Video RAM）に書き込まれた画像データをVGAモニタに表示する「グラフィック・ディスプレイ」を作成します．

　画面に表示するデータを1ドット＝1bitで表すと，VGA（Video Graphics Array）では，640×480÷8=38400byteのRAMが必要になります．この容量は，Cyclone IIIの内蔵メモリ（RAM）で確保可能なサイズなので，このメモリを使ってグラフィック・ディスプレイを作成します．**写真20-1**は，作成したプログラムで表示した画面です．

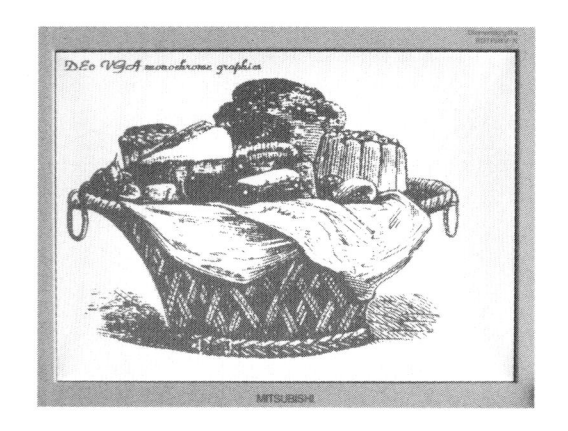

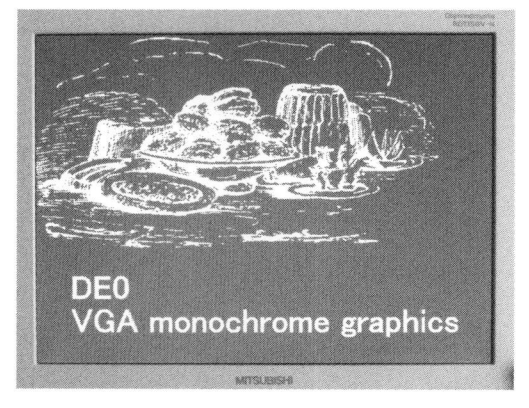

写真20-1　作成したプログラムで表示した画面

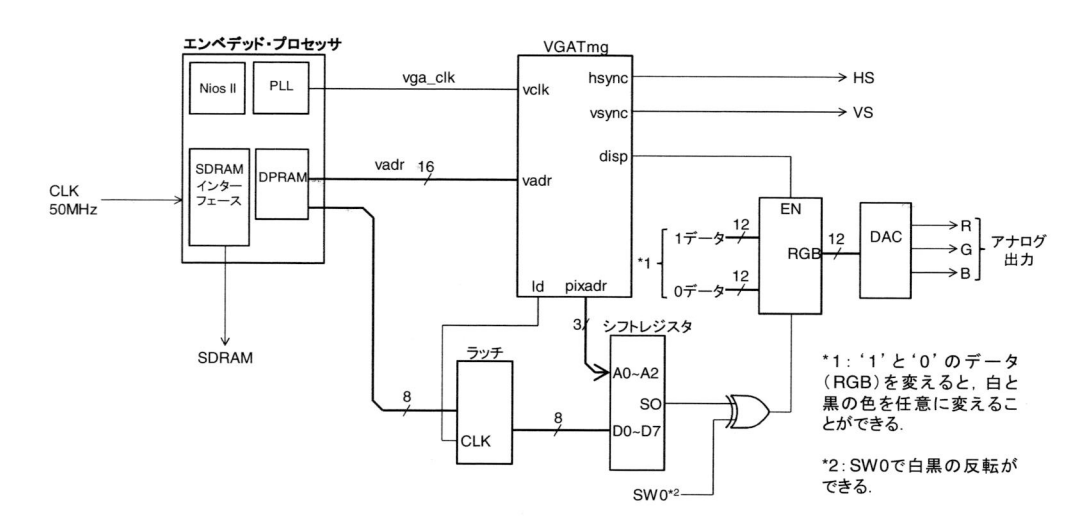

図20-1　グラフィック・ディスプレイのブロック図

グラフィック・ディスプレイのブロック図とタイム・チャート

図 20-1 は，作成するグラフィック・ディスプレイのブロック図です[1]．グラフィック・ディスプレ

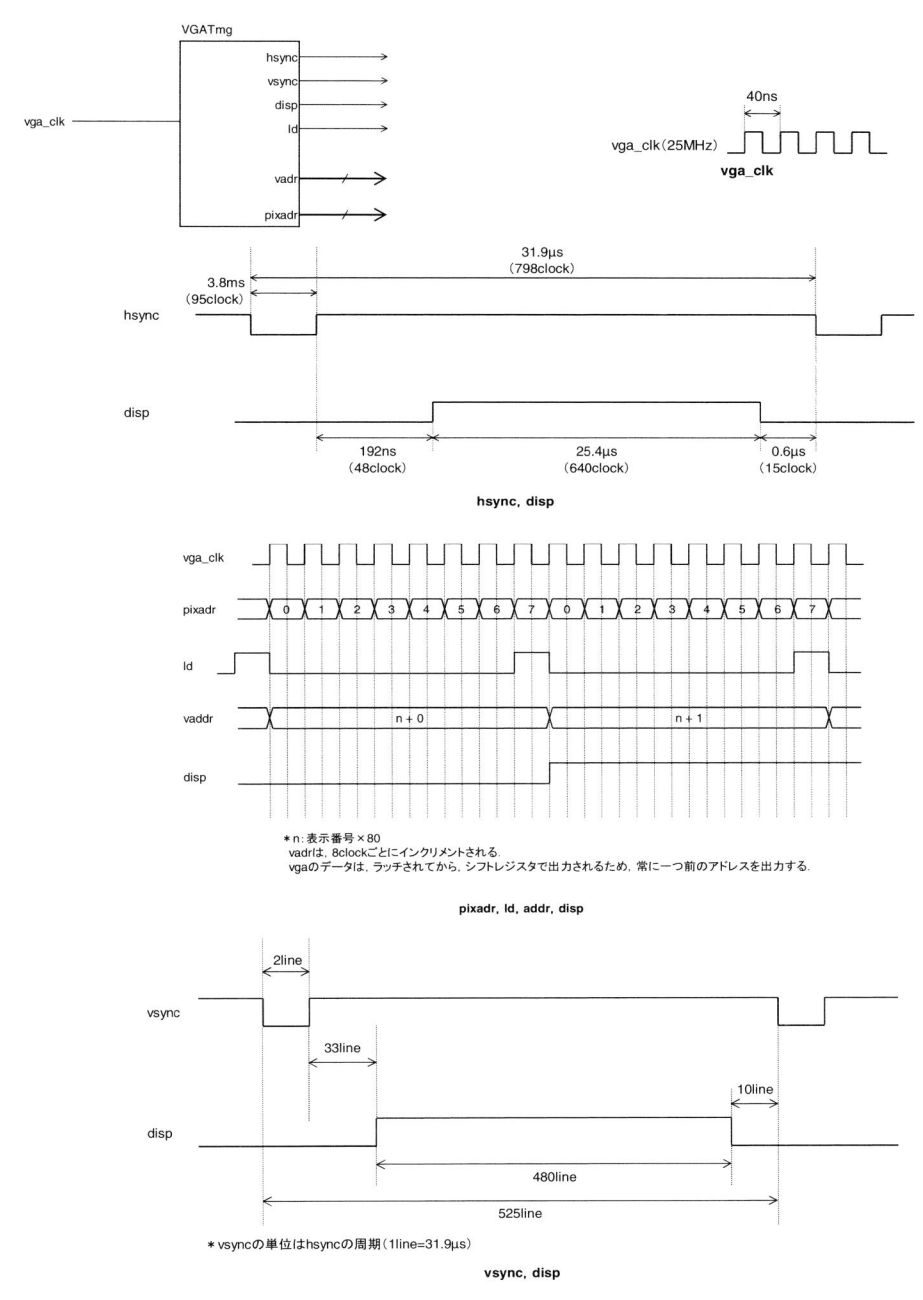

図 20-2　VGATmg の信号出力タイミング

---

[1] 機能的には前著の VGA_disp とほとんど同じで，フォント ROM の部分を VRAM に置き換えたような構造となっている．

第20章 内蔵メモリとSDRAMでVGAグラフィック表示

イでは，ディスプレイの同期信号のタイミングに合わせて，VRAMを1byteずつ読み出して，シフトレジスタで1bitずつ画面に転送します．タイミング信号は，VGATmgモジュールで生成しています．VGATmgの信号出力タイミングを図20-2に示します．

トップ・モジュールの作成

リスト20-3（章末）に，グラフィック・ディスプレイのトップ・モジュールを示します．

トップ・モジュールはGraphicVGAになります．グラフィック・ディスプレイでは，内蔵メモリをVRAMに割り当てるため，Nios IIのプログラム・メモリはSDRAMを使用します．そのため，トップ・モジュールにはSDRAMのインターフェースも用意しています．

内蔵メモリでVRAM（デュアル・ポートRAM）の構成

まず，内蔵メモリをVRAMで使用するために，MegaWizard Plug-In Managerを使って，デュアル・ポートRAM（DPRAM）を構成します．

MegaWizard Plug-In Managerを起動したら，図20-3のように，メガファンクションで，「RAM: 2-PORT」を選択し，ファイル名を"dpvram.v"に設定します．

次に，DPRAMのタイプを選択しますが，ここではシンプルな書き込みと読み出しをそれぞれ1ポート用意する設定にします（図20-4）．

次はメモリ・サイズとバス幅です．図20-5のように，メモリ・サイズに38400，バス幅に8bitを設定します．メモリ・サイズは，デフォルトのリストにはこの容量はないので，手入力で数値を設定します．これより大きいサイズの65536を設定すると，コンパイル時に容量不足のエラーとなりま

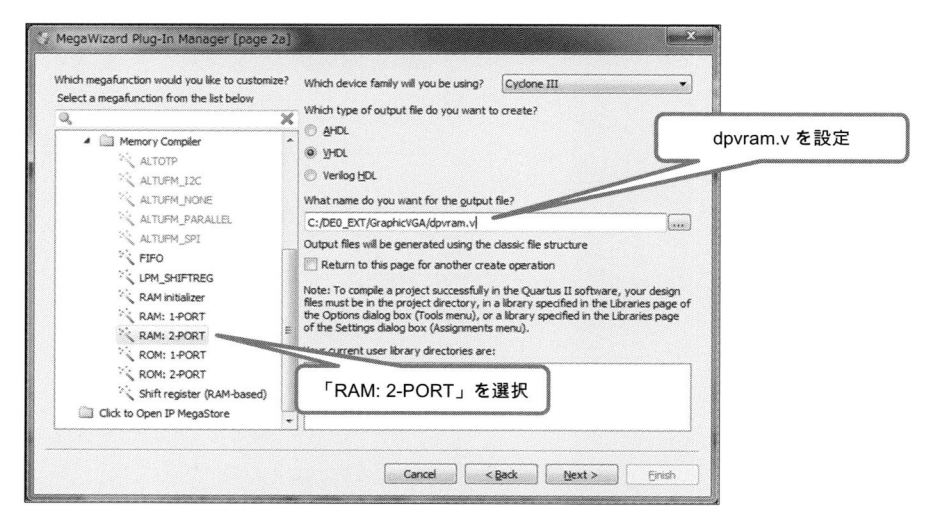

図20-3 MegaWizard Plug-In Manager [page 2a]．作成するメガファンクションと出力ファイル名を設定

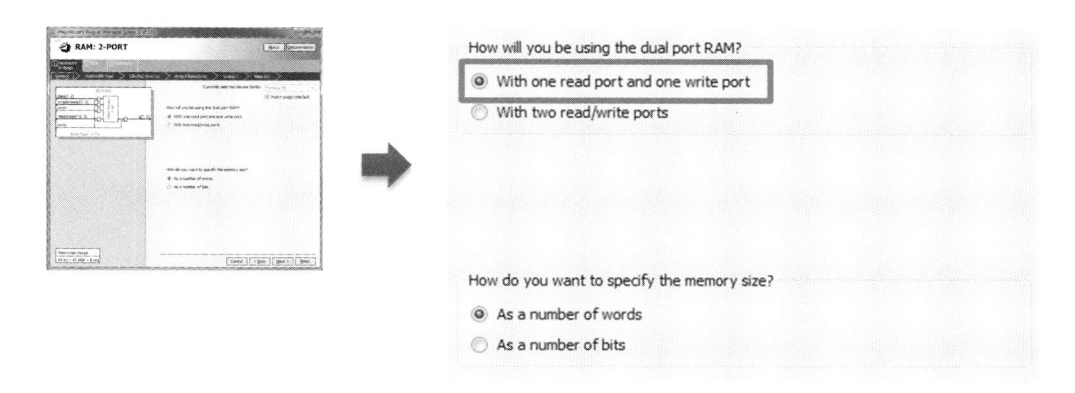

図 20-4 MegaWizard Plug-in Manager [page 3 of 14]．書き込みと読み出しをそれぞれ1ポート用意

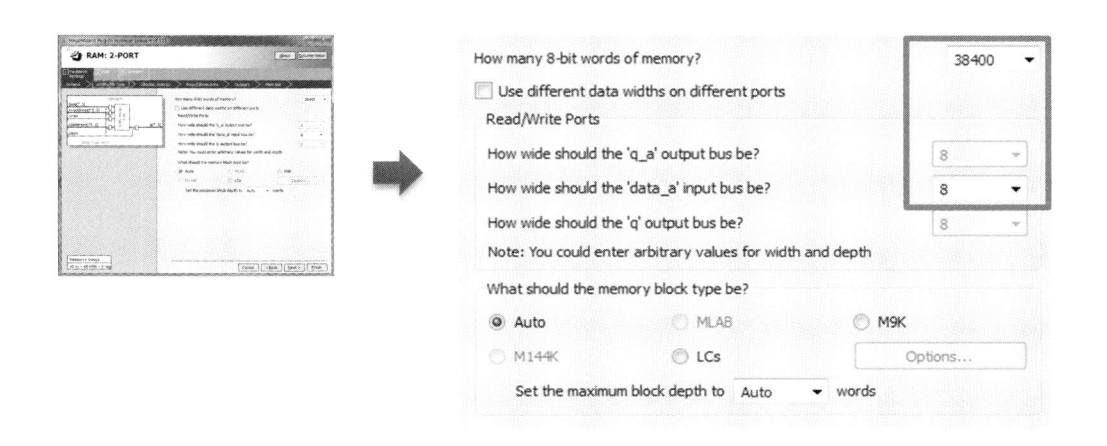

図 20-5 MegaWizard Plug-in Manager [page 4 of 14]．メモリ・サイズとバス幅を設定

すので注意してください．

ほかの項目は，すべてデフォルトのままでよいので，そのまま［Next］ボタンを押していくか，ここで［Finish］ボタンを押してください．

VRAMモジュールの作成

DPRAMの準備ができたところで，このメモリを表示回路とNios IIからアクセスできるように，独自モジュールとして作成します．作成したモジュールはリスト20-1のようになります．

コア・モジュールの作成

VRAMモジュールができたので，これをQsysに取り込みます．コアの名前はvga_coreとしています．

第20章 内蔵メモリとSDRAMでVGAグラフィック表示

リスト20-1 VRAMモジュールのソース・コード

```
module VideoRAM(clk,reset,address,write,writedata,vadr,vdat);
    input clk,reset;
    input [15:0] address;
    input write;
    input [7:0] writedata;
    input [15:0] vadr;
    output [7:0] vdat;
    wire [7:0] rdat;
    dpvram u1(clk,writedata,vadr,address,write,rdat);
    assign vdat=rdat;
endmodule
```

コアは，第18章のSDRAMのサンプルに，今回作成したVRAMモジュールを独自デバイスとして追加します．

VRAMモジュールは，VideoRAM.vのほか，MegaWizard Plug-In Managerで作成した，dpvram.vも構成ファイルになるので，図20-6のように二つのファイルを追加します．

また，このモジュールのトップ・モジュールはVideoRAM.vになるので，VideoRAM.vのAttributes欄をダブルクリックして表示されるダイアログのTop-level Fileのラジオ・ボタンをチェックします．

VideoRAMモジュールの信号設定は，図20-7のようになります．vadrとvdatは，VGA表示回路からアクセスされるメモリ読み出し用の信号なので，この二つを信号は，「Interface」をconduit，「Signal Type」をexportに設定します．ほかはデフォルトのままにしておきます．

VideoRAMを組み込んだ画面を図20-8に示します．

第18章のSDRAMのサンプルでは，PLLはcpu_clkとsdram_clkの二つを設定していましたが，PLLに余りがあるので，グラフィック・ディスプレイでは，ビデオ・クロックの25MHzもPLLで生成しています．信号名でvga_clkとなっているのがビデオ用のクロックとなります．

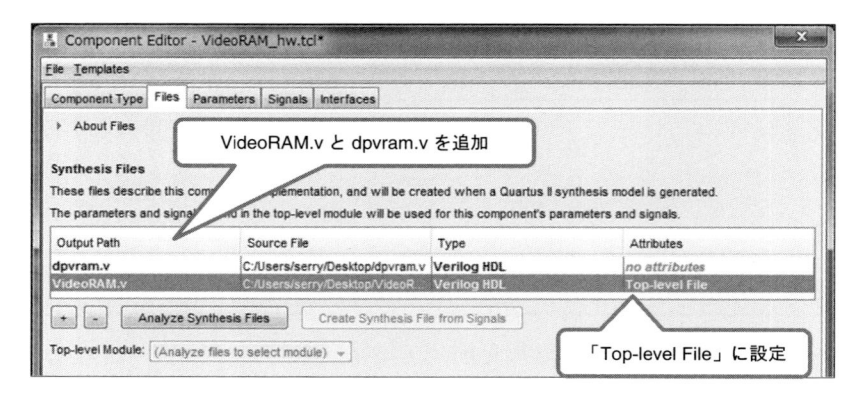

図20-6 VideoVRAMモジュールの構成ファイル

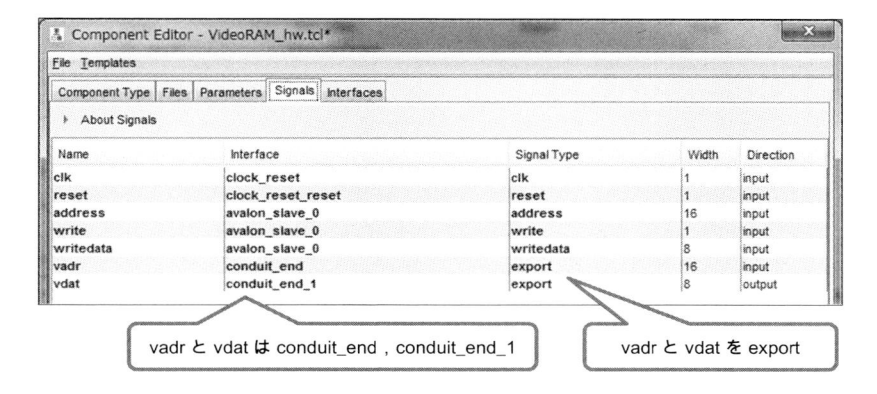

図20-7 VideoRAMモジュールの信号設定

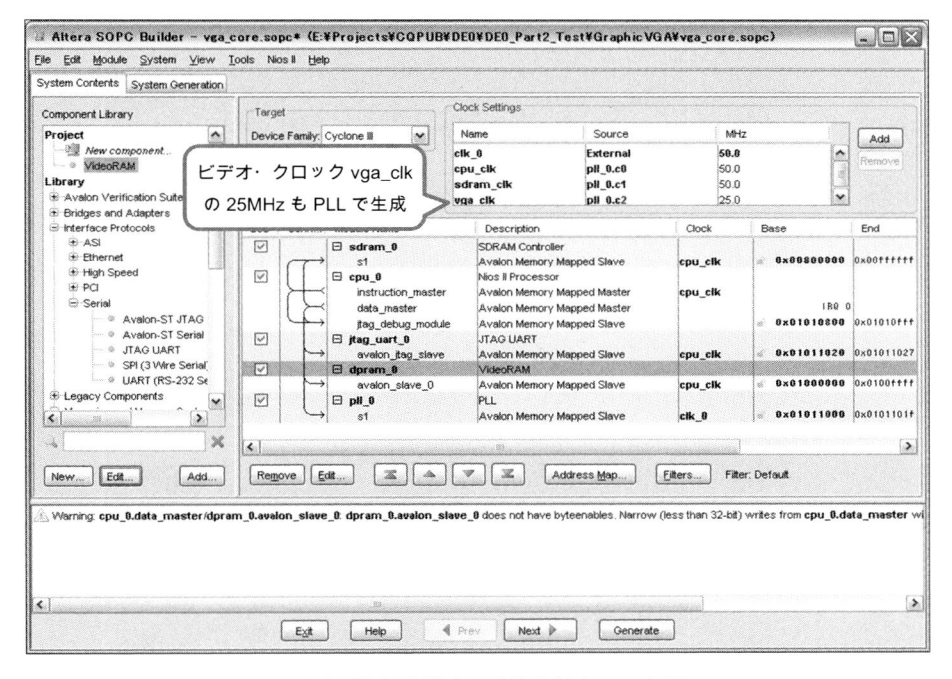

図20-8 VideoRAMを取り込んだQsysの画面

Nios IIのソース・プログラムと動作確認

　作成したグラフィック・ディスプレイのテスト・プロラムを，**リスト20-2**に示します．テンプレートには，「Hello World_small」を使用し，プロジェクト名は"graphic_vga"としています．

　ソース・コードの最初にある，const unsigned char data[VRAM_SIZE]で，ビデオ画面に表示するデータを定義しています．

　メイン関数では，ビデオRAMのアドレスを取得し，表示するデータをビデオRAMに転送して終了しています．このデータを変更すれば，画面に表示されるデータを変更することができますし，ド

第20章 内蔵メモリとSDRAMでVGAグラフィック表示

リスト20-2 グラフィック・ディスプレイのテスト・プログラム

```
#include <stdio.h>
#include "system.h"

#define VRAM_SIZE   (640*480/8)

const unsigned char data[VRAM_SIZE]={
          0xff,0xff,0xff,0xff,0xff,0xff,0xff,0xff,0xff,0xff,

    グラフィック・データ（中略）

          ,0xff,0xff,0xff,0xff,0xff,0xff,0xff,0xff,0xff,0xff
          };
int main()
{
  unsigned char *gp;
  int i,y;

  printf("Hello from Nios II!¥n");
  gp=(char *)DPRAM_0_BASE;

  for(i=0;i<VRAM_SIZE;i++){
      gp[i]=data[i];
  }

  return 0;
}
```

ットのアドレスを計算して，VRAMにデータを書き込めば，線や円を表示することもできます．

　今回作成したグラフィック・ディスプレイは，VRAM容量の関係でモノクロのディスプレイとなっており，RGBの出力時に赤と白の画面になるようにしています．SW0を切り替えると，赤白が反転するようになっています．

リスト20-3 グラフィック・ディスプレイのトップ・モジュール

```verilog
module VGATmg(vclk,hsync,vsync,disp,ld,vadr,pixadr);
    input vclk;
    output hsync,vsync,disp,ld;
    output [15:0] vadr;
    output [2:0] pixadr;

    //hsync
    reg [9:0] hcnt;
    wire hs_end;
    reg ihdisp;
    reg hdisp;
    reg hs;
    wire hs_st;
    wire hs_ed;
    //vsync line
    reg [9:0] vcnt;
    wire vs_end;
    reg vdisp;
    reg vs;
    wire vs_st,vs_ed;
    //vaddress
    reg [15:0] adrcnt;


    //hsync
    assign hs_end=(hcnt==10'd797) ? 1'b1 : 1'b0;
    assign pixadr=hcnt[2:0];
    assign ld=(pixadr==3'd7) ? 1'b1 : 1'b0;

    assign hs_st=(hcnt==10'd662) ? 1'b1 : 1'b0;
    assign hs_ed=(hcnt==10'd757) ? 1'b1 : 1'b0;
    //hs_count
    always @(posedge vclk) begin
        if(hs_end)
            hcnt=10'd0;
        else
            hcnt=hcnt+1'b1;
    end
    //h_sysnc
    always @(posedge vclk) begin
        if(hs_st)
            hs=1'b0;
        else if(hs_ed)
            hs=1'b1;
    end

    //ihdisp(for internal use)
    always @(posedge vclk) begin
        if(hs_end)
            ihdisp=1'b1;
        else if(hcnt==10'd639)
            ihdisp=1'b0;
    end
    //hdisp
    always @(posedge vclk) begin
        if(ld)
            hdisp=ihdisp;
        else
            hdisp=hdisp;
    end

    //vsync count
    assign vs_end=(vcnt==10'd524) ? 1'b1 : 1'b0;
    assign vs_st=(vcnt==10'd489) ? 1'b1 : 1'b0;
```

```verilog
        assign vs_ed=(vcnt==10'd491) ? 1'b1 : 1'b0;
        //vs_count
        always @(posedge hs) begin
            if(vs_end)
                vcnt=10'd0;
            else
                vcnt=vcnt+1'b1;
        end
        //v_sync
        always @(posedge hs) begin
            if(vs_st)
                vs=1'b0;
            else if(vs_ed)
                vs=1'b1;
        end
        //vdisp
        always @(posedge hs) begin
            if(vs_end)
                vdisp=1'b1;
            else if(vcnt==10'd479)
                vdisp=1'b0;
        end

        //vga address
        always @(posedge vclk) begin
            if(vs_end)
                adrcnt=16'd0;
            else if(ihdisp && vdisp && ld)
                adrcnt=adrcnt+1'b1;
        end

        //output signal
        assign hsync=hs;
        assign vsync=vs;
        assign disp=(hdisp & vdisp);
        assign vadr=adrcnt;

endmodule

module GraphicVGA(clk,vga_r,vga_g,vga_b,vga_hs,vga_vs,btn,sw,led,
        hled0,hled1,hled2,hled3,
        DRAM_DQ,DRAM_ADDR,DRAM_DQM,DRAM_WE_N,DRAM_CAS_N,DRAM_RAS_N,
        DRAM_CS_N,DRAM_BA,DRAM_CLK,DRAM_CKE);
    input clk;
    output [3:0] vga_r;
    output [3:0] vga_g;
    output [3:0] vga_b;
    output vga_hs;
    output vga_vs;
    input [2:0] btn;
    input [9:0] sw;
    output [9:0] led;
    output [7:0] hled0;
    output [7:0] hled1;
    output [7:0] hled2;
    output [7:0] hled3;
    ///////////////////////       SDRAM Interface      ///////////////////////
    inout     [15:0]    DRAM_DQ;            //    SDRAM Data bus 16 Bits
    output    [12:0]    DRAM_ADDR;          //    SDRAM Address bus 13 Bits
    output    [1:0]     DRAM_DQM;           //    SDRAM Low-byte/High-byte Data Mask
    output              DRAM_WE_N;          //    SDRAM Write Enable
    output              DRAM_CAS_N;         //    SDRAM Column Address Strobe
    output              DRAM_RAS_N;         //    SDRAM Row Address Strobe
    output              DRAM_CS_N;          //    SDRAM Chip Select
    output    [1:0]     DRAM_BA;            //    SDRAM Bank Address
    output              DRAM_CLK;           //    SDRAM Clock
```

```verilog
        output                  DRAM_CKE;           //   SDRAM Clock Enable
    wire cpu_clk,sdram_clk;
    wire [7:0] vgadat;
    reg [7:0] dlat;
//VGA Timing signal
    wire vga_clk;
    wire hsync,vsync,disp,ld;
    wire [15:0] vadr;
    wire [2:0] pixaddr;
    wire [11:0] rgb_data;

    vga_core u1(
            // 1) global signals:
             .clk_0(clk),
             .cpu_clk(cpu),
             .reset_n(btn[0]),
             .sdram_clk(sdram_clk),
                .vga_clk(vga_clk),
            // the_dpram_0
             //.vadr_to_the_dpram_0(vgaadr),
             .vadr_to_the_dpram_0(vadr),
             .vdat_from_the_dpram_0(vgadat),

            // the_sdram_0
             .zs_addr_from_the_sdram_0(DRAM_ADDR),
             .zs_ba_from_the_sdram_0(DRAM_BA),
             .zs_cas_n_from_the_sdram_0(DRAM_CAS_N),
             .zs_cke_from_the_sdram_0(DRAM_CKE),
             .zs_cs_n_from_the_sdram_0(DRAM_CS_N),
             .zs_dq_to_and_from_the_sdram_0(DRAM_DQ),
             .zs_dqm_from_the_sdram_0(DRAM_DQM),
             .zs_ras_n_from_the_sdram_0(DRAM_RAS_N),
             .zs_we_n_from_the_sdram_0(DRAM_WE_N)
            );

    assign DRAM_CLK=sdram_clk;

    VGATmg vtmg(vga_clk,hsync,vsync,disp,ld,vadr,pixaddr);
    always @(posedge vga_clk) begin
     if(ld)
            dlat=vgadat;
    end
    assign hled0=8'hff;
    assign hled1=8'hff;
    assign hled2=8'hff;
    assign hled3=8'hff;
    assign pixdat=dlat[pixaddr] ^sw[0];
    assign vga_hs=hsync;
    assign vga_vs=vsync;
//color display
    assign rgb_data=(disp==1'b0) ? 12'h0 :
                        (pixdat) ? 12'hc05 : 12'hfff;
    assign vga_r=rgb_data[11:8];
    assign vga_g=rgb_data[7:4];
    assign vga_b=rgb_data[3:0];

endmodule
```

第21章　IC温度センサを使った温度計の製作

　ディジタル温度計は，第11章のA-Dコンバータの入力に温度センサを接続し，測定した温度をディジタル表示することで実現することができます．

　図21-1はディジタル温度計の実験回路，図21-2は実体配線図です．この回路は，A-Dコンバータの実験回路のボリュームの部分をIC温度センサに変えただけの簡単な回路ですが，後述するように，電源電圧5Vで使いやすいIC温度センサを3.3Vで動作させるには，いくつかのテクニックが必要になります．

温度センサMCP9701の特徴

　温度測定にはサーミスタがよく使われますが，サーミスタは非直線性の特性を持つ素子であり，またサーミスタに流れる電流による自己発熱により測定温度が変化するといった問題もあり，サーミスタで精度の良い測定を行うのは少々大変です．

　現在では，低価格の温度計測用のデバイスがいくつか発売されており，これを使うことで，簡単な回路で比較的精度の良い温度測定を行うことができます．ここではこの中の一つで，マイクロチップ・テクノロジーのIC温度センサMCP9701を使用します．これは，写真21-1のような3ピンのICで，図21-3のように，V_{DD}，GND，V_{OUT}の三つの端子があります．

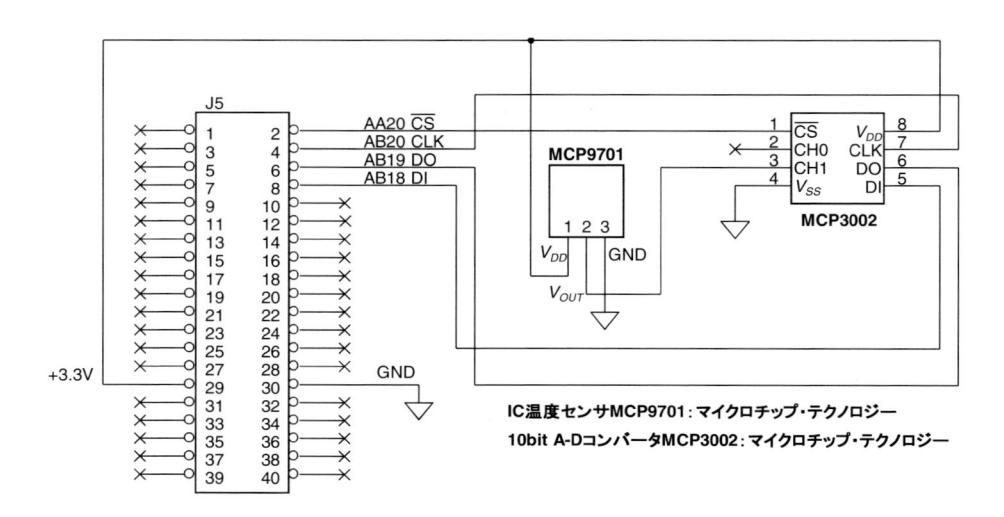

図21-1　ディジタル温度計の実験回路

温度センサ MCP9701 の特徴

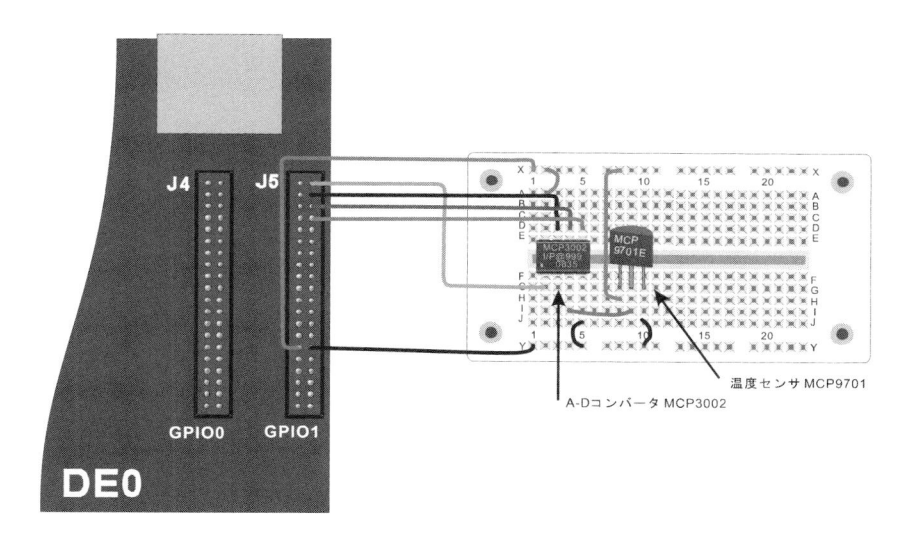

図 21-2　実体配線図

1 : V_{DD}
2 : V_{OUT}
3 : GND

底面

図 21-3　MCP9701 のピン配置

写真 21-1　IC 温度センサ MCP9701

　MCP9701 の電源電圧V_{DD}は 2.3V~5.5V ですが，V_{OUT}には電源電圧には関係なく常に温度に比例した電圧が出力されます．MCP9701 の温度係数は19.5mV/℃で，0℃のとき 400mV が出力されます．従って，温度$Temp$は次の計算式で求められます．

$$Temp(℃) = \frac{V_{out} - 400\text{mV}}{19.5\text{mV/℃}}$$

　MCP9701 は0℃で 400mV が出力されるため，単電源でもマイナスの温度を測定できます．

　温度係数19.5mV/℃は半端な数のようですが，これはディジタル回路でよく利用される A-D コンバータの仕様に合わせているためです．

　A-D コンバータの実験で使用した MCP3002 は 10bit の A-D コンバータで，1bit の分解能は，$V_{REF}(= V_{DD})/1024$という値になります．V_{DD} = 5Vのときは分解能は 4.88mV です．これを 4 倍すると，約 19.5mV となります．逆に言うと，MCP3002 を 5V で使用したときは，

$$1\text{bit} = 0.25°\text{C}\left(=\frac{1}{4}°\text{C}\right)$$

ということになり，計算が簡単で非常に使いやすいデバイスとなっています．

温度計の仕様

DE0 の外部インターフェースとリファレンス電圧の問題

　温度センサに MCP9701 を使い，A-D コンバータ MCP3002 を 5V で使用すると，1bit=0.25°C となるため分解能が 0.25°C の温度計を作ることができます．このように，MCP9701 はディジタル回路で扱うには非常に便利なデバイスですが，DE0 でこのデバイスを使用するには少々面倒な問題が二つあります．

　一つは，DE0 の外部インターフェースの問題です．DE0 の外部インターフェースは 3.3V 仕様で，5V 回路の出力をそのまま受けることができません（第 1 章参照）．このため，DE0 の外部インターフェースの受け側に保護回路を付けるか，5V と 3.3V のインターフェース IC を使用する必要があります．

　二つ目は，リファレンス電圧の問題です．A-D コンバータ MCP3002 はピン数を節約するため，電源ピンと A-D コンバータのリファレンス電圧のピンが共用となっています．このため，この IC を使用する場合は，電源電圧がリファレンス電圧としても使用できるように正確な電源が必要となります．

　DE0 の拡張コネクタの 5V 出力は，外部電源と USB 電源のどちらからも出力されるように，ダイオードを使って合成されています．従って，DE0 の 5V 出力は，ダイオードの順方向電圧分だけ低い電圧となっています．このため，このままではリファレンス電圧として利用することはできません．

温度変換 ROM を使用

　外部に正確な 5V 電源を用意して DE0 の入力保護回路を入れれば，A-D コンバータを 5V で使用することが可能になりますが，これだと回路が少々複雑になるので，ここでは 3.3V 電源で A-D コンバータを利用することにします．しかし，その 3.3V の電源も，実際には 3.3V より低い電圧となっているようです．

　そこでここでは，電源は 3.3V を使用し，温度の計算は実際の電源電圧に基づいて計算することにします．電源電圧をリファレンス電圧にすると，A-D コンバータの 1bit 当たりの電圧は次式のようになります．

$$1\text{bit 当たりの電圧} = 電源電圧 \div 1024$$

　MCP9701 の 1°C 当たりの出力電圧は，電源が 3.3V でも 19.5mV です．この場合，5V のときの 1bit=0.25°C のようにきれいに割り切れないので，温度を計算するには何らかの変換ロジックが必要になります．

そこでここでは，変換ロジックとして温度データを変換するROMを利用します．A-Dコンバータの出力は10bitのため，1024wordのROMを用意すれば，温度変換テーブルを作ることができます．変換テーブルのROMの詳細については，後ほど詳しく説明します．

温度の表示

MCP9701は，−10℃〜＋125℃の温度範囲で使用することができます．DE0は7セグメントLEDが4けたあるので，整数部3けた，小数部1けたの温度を表示します．マイナスの温度の場合は，整数部は最大2けたなので，3けた目はマイナス符号を表示させます．仕様をまとめると，次のようになります．

- 表示けた数：4けた
- 温度範囲：−10℃〜＋125℃（MCP9701の動作温度範囲）
- 表示方法：1けた目に小数点以下1けた，2，3，4けたに温度の整数部を表示する．マイナス温度の場合は，4けた目がマイナス表示となる

ディジタル温度計のブロック図

ディジタル温度計のブロック図を図21-4に示します．また，データ・コンバータ部分のブロック図を図21-5に示します．

基本的な動作は，A-Dコンバータのプログラムとほとんど同じですが，測定した温度を表示するために，"Data Convertor"というモジュールが追加になっています．これは，図21-5のように，10bitの測定値をもとに，4けたの表示用の4bit×4＝16bitのデータを出力するものです．この部分が，温度変換ROMとなります．

温度変換ROMの出力は16bitで，7セグメントのデコーダで表示しやすいように，4bitで1けたの数字を表示するいわゆるBCDコードを出力するようにしています．ただし，4けた目の最上位のけたは，マイナスの場合はFFhを出力します．温度計の出力は最大125℃なので，最上位のけたはビット3の0/1で温度の正/負を判断することができます．

温度変換ROMの作成方法

ROMはcase文を使って作成することができますが，ここではMegaWizard Plug-In Managerを使って，Cyclone IIIの内蔵周辺デバイスをROMに構成することにします．内蔵周辺デバイスを使うと，ロジック・エレメントの消費を抑えることができ，また，ROMデータの変更も比較的容易に行うことができます．

温度変換ROMは，A-D変換のすべての結果に対して，対応する温度データを16bitで出力する必要があるため，アドレス10bit，ビット幅16bitの1024×16のROMを用意することになります．

MegaWizard Plug-In Managerを使ってROMを作成する場合は，あらかじめROMのデータ・フ

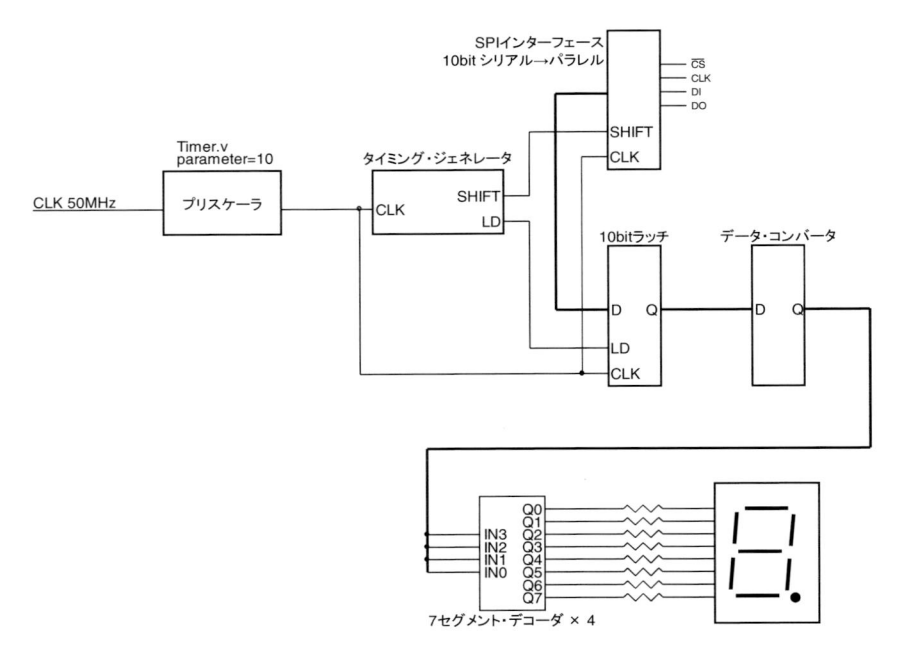

第21章 IC温度センサを使った温度計の製作

図21-4 ディジタル温度計のブロック図

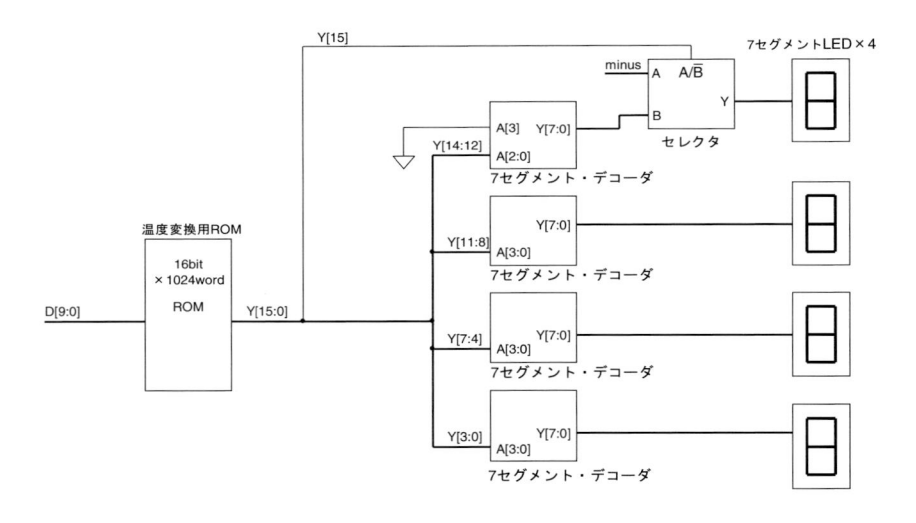

図21-5 データ・コンバータのブロック図

ァイルを用意する必要があります．

ROMのデータ・ファイルは，拡張子が.mifとなるテキスト・ファイルです．MIFファイルは，Memory Initialization Fileの略で，新規に作成する場合は次の手順で作成することができます．

1. Quartus IIの「File」メニューから「New」を選択
2. ファイル形式を「Memory File」の「Memory Initialization File」とする（図21-6）
3. ROMのアドレスとビット幅を選択（図21-7）
4. バイナリ・エディタの画面でデータを入力し，ファイルを保存する（図21-8）

温度変換 ROM の作成方法

図 21-6 MIF ファイルの作成

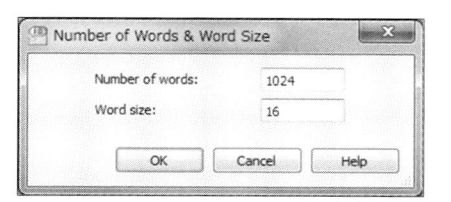

図 21-7 ROM のアドレスとビット幅を選択

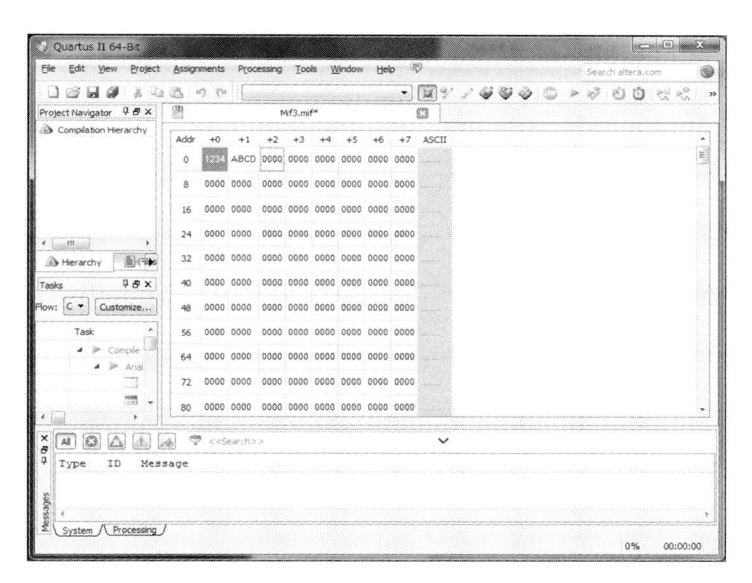

図 21-8 データ入力とファイルの保存

バイナリ・エディタは，アドレスとデータ，それぞれを 10 進表示や 16 進表示に設定することができます．アドレスやデータを 16 進表示にしたい場合は，アドレスのセルでマウスを右クリックし，「Address Radix」または「Memory Radix」を「Hexadecimal」に設定します．

リスト 21-1 は，作成した MIF ファイルの例です．MIF ファイルは，リスト 21-1 のように，WIDTH と DEPTH で，ビット幅とサイズを指定し，CONTENT BEGIN 以下で，

　　アドレス：データ；

の形式で，各アドレスのデータを指定するようになっています．また，連続した領域に同じデータをフィルする場合は，

リスト 21-1　MIF ファイルの例

```
-- Quartus II generated Memory Initialization File (.mif)

WIDTH=16;
DEPTH=1024;

ADDRESS_RADIX=UNS;
DATA_RADIX=HEX;

CONTENT BEGIN
    0     :   1234;
    1     :   ABCD;
   [2..1023]  :   0000;
END;
```

[開始アドレス..終了アドレス]：フィル・データ；

と記述します．

　MIF ファイルはこのように簡単な形式なので，Quartus II の MIF ファイル・エディタや，通常のテキスト・エディタを使っても簡単に作成することができます．しかしながら，今回のように，1024word のデータを打ち込むのはさすがに大変なので，ここでは別の方法で MIF ファイルを作成することにします．

VBScript を使った MIF ファイルの作成

　MIF ファイル作成プログラムは，A-D コンバータから読み出した数値に対する温度を計算してファイルに書き出すだけなので，どのような言語を使っても構わないのですが，ここでは VBScript を使用してプログラムを作成しました．

　VBScript は，Windows 98 以降，Windows に標準搭載されているスクリプト言語で，Visual Basic を簡略化させたような言語仕様になっています．テキスト・ファイルでプログラムを作成して，ファイルの拡張子を ".vbs" にすると，作成したファイルをダブルクリックすればスクリプトを実行することができます．

　リスト 21-2（章末）は，作成した VBScript のソース・コードです．ソース・コードの 1 行目には，電源電圧を mV で記述しています．この電圧は，実際の回路の測定電圧値を記入しています．作成したファイルをダブルクリックすると，カレント・フォルダに "rom.mif" というファイルが作成されます．

温度変換 ROM モジュールの作成

　MIF ファイルができたら，MegaWizard Plug-In Manager を使って，ROM モジュールを作成します．

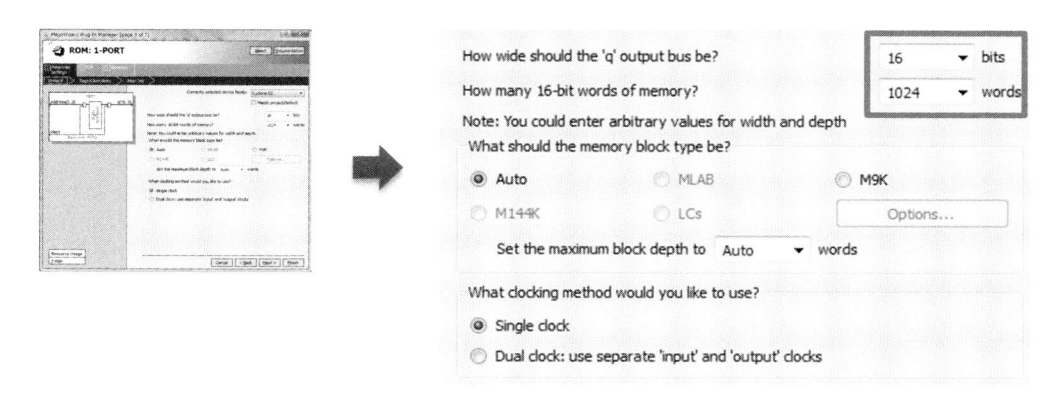

図 21-9　MegaWizard Plug-in Manager [page 3 of 14]．バス幅の設定

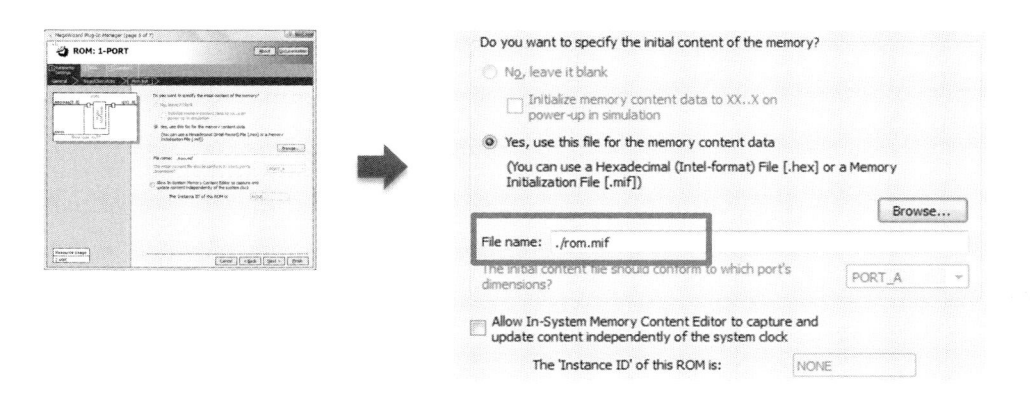

図 21-10　MegaWizard Plug-in Manager [page 5 of 14]．初期化データのファイルを選択

「Tools」メニューから「MegaWiard Plug-In Manager」を選択して，MegaWizard Plug-In Manager を起動します．MegaWizard Plug-In Manager の使い方は，第 17 章を参照してください．

page 1 では，ROM は新規に作成するため，「Create a new custom megafunction variation」を選択します．

page 2a では，ファンクションのタイプとデバイス，ファイル名などを選択します．ここでは，ファンクションのタイプとして「Memory Compiler」の「ROM: 1-PORT」を選択します．デバイスは，Cyclone III，出力ファイル形式は Verilog HDL を選択します．出力先のファイルには，出力先のフォルダとファイル名を指定します．ここでは，ファイル名を "rom" としています．

page 3 はバス幅の設定です．入力は A-D コンバータの出力が 10bit のため 1024word，出力は 4 けたの 7 セグメント LED を表示するため 16bit としています（図 21-9）．

Page5 では，初期化データのファイルを選択しますが，ここで先の VBScript で作成した "rom.mif" ファイルを指定します（図 21-10）．

そのほかの設定画面では，デフォルトのまま［Next］ボタンを押していけば，ROM モジュールは完成となります．

215

写真 21-2　動作確認．9.9℃を示している

プログラムの作成

　ディジタル温度計のソース・コードを**リスト 21-3**（章末）に示します．ほとんどのソースが，A-Dコンバータと同じですが，7 セグメント LED の表示部分が DataConv というモジュールに置き換えられています．

　リスト 21-4（章末）は，データ・コンバータ部分です．このモジュールでは先ほど作成した ROM モジュールの出力データから，7 セグメント LED の表示データを作っています．7 セグメント LED の 2 けた目では小数点を表示するため，最上位ビットを 0 にしています．また，4 けた目では，マイナス・データの場合，数字を表示する代わりにマイナス記号を出力しています．

動作確認

　写真 21-2 に，動作確認のようすを示します．

　実際に動作させて見ると数値が不安定になる場合がありますが，多くの場合これはディジタル・ノイズによるものです．A-D コンバータの入力は数 mV の電圧を扱うため，ちょっとしたノイズでも数値が乱れてしまいます．表示の乱れは，サンプリング間隔を長くして，数字の変化が頻繁に発生しないようにするという対策方法があります．

　温度表示が実際の温度と大きく違う場合は，A-D コンバータの電源電圧を測定して**リスト 21-2** の VBScript のソース・コードの値を変更し，MIF ファイルを作り直してください．

リスト21-2　ROMデータ作成用のVBScriptのソース・コード

```
Const OutputFile="rom.mif"
Const RefVolts=2700         'リファレンス電圧の実測値(mV)
Const Resolution=1024       'A-Dの分解能
Const TempValue=19.5        '温度1℃当たりの電圧
Const TempOfst=400          '0℃の時の電圧
' ROM Information
Const RomWidth=16
Const RomDepth=1024                 'Resolutionと同じ

Dim ADin        'A-Dの値
Dim Vi          '入力電圧
Dim Temp        '入力電圧に対する温度
Dim TempInt     '温度の整数部
Dim TempDec     '温度の小数部
Dim IsNeg       'マイナスの時、True
Dim PolStr      '温度の符号(負の時はF、それ以外は温度の3けた目)
Dim TempStr     '温度データの文字列
Dim fso
Dim ofile

Set fso=CreateObject("Scripting.FileSystemObject")

Set ofile=fso.CreateTextFile(OutputFile)
ofile.WriteLine "WIDTH=" & RomWidth & ";"
ofile.WriteLine "DEPTH=" & RomDepth & ";"
ofile.WriteLine "ADDRESS_RADIX=UNS;"
ofile.WriteLine "DATA_RADIX=HEX;"
ofile.WriteLine ""
ofile.WriteLine "CONTENT BEGIN"

'Write Header

For ADin=0 To (Resolution-1)
    Vi=ADin*(RefVolts/Resolution)
    Temp=(Vi-TempOfst)/TempValue
    If Temp<0 Then
        Temp=-Temp
        IsNeg=True
    Else
        IsNeg=False
    End If
    TempInt=Int(Temp)
    TempDec=Int((Temp-TempInt)*10)
    If(TempInt=0 And TempDec=0) Then
        IsNeg=False
    End If
    '温度を文字列化
    TempInt=TempInt+1000

    If IsNeg=True Then
        TempStr="F" & Right(TempInt,2) & TempDec & ";"
    Else
        TempStr=Right(TempInt,3) & TempDec & ";"
    End If
    'WScript.Echo "ADin="& ADin," Temp=" & TempStr
    ofile.WriteLine Chr(9) & ADin & " : " & TempStr
Next
ofile.WriteLine "END"
ofile.Close
Set ofile=Nothing
Set fso=Nothing

MsgBox OutputFile & "が作成されました。"
```

リスト21-3　トップ・モジュールのソース・コード

```verilog
module TimingGenerator(clk,cs,shift,ld);
    input clk;
    output cs,shift,ld;
    reg rcs;
    reg [3:0] cnt;

    always @(posedge clk) begin
        cnt=cnt+1;
    end

    //cs ff
    always @(negedge clk) begin
        if(cnt==4'h0) begin
            rcs=1'b1;
        end
        else begin
            if(cnt==4'd15) begin
                rcs=1'b0;
            end
        end
    end
    assign cs=rcs;
    assign ld=(cnt==4'd15) ? 1'b1 : 1'b0;
    assign shift=((cnt>=4'd5) &&(cnt<=4'd14)) ? 1'b1 :1'b0;
endmodule


module SpiIf(clk,cs,shift,ncs,sck,sdi,sdo,q);
    input clk,cs,shift,sdo;
    output ncs,sck,sdi;
    output [9:0] q;
    reg [9:0] sreg;

    assign ncs=~cs;
    assign sdi=1'b1;
    assign sck=cs & clk;

    always @(posedge clk) begin
        if((cs==1'b1) && (shift==1'b1))
            sreg={sreg[8:0],sdo};
    end
    assign q=sreg;
endmodule

module PLatch(clk,ld,din,dout);
    input clk,ld;
    input [9:0] din;
    output [9:0] dout;
    reg [9:0] dreg;

    always @(posedge clk) begin
        if(ld==1'b1)
            dreg=din;
    end
    assign dout=dreg;
endmodule


module DigitalThermometer(clk,btn,sw,led,hled0,hled1,hled2,hled3,
        ncs,sck,sdi,sdo);
    input clk;
    input [2:0] btn;
    input [9:0] sw;
    output [9:0] led;
    output [7:0] hled0;
```

```
        output [7:0] hled1;
        output [7:0] hled2;
        output [7:0] hled3;
        output ncs,sck,sdi;
        input sdo;
        wire iclk;
        wire cs,shift,ld;
        wire [9:0] sdat;
        wire [9:0] pdat;

        Timer #(10) tm(clk,iclk);
        TimingGenerator tg(iclk,cs,shift,ld);
        SpiIf spi(iclk,cs,shift,ncs,sck,sdi,sdo,sdat);
        PLatch pl(iclk,ld,sdat,pdat);
        DataConv dc(clk,pdat,hled0,hled1,hled2,hled3);
        assign led=pdat;
endmodule
```

リスト21-4　データ・コンバータ部分のソース・コード

```
module DataConv(clk,data,hled0,hled1,hled2,hled3);
    input clk;
    input [9:0] data;
    output [7:0] hled0;
    output [7:0] hled1;
    output [7:0] hled2;
    output [7:0] hled3;
    wire [15:0] romdat;
    wire [7:0] ihled3;
    wire [7:0] ihled1;
    rom u1(data,clk,romdat);

    HexSegDec h0(romdat[3:0],hled0);
    HexSegDec h1(romdat[7:4],ihled1);
    HexSegDec h2(romdat[11:8],hled2);
    HexSegDec h3(romdat[15:12],ihled3);
    assign hled1={1'b0,ihled1[6:0]};
    assign hled3=(romdat[15]==1'b1) ? 8'b10111111 : ihled3;

endmodule
```

第22章 Verilog HDL 簡易リファレンス

　本書では，初めて Verilog HDL を学ぶ人のために，一般の書籍と異なり例題を進めながら徐々にVerilog HDL の文法を学んでいくという方法を採用しています．

　この方法は，退屈な文法の学習を避けその時々に必要な文法をだけを覚えていけばよいので，初心者の方には学習しやすい方法だと思います．

　ただ，学習を進めるうち，ちょっと文法を調べる必要が生じた場合，調べたい文法を使用している例題を探さなければならないのは少々不便です．そこで，本章では，本書で使用している Verilog HDL の文法について簡単にまとめておきます．ここで記載している文法は，本書の例題で使用している範囲の記述をまとめています．

コメント

　Verilog HDL のソースには，以下のように，2 種類のコメントが使用可能です．

---

① 範囲をしていたコメント（ /* と */ で囲まれた範囲がコメントとなる）

　　/*
　　任意のコメントを記述
　　（複数行をコメントにできる）
　　*/

② 行コメント（ 行の // の後ろがすべてコメントとなる）

　　　wire wled;　　　**//LED 用のワイヤ（この行の最後までがコメントとなる）**

　ソース・コードのある範囲をコメントとして扱う場合は，/* と */ で囲みます．/* と */ で囲まれた範囲がコメントとなります．行コメントの，// は，// から行末までがコメントとなります．

定数

　ある信号線に固定の値を設定したい場合には，定数を使用します．最もよく使うケースは，信号線を 1 や 0 に固定したい場合です．定数は，以下のように，ビット幅と基数，値を設定します．

ビット幅 ' 基数 値

- ビット幅と基数の間は，シングル・クォーテーション ' を入れる．
- 基数は，2 進，8 進，10 進，16 進のいずれかで，それぞれ，b，o，h，d の文字で指定する
- 定数には，数値のほか，不定値 x とハイ・インピーダンス z を使用できる
- 定数を読みやすくするため，アンダスコア _ を入れることができる
- ビット幅と基数を指定しない場合は，32bit の 10 進数として扱われる

例）

```
8'haa           //8bit の 16 進数
4'd10           //4bit の 10 進数
8'b1010_0101    //8bit の 2 進数
1234            //32bit の 10 進数
1'bz            //1bit の 2 進数
```

ビット幅と基数の間は，シングル・クォーテーション ' を入れます．基数には，2 進，8 進，10 進，16 進のいずれかが指定可能で，それぞれ，b，o，h，d の文字で指定します．

定数には，数値のほか，不定値 x とハイ・インピーダンス z を使用できます．ただし，ハイ・インピーダンスが使用できるのは，通常トップ・モジュールの出力信号のみになります．

ビット幅が大きい 2 進数などは，1 と 0 の羅列になって，そのままだと非常に読みずらくなりますが，読みやすくするため，数字の間にアンダスコア _ を入れることができるので，4bit ごとにアンダスコアを入れるなどして読みやすく記述することができます．

なお，ビット幅と基数を指定しない場合は，32bit の 10 進数として扱われます．

テキスト・マクロ

Verilog HDL では，C 言語と同じように，テキスト・マクロを使用することができます．

以下に，テキスト・マクロの使用例を示します．

```
`define    width 8

reg [`width-1] cnt;      //width で指定したビット幅のレジスタを作成
```

テキスト・マクロは，C 言語と異なり，先頭の文字がバッククォート ` になるので注意が必要です．また，マクロを使用する場合は，上の例のようにマクロ名の前にもバッククオート ` を付けます．

モジュール

Verilog HDL では，一つの構造単位をモジュールとして扱います．モジュールは，ブロック図でいうところの一つのモジュールです．

モジュールは階層構造にすることができるので，一つのモジュールの中にいくつものモジュールを組み込むことができます．モジュールの構造を以下に示します．

```
module モジュール名( 信号名，・・・);
ポート宣言
パラメータ宣言
内部信号宣言

モジュール構成要素

endmodule
```

例)

```
module a_and_b(a,b,c);
input a;
input b;
output c;

    assign c=a & b;
endmodule
```

モジュールは，module で始まり，endmodule で終わります．モジュール名には，そのモジュールの名前を記述します．

信号名は，そのモジュールの外部インターフェース信号です．また，ポート宣言では，インターフェース信号の属性を使用します．

ポート宣言では，次のような属性が使用できます．

in	入力信号
out	出力信号
inout	入出力信号

inout の属性は，入力にも出力にもなる信号線ですが，多くの FPGA では，inout の属性が使用できるのはトップ・モジュールのみとなるので注意が必要です．

ワイヤとレジスタ

モジュール内の内部信号宣言では，以下のように，ワイヤやレジスタを宣言することができます．

```
wire w1;         //ワイヤ
wire w2;
reg  r1;         //レジスタ
wire [3:0] dbus; //4bitのバスのワイヤ
reg [7:0] cnt;   //8bitのレジスタ
```

ワイヤは，信号と信号を接続するための線です．例えば，モジュール内部に複数のモジュールがあり，そのモジュール同士の接続を行う場合にワイヤを使用します．

レジスタは，一つのフリップフロップと考えることができます．状態を記憶させる必要がある場合はレジスタを使用します．

ワイヤもレジスタも，[m:n]のように記述してバスとして定義することができます．mとnは任意の整数で，C言語のように，0から始まらなければならないということはありません．

assign 文

assign 文は，最も基本的な代入文です．以下にassign 文の例を示します．

```
assign a=b;                    //信号線aにbの信号を接続
assign c=a|b;                  //信号線cにaとbの論理和を接続
assign c=(a==1' b1) ? b : 1' b0;  //aが1ならば，c=b，それ以外は，c=0
assign c=(a==1'b1) ? d :
(b==1' b1) ? e : f;            //aが1ならc=d，aが1でなくbが1ならc=e,それ以外はc=f
```

上記のように，assign 文では単純な代入だけでなく，論理演算を行った代入や条件判断を行った代入を行うことができます．

代入というと，C言語のようなプログラミング言語の感覚だと変数の値をコピーするようなイメージがありますが，Verilog HDLでは，値のコピーというより配線を接続すると考えた方がよいでしょう．assign a=b;と記述した場合は，aという信号線とbという信号線を接続することになります．

Verilog HDLでは，assign 文で信号を接続する際に，複数の信号の論理演算を行うことができます．C言語と同じ演算子を使用することができます．Verilog HDLで使用できる演算子を**表 22-1**に示します．演算子は，C言語と同様に，ビット演算と論理演算の違いに注意してください．

always 文

always 文は，手続き的代入文と呼ばれるもので，assign 文が通常組み合わせ回路の記述に用いら

表 22-1 Verilog HDL で使用できる演算子

機能	演算子	優先順位
論理否定とビット反転	! ~	高
乗除，剰余	* / %	
加減算	+ -	
シフト演算	<< >>	
比較演算	< <= > =	
等号	== != === !==	
ビットの積	&	
ビットの排他的論理和	^ ^~	
ビットの論理和	|	
論理積	&&	
論理和	||	
条件演算	? :	低

れるのに対して，always 文は順序回路の記述に利用されます．

always 文の構文と使用例を，以下に示します．

構文：

    always @(イベント式)　動作

イベント式で使用できる記述

    信号名　　　　　：指定した信号の立ち上がりか立ち下がり
    posedge 信号名　：指定した信号の立ち上がり
    negedge 信号名　：指定した信号の立ち下がり

例）

```
//reset=1 で 0 クリアされ，clk の立ち下がりでカウント・アップするカウンタ
always @(psedge reset or negedge clk) begin
if(reset)
    cnt=0;
else
    cnt=cnt+1;
end

//6 進のカウンタ（値が 0-5 までカウント・アップして，0 に戻る）
always @(posedge clk) begin
if(cnt==5)
    cnt=0;
else
    cnt=cnt+1;
end
```

---

always 文の動作の記述は，複数行の記述になることが多いので，通常，begin と end のブロックではさんで，複数行を記述できるようにします．イベント式では，立ち上がりか立ち下がりの信号を指定することができます．また，or を使って，複数の条件を指定することもできます．

if 文

if 文は，条件によって，処理を変えることができます．以下は，if 文の構文と使用例です．

構文：

1)
  if(条件式)
   式

2)
  if(条件式)
   式
  else
   式

3)
  if(条件式)
   式
  else if(条件式)
   式
  else if(条件式)
   式
  else
   式

例)

```
always @(psedge clk) begin
if(cnt==0)
    cnt=1;
else if(cnt==6)
    cnt=1;
else
    cnt=cnt+1;
end
```

if 文には，上記のように，3 種類の記述方法があります．1 番目は，最も簡単な記述で，条件式の条件が成立した場合，次の式を評価します．2 番目の記述は，条件式が不成立の場合の処理も記述する方法です．条件が成立した場合は，最初の式，不成立の場合は，2 番目の式が評価されます．3 番目の記述は，複数の条件で，処理を変える方法です．else if は，必要な数だけ記述することができます．

いずれの場合も，条件の成立または不成立時に評価する式を複数にしたい場合は，begin 〜 end のブロックで囲みます．

case 文

条件分岐の条件が複数ある場合は，case 文が便利です．以下は，case 文の構文と使用例です．

構文：

  case (式)
  分岐式 1:文 1;
  分岐式 2:文 2;
    :
  default: 文;
  endcase

例)
```
module rom(adr,dat);
    input [1:0] adr;
    output [3:0] dat;
    reg [3:0] dat;
    always @(adr) begin
        case(adr)
            2'h0:   dat=4'ha;
            2'h1:   dat=4'hb;
            2'h2:   dat=4'hc;
            default: dat=4'hf;
        endcase
    end
endmodule
```

例では，case 文を使った 4bit の ROM を示しています．adr の値が，0~2 の場合は，data の値が a，b，c となり，それ以外の場合（adr=3）は f という値となります．

function 文

function 文は，一つ以上の引数に対して一つの値を返す関数です．

funciton 文の構文と使用例を以下に示します．

構文：
```
function 戻り幅 関数名;
    入力宣言
    内部データ宣言

    手続き文
endfunction
```

例)
```
module rom(adr,dat);
    input [1:0] adr;
    output [3:0] dat;
    function [3:0] romdec;
        input [1:0] iadr;
        begin
            case(iadr)
                2'h0:   romdec=4'ha;
                2'h1:   romdec =4'hb;
                2'h2:   romdec =4'hc;
                default: romdec =4'hf;
            endcase
        end
    endfunction

    assign dat=romdc(adr);
endmodule
```

この例では，case 文の例で示した ROM のデコーダを function を使って実装しています．

function を使うと，C 言語の関数のように戻り値をワイヤにアサインすることができます．

モジュールのインスタンス化

Verilog HDL を使って回路を作る場合は，単一のモジュールでできることはまれで，通常は機能ブロックごとにモジュールを作成し，それぞれのモジュールを組み合わせて複雑な回路を作っていきます．

このとき，一つのモジュールの中に別に定義したモジュールを組み込む必要があります．このように，モジュールの中に別のモジュールを作ることを，モジュールの**インスタンス化**と言います．

「インスタンス」は，オブジェクト指向の用語で「実体」を表します．Verilog HDL では，別に定義したモジュールを，ほかのモジュール内でインスタンス化することで，階層構造を実現しています．

以下は，モジュールのインスタンス化の構文と使用例です．

構文：
モジュール名　インスタンス名(ポート接続);

例）
```
//サブモジュールの NAND 回路
module nand(a,b,c);
input a,b;
output c;
wire wr;

assign wr=a & b;
assgin c=~wr;
endmodule

//トップ・モジュール
module tmod(a,b,c,d);
    input a,b,c;
    output d;
    wire wr,wo;

    nand u1(a,b,wr);            //形式 1：ポート順記述
    nand u2(.a(wr),.b(c),.c(wo)); //形式 2：ポート名記述
    assign d=wo;
endmodule
```

モジュールのインスタンスを作る場合は，モジュール名に対するインスタンス名を指定します．モジュールへの配線は，インスタンスの引数のような形で記述します．この記述方法はポート順接続とポート名接続の二つの方法があります．

ポート順接続は，サブモジュールで定義したポートの順番通りに，接続する信号名を指定する方法です．この記述は簡潔で分かりやすいのですが，サブモジュールの信号線が増減したりするとポート順が変わってしまうので，インスタンス側も変更しなければならないという欠点があります．

ポート名接続は，サブモジュールのポート名の先頭にピリオドを付けて，接続先のポート名と接続する信号名を指定する方法です．この記述方法は書式がやや複雑になりますが，サブモジュールのポートの順が入れ替わったりしてもインスタンス側は変更の必要がないので，サブモジュールの書き換えの可能性がある場合には，便利な方法です．

モジュール・パラメータ

モジュール・パラメータを使うと，似た機能のモジュールを複数作ることなく，一つのモジュールをパラメータで使い分けることができます．以下に，モジュール・パラメータの構文と使用例を示します．

構文：
　　モジュール名　#パラメータ　インスタンス名(ポート接続);

例)
```
module prescale(iclk,oclk);
    parameter WIDTH=8;        //8はデフォルト値
    input iclk;
    output oclk;
    reg [WIDTH:1] cnt;

    always @(posedge iclk) begin
        cnt=cnt+1;
    end
    assign oclk=cnt[WIDTH];
endmodule

module count(iclk,clk1,clk2);
    input iclk;
    output clk1,clk2;
    prescale ps1(iclk,clk1);          //パラメータの指定がない場合は，デフォルトの8bitとなる
    prescale #(4) ps2(iclk,clk2);     //パラメータに4を指定しているので，4bitのカウンタとなる
```

パラメータを指定しないと，デフォルトの値が採用されます．上記の例では，WIDTHは8となります．パラメータを指定した場合，WIDTHが指定した値となったインスタンスが生成されます．上記の例では，8bitと4bitのカウンタで分周したクロックを作成しています．

RAM の作成

Verilog HDL では，レジスタのビット幅を指定することで，複数ビットのレジスタを作ることができます．これはビットの1次元配列ですが，これを2次元配列にすると RAM を作ることができます．

以下は，レジスタを RAM 配列にした場合の書式です．

例）
```
reg [7:0] mem[0:255];

//RAM の読み出し
wire [7:0] rdat;
assign rdat=mem[adr];

//RAM の書き込み
always @(posedge memwr) begin
    mem[adr]=wdata;
end
```

ノンブロッキング代入文

ノンブロッキング代入文は，代入記号の = の代わりに， <= を使います．以下に，ノンブロッキング代入文の例を示します．

a) 通常の手続き代入文
```
reg a,b;

always @(psedge clk) begin
    a=b;
    b=a;
end
```

b) ノンブロッキング代入文
```
reg a,b;

always @(psedge clk) begin
    a<=b;
    b<=a;
end
```

上記 a) のような代入を行うと，レジスタ a に，レジスタ b の値が代入され，さらにレジスタ b にレジスタ a の値が代入されるので，最終的に，レジスタ a とレジスタ b の値は同じ値になります．

シフトレジスタのように，値が順次，次のレジスタに移されるような回路を作りたい場合，この記述では正しく動作しなくなります．

そこで，上記 b) のようなノンブロッキング代入文を使用します．この場合，クロックの立ち上がり時点の b の値が a に代入され，同時に（クロック立ち上がり時点の）a の値が，b に代入されます．このため，このときの b の値は，クロック立ち上がり前の a の値となります．

付録　本書で使用したDE0各部のピン配置

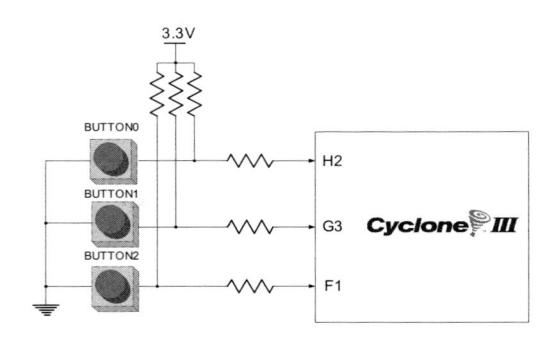

図 A-1　プッシュ・ボタン

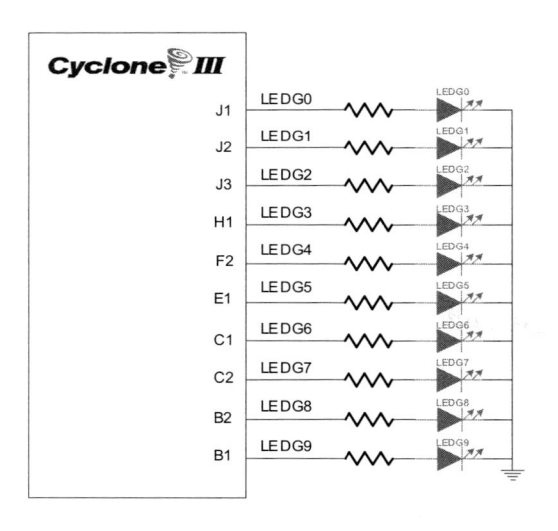

図 A-2　スライド・スイッチ

図 A-3　LED

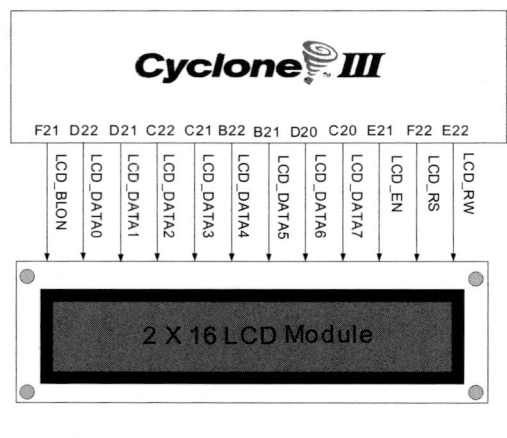

図 A-4　LCDモジュール

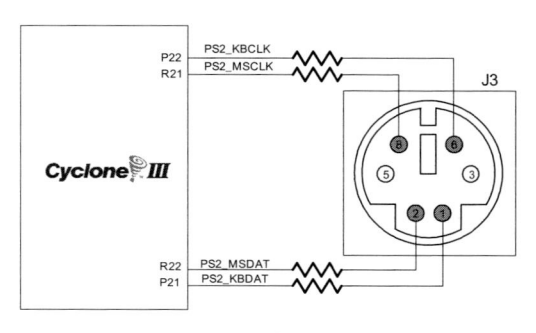

図 A-5　PS/2コネクタ

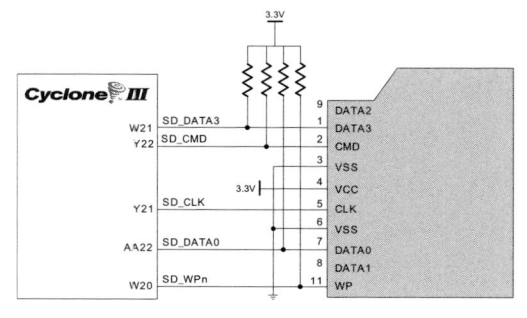

図 A-6　SD/MMCカード・ソケットのピン・アサイン

付録　本書で使用したDE0各部のピン配置

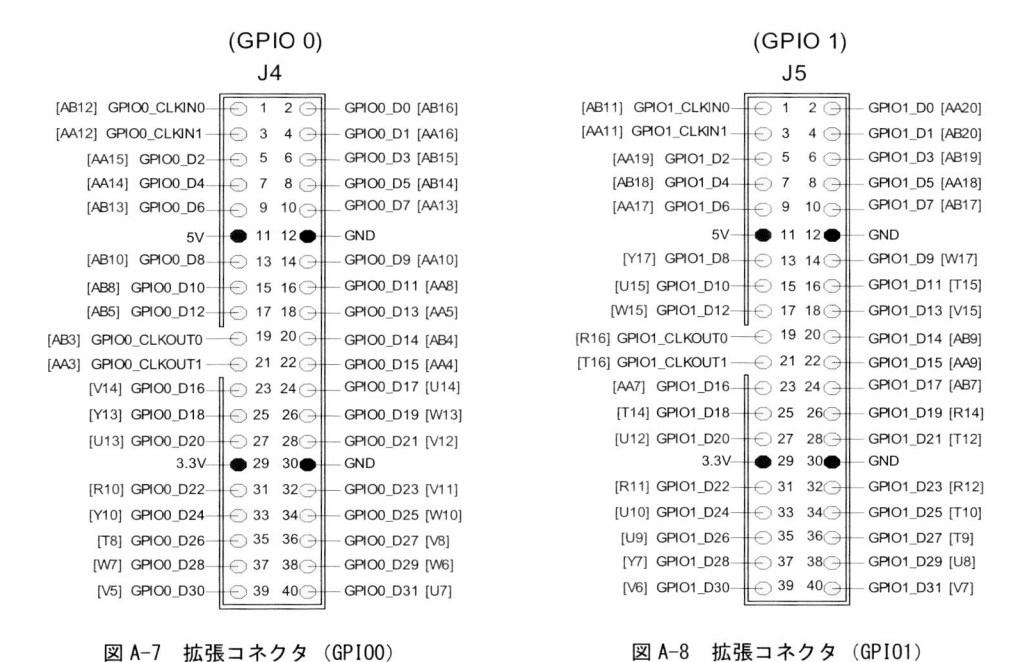

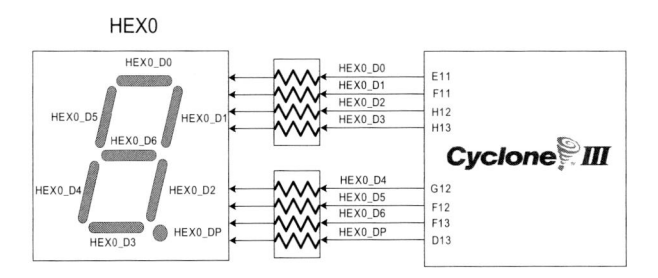

```
        (GPIO 0)                                    (GPIO 1)
          J4                                          J5
[AB12] GPIO0_CLKIN0   1  2   GPIO0_D0  [AB16]   [AB11] GPIO1_CLKIN0   1  2   GPIO1_D0  [AA20]
[AA12] GPIO0_CLKIN1   3  4   GPIO0_D1  [AA16]   [AA11] GPIO1_CLKIN1   3  4   GPIO1_D1  [AB20]
[AA15] GPIO0_D2       5  6   GPIO0_D3  [AB15]   [AA19] GPIO1_D2       5  6   GPIO1_D3  [AB19]
[AA14] GPIO0_D4       7  8   GPIO0_D5  [AB14]   [AB18] GPIO1_D4       7  8   GPIO1_D5  [AA18]
[AB13] GPIO0_D6       9 10   GPIO0_D7  [AB13]   [AA17] GPIO1_D6       9 10   GPIO1_D7  [AB17]
       5V            11 12   GND                        5V           11 12   GND
[AB10] GPIO0_D8      13 14   GPIO0_D9  [AA10]   [Y17]  GPIO1_D8      13 14   GPIO1_D9  [W17]
[AB8]  GPIO0_D10     15 16   GPIO0_D11 [AA8]    [U15]  GPIO1_D10     15 16   GPIO1_D11 [T15]
[AB5]  GPIO0_D12     17 18   GPIO0_D13 [AA5]    [W15]  GPIO1_D12     17 18   GPIO1_D13 [V15]
[AB3]  GPIO0_CLKOUT0 19 20   GPIO0_D14 [AB4]    [R16]  GPIO1_CLKOUT0 19 20   GPIO1_D14 [AB9]
[AA3]  GPIO0_CLKOUT1 21 22   GPIO0_D15 [AA4]    [T16]  GPIO1_CLKOUT1 21 22   GPIO1_D15 [AA9]
[V14]  GPIO0_D16     23 24   GPIO0_D17 [U14]    [AA7]  GPIO1_D16     23 24   GPIO1_D17 [AB7]
[Y13]  GPIO0_D18     25 26   GPIO0_D19 [W13]    [T14]  GPIO1_D18     25 26   GPIO1_D19 [R14]
[U13]  GPIO0_D20     27 28   GPIO0_D21 [V12]    [U12]  GPIO1_D20     27 28   GPIO1_D21 [T12]
       3.3V          29 30   GND                        3.3V         29 30   GND
[R10]  GPIO0_D22     31 32   GPIO0_D23 [V11]    [R11]  GPIO1_D22     31 32   GPIO1_D23 [R12]
[Y10]  GPIO0_D24     33 34   GPIO0_D25 [W10]    [U10]  GPIO1_D24     33 34   GPIO1_D25 [T10]
[T8]   GPIO0_D26     35 36   GPIO0_D27 [V8]     [U9]   GPIO1_D26     35 36   GPIO1_D27 [T9]
[W7]   GPIO0_D28     37 38   GPIO0_D29 [W6]     [Y7]   GPIO1_D28     37 38   GPIO1_D29 [U8]
[V5]   GPIO0_D30     39 40   GPIO0_D31 [U7]     [V6]   GPIO1_D30     39 40   GPIO1_D31 [V7]
```

図 A-7　拡張コネクタ（GPIO0）　　　　　図 A-8　拡張コネクタ（GPIO1）

図 A-9　7セグメントLED（表 A-1 参照）

表 A-1　7セグメントLED

7セグメントLED	セグメント名	FPGAピン番号	7セグメントLED	セグメント名	FPGAピン番号
HEX0	A	PIN_E11	HEX2	A	PIN_D15
	B	PIN_F11		B	PIN_A16
	C	PIN_H12		C	PIN_B16
	D	PIN_H13		D	PIN_E15
	E	PIN_G12		E	PIN_A17
	F	PIN_F12		F	PIN_B17
	G	PIN_F13		G	PIN_F14
	DP	PIN_D13		DP	PIN_A18
HEX1	A	PIN_A13	HEX3	A	PIN_B18
	B	PIN_B13		B	PIN_F15
	C	PIN_C13		C	PIN_A19
	D	PIN_A14		D	PIN_B19
	E	PIN_B14		E	PIN_C19
	F	PIN_E14		F	PIN_D19
	G	PIN_A15		G	PIN_G15
	DP	PIN_B15		DP	PIN_G16

付録　本書で使用したDE0各部のピン配置

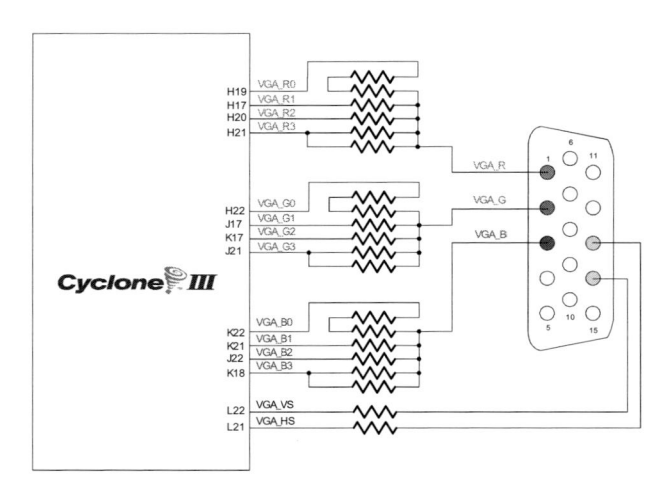

図 A-10　VGA

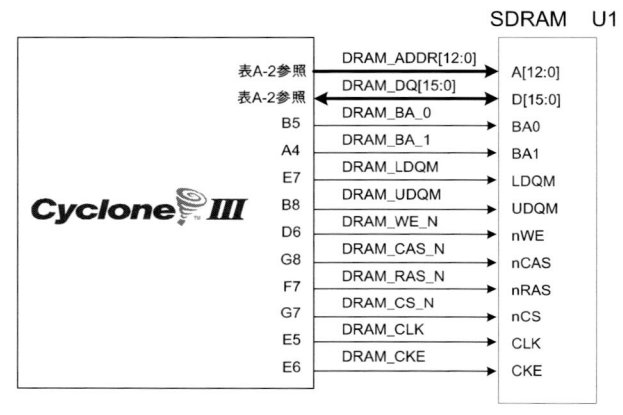

図 A-11　SDRAM

表 A-2　SDRAM

信号名	機能	ピン番号	信号名	機能	ピン番号
DRAM_ADDR[0]	PIN_C4	SDRAM 1 Address[0]	DRAM_DQ[7]	PIN_F8	SDRAM 1 Data[7]
DRAM_ADDR[1]	PIN_A3	SDRAM 1 Address[1]	DRAM_DQ[8]	PIN_A8	SDRAM 1 Data[8]
DRAM_ADDR[2]	PIN_B3	SDRAM 1 Address[2]	DRAM_DQ[9]	PIN_B9	SDRAM 1 Data[9]
DRAM_ADDR[3]	PIN_C3	SDRAM 1 Address[3]	DRAM_DQ[10]	PIN_A9	SDRAM 1 Data[10]
DRAM_ADDR[4]	PIN_A5	SDRAM 1 Address[4]	DRAM_DQ[11]	PIN_C10	SDRAM 1 Data[11]
DRAM_ADDR[5]	PIN_C6	SDRAM 1 Address[5]	DRAM_DQ[12]	PIN_310	SDRAM 1 Data[12]
DRAM_ADDR[6]	PIN_B6	SDRAM 1 Address[6]	DRAM_DQ[13]	PIN_A10	SDRAM 1 Data[13]
DRAM_ADDR[7]	PIN_A6	SDRAM 1 Address[7]	DRAM_DQ[14]	PIN_E10	SDRAM 1 Data[14]
DRAM_ADDR[8]	PIN_C7	SDRAM 1 Address[8]	DRAM_DQ[15]	PIN_F10	SDRAM 1 Data[15]
DRAM_ADDR[9]	PIN_B7	SDRAM 1 Address[9]	DRAM_BA0	PIN_B5	SDRAM 1 Bank Address[0]
DRAM_ADDR[10]	PIN_B4	SDRAM 1 Address[10]	DRAM_BA1	PIN_A4	SDRAM 1 Bank Address[1]
DRAM_ADDR[11]	PIN_A7	SDRAM 1 Address[11]	DRAM_LDQM	PIN_E7	SDRAM 1 Low-byte Data Mask
DRAM_ADDR[12]	PIN_C8	SDRAM 1 Address[12]	DRAM_UDQM	PIN_B8	SDRAM 1 High-byte Data Mask
DRAM_DQ[0]	PIN_D10	SDRAM 1 Data[0]	DRAM_RAS_N	PIN_F7	SDRAM 1 Row Address Strobe
DRAM_DQ[1]	PIN_G10	SDRAM 1 Data[1]	DRAM_CAS_N	PIN_G8	SDRAM 1 Column Address Strobe
DRAM_DQ[2]	PIN_H10	SDRAM 1 Data[2]	DRAM_CKE	PIN_E6	SDRAM 1 Clock Enable
DRAM_DQ[3]	PIN_E9	SDRAM 1 Data[3]	DRAM_CLK	PIN_E5	SDRAM 1 Clock
DRAM_DQ[4]	PIN_F9	SDRAM 1 Data[4]	DRAM_WE_N	PIN_D6	SDRAM 1 Write Enable
DRAM_DQ[5]	PIN_G9	SDRAM 1 Data[5]	DRAM_CS_N	PIN_G7	SDRAM 1 Chip Select
DRAM_DQ[6]	PIN_H9	SDRAM 1 Data[6]			

参考・引用文献

(1) 芹井 滋喜；超入門！FPGA スタータ・キット DE0 で始める Verilog HDL，CQ 出版社.
(2) Terasic DE0 User manual，Terasic Technologies Inc.
(3) Altera Cyclone III Device Handbook,
 http://www.altera.co.jp/literature/hb/cyc3/cyclone3_handbook.pdf
(4) Altera Nios II Hardware Development Tutorial,
 http://www.altera.com/literature/tt/tt_nios2_hardware_tutorial.pdf
(5) Altera My First Nios II Software Tutorial,
 http://www.altera.com/literature/tt/tt_my_first_nios_sw.pdf
(6) OSTA5131A データシート，OptoSupply Limited.
(7) MCP3002 データシート，Microchip Technology Inc..
(8) MCP4922 データシート，Microchip Technology Inc..
(9) MCP9701 データシート，Microchip Technology Inc..

＊URL は，2013 年 3 月時点で確認されたもの

索引/Index

【数字】
40 ピン拡張コネクタ 17
7 セグメント・デコーダ 85, 97, 126, 212
7 セグメント LED 16

【A】
A3V64S40ETP-G6 180
ADM3202 15
A-D コンバータ 94, 208
ALTPLL 176
assign 223
AS モード 21
Avalon ALTPLL 183
case 225

【C】
Character LCD 136
Clock Source 48
Copy projects into workspace 150
Count Binary 136
Cyclone III 15

【D, E】
D-A コンバータ 103
DE0 15
EC16B 84
EP3C16F484 15
EPCS4 16

【F, G】
FAT 157
FPGA 15
function 226

GPIO0 19
GPIO1 19

【H】
HD44780 132
HDL 26
HDL Example 52
host_ctrl 114

【I, J】
IBM PC 109
IC 温度センサ 208
if 225
Import Assignments 139
Interval Timer 154
JTAG UART 48, 154

【L】
LCD_Init 141
LCD_Line1 141
LCD_Line2 141
LCD_Putc 141
LCD_Puts 141
LCD モジュール 15, 59, 132
Logic Element 16

【M】
M9K 16, 17, 29
MCP3002 95
MCP4922 103
MCP9701 208
MegaWizard Plug-In Manager
.... 30, 174, 200

MIF ファイル 213

【N, O】

Nios II Application and BSP from Template
.... 55
Nios II EDS 28, 187, 197
Nios II Processor 48, 137, 153, 183
Nios II Software Build Tools for Eclipse
.... 55
On-Chip Memory 48, 137, 153
OSTA5131A 61

【P】

PCM 76
Pin Planner 43
PinAssign 180
PinAssign プロジェクト 60
PIO 137, 154, 155
PLL 16, 17, 174
Programmer 36, 45
PROG モード 21
PS/2 109
PS/2 インターフェース 109
PS/2 コネクタ 109, 151
ps2dec 114
PWM 61, 64, 76
PWM カウンタ 79

【Q, R】

Qsys 28, 47, 135, 180
Quartus II 27, 35
RAM 29, 229
RAM: 2-PORT 200
RGB スイッチ 64
ROM アドレス・カウンタ 79
RS-232-C 15, 16
runcnt 114

RUN モード 21

【S】

SDRAM 16, 180
SDRAM Controller 182
SD メモリーカード 16, 121
SD メモリーカード・ソケット 151
Small C library 139
SOPC Builder 28, 47, 152
SPI 97, 104, 105, 122, 212
SpiRw 126
SPI モード 123
Start Analysis & Elaboration 43
Start Compilation 44
start_stop 114
sw_buf 114

【T, U】

TERASIC-DE-LCD 132
USB ブラスタ 16, 33, 45

【V, Y】

Verilog HDL 26
VGA 198
VGATmg 198
VGA 出力 16
VHDL 26
VRAM 198
Y 分岐ケーブル 110

【あ行】

アップ/ダウン・カウンタ 85
アルテラ 15
インスタンス 227
ウェブ・エディション 30
エッジ検出 90
エンベデッド・プロセッサ 27, 47

索引/Index

オクターブ 69
オンチップ・メモリ 49
温度変換 ROM 210

【か行】
カウンタ 64
クラスタ 158
コメント 220
コントロールパネル 22

【さ行】
サブスクリプション・エディション 30
サンプリング周波数 77
システム・クロック 16
シフトレジスタ 97
ジャンプ・ワイヤ 58
乗算器 17
水晶発振器 174
スピーカ 68
スライド・スイッチ 16
正弦波 ROM テーブル 79
セレクタ 72

【た行】
タイミング・ジェネレータ 97, 212
タイム・チャート 193
チャタリング防止 85
定数 220
データ・コンバータ 212
テキスト・マクロ 221
デュアル・ポート RAM 200
テンプレート 50
独自デバイス 188
トップ・モジュール 41

【な行】
のこぎり波発生器 105
ノンブロッキング代入文 92, 229

【は行】
パラメータ 228
ピン・アサイン 26, 43
プッシュ・ボタン・スイッチ 16
フラッシュ・メモリ 16
プリスケーラ
 .... 64, 72, 79, 97, 105, 114, 126, 212
フルカラーLED 61
ブレッドボード 58
プロジェクト・ファイル 35
平均律 69

【ま行】
マイコン 27
メガファンクション 30, 175, 200
モード・カウンタ 64
モジュール 222

【や行】
ユーザ LED 17
ユニバーサル・カウンタ 72

【ら行】
レジスタ 222
ロータリ・エンコーダ 84
ロジック・エレメント 16

【わ行】
ワイヤ 222

初出一覧

本書の第 13 章，第 14 章，第 16 章は，下記の記事に加筆し編集したものです．

第 13 章：Verilog HDL による PS/2 マウス・インターフェースの実装，トランジスタ技術，2011 年 11 月号．

第 14 章：Verilog HDL による SD メモリーカード・インターフェースの実装，トランジスタ技術，2011 年 12 月号．

第 16 章：ソフト・コア・プロセッサ NIOS II で制御する SD メモリーカード・データ・ロガーの作成，トランジスタ技術，2012 年 1 月号．

プログラムの入手方法

　本書で作成したプログラム/プロジェクト・ファイル一式は，下記ウェブ・ページから入手できます．

　http://www.cqpub.co.jp/toragi/de0/index.html

　プログラム/プロジェクトの使用方法は，上記ウェブ・ページを参照してください．

FPGA ボード DE0 の入手

　FPGA ボード DE0 は，㈱ソリトンウェーブで販売しています（2016 年 10 月時点）．入手については，㈱ソリトンウェーブにお問い合わせください．

　なお，製造中止等により供給が困難な場合は販売を打ち切りさせていただく場合があります．

◆　㈱ソリトンウェーブ

　　Tel：03-5835-2217

　　URL：http://www.solitonwave.co.jp/

著者略歴

芹井 滋喜
（せりい しげき）

1960 年　横浜生まれ
1979 年　岡山理科大学 応用物理学科中退
1983 年　日本工学院専門学校 情報技術科卒業
1991 年　中央大学理工学部 物理学科卒業
1995 年　日本大学大学院 理工学研究科（会社設立のため中退）

1983 年　アルプス電気株式会社入社（1986 年退社）
現在　　　株式会社ソリトンウェーブ代表取締役

- 雑誌記事執筆多数（CQ 出版社ほか）
- 趣味はピアノ，他

- 本書掲載記事の利用についてのご注意 ― 本書掲載記事は著作権法により保護され，また産業財産権が確立されている場合があります．従って，記事として掲載された技術情報をもとに製品化するには，著作権者および産業財産権者の許可が必要です．また，掲載された技術情報を利用することにより発生した損害などに関して，CQ出版社および著作権者ならびに産業財産権者は責任を負いかねますのでご了承ください．
- 本書記載の社名/製品名などについて ― 本書に記載されている社名，および製品名は，一般に開発メーカの登録商標または商標です．なお，本文中は™，®，©の各表示を明記しておりません．
- 本書に関するご質問について ― 文章，数式等の記述上で不明な点についてのご質問は，必ず往復はがきか返信用封筒を同封した封書にてお願いいたします．ご質問は著者に回送し回答していただきますので，多少時間がかかります．また，本書の範囲を超えるご質問には応じられませんのでご了承ください．
- 本書の複製等について ― 本書のコピー，スキャン，ディジタル化等の無断複製は著作権法上での例外を除き禁じられています．本書を代行業者等の第三者に依頼してスキャンやディジタル化することは，たとえ個人や家庭内の利用でも認められておりません．

JCOPY ＜(社)出版者著作権管理機構 委託出版物＞

本書の全部または一部を無断で複写複製（コピー）することは，著作権法上での例外を除き，禁じられています．
本書からの複製を希望される場合は，(社)出版者著作権管理機構（TEL：03-3513-6969）にご連絡ください．

すぐに動き出す！FPGAスータ・キット DE0 HDL応用回路集

2013年5月1日　初版発行　　　　　　　　　　　　　　　　　　　©(株)ソリトンウェーブ　2013
2016年12月1日　第4版発行

著者　芹井 滋喜
発行人　寺前 裕司
発行所　CQ出版株式会社
〒112-8619　東京都文京区千石4-29-14
電話　編集　03-5395-2123
販売　03-5395-2141

ISBN978-4-7898-4820-6

定価は裏表紙に表示してあります　　　　　　　　　　　編集担当　熊谷 秀幸
無断転載を禁じます　　　　　　　　　　　　　　　　　印刷・製本　三晃印刷(株)
乱丁，落丁本はお取り替えします　　　　　　　　　　　表紙デザイン　(株)プランニング・ロケッツ
Printed in Japan